JN017139

統計学の極意

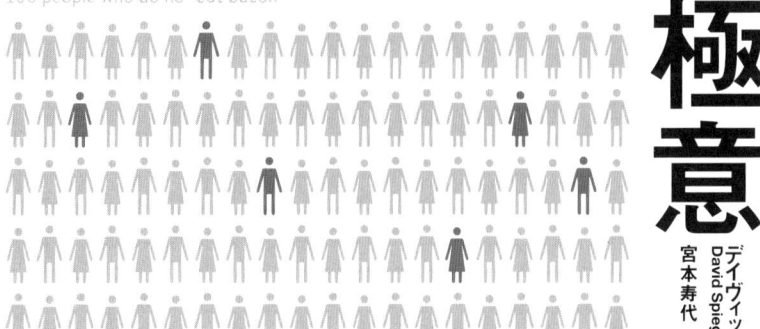

100 people who do no eat bacon

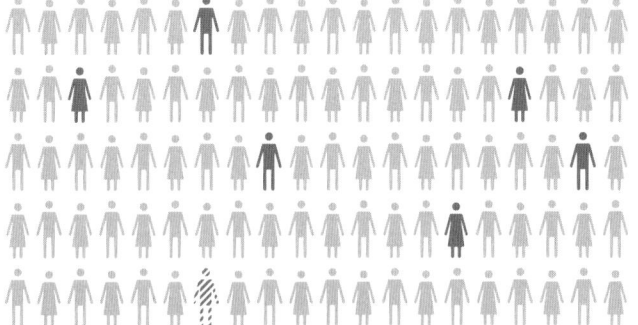

100 people who eat bacon every day

デイヴィッド・シュピーゲルハルター
David Spiegelhalter

宮本寿代 訳

草思社

The Art of
Statistics
Learning from Data

The Art of Statistics: Learning from Data

by

David Spiegelhalter

Copyright © David Spiegelhalter, 2019

First published as THE ART OF STATISTICS in 2019 by Pelican, an imprint of Penguin Press.

Penguin Press is part of the Penguin Random House group of companies.

Japanese translation published by arrangement with Penguin Books Limited through The English Agency (Japan) Ltd.

統計学の極意

第12章 統計学の誤用・悪用・誤解釈 335

図表一覧

表

少しお堅いけれど思いやりがあって誠実で、
できる限り最高の方法でデータを使いたいとの思いで
統計学に向き合うすべての人たちへ

・ルビ扱いで入っている数字は原注番号。原注は巻末に
まとめて掲載した。
・＊や†は著者による脚注。
・〔 〕で囲まれたものは訳注。
・引用文は特記されていない限り、本書訳者が訳したも
ので、当該書の邦訳版書籍とは異なる場合がある。

序文

> 数字自体は何も語らない。語るのは私たちだ。私たちが数字に意味を持たせるのだ。
>
> *Nate Silver, The Signal and the Noise*［邦訳 『シグナル＆ノイズ──天才データアナリストの「予測学」』 ネイト・シルバー著、川添節子訳、西内啓解説、日経 BP 社］

▷ 英国史上最多殺人犯と統計学

　ハロルド・シップマンは英国史上、最も多くの人を殺害し有罪判決を受けた人物だが、連続殺人犯の典型的なプロファイルには当てはまらない。マンチェスター郊外で働く温厚な家庭医だったシップマンは、1975 年から 1998 年の間に、高齢者が多数を占める自らの患者のうち少なくとも 215 人に、致死量を上回る大量の鎮静剤を注射により投与した。だがとうとうミスを犯した。自らの手元に多額のお金が残るように、被害者の 1 人の遺書を書き換えたのだ。その被害者の娘はソリシター（事務弁護士）であったため、シップマンに数々の容疑がかけられることとなった。裁判に際しシップマンのコンピュータを解析すると、シップマンは患者の記録を過去に遡って改竄し、被害者が実際よりも重症だったように見せかけていたことが判明した。シップマンは、テクノロジーに関しては大変に新しいもの好きであることでよく知られていた。しかし技術に対する理解が至らず、自分が変更を行なえば必ずタイムスタンプが残るとは思いもしなかった（ついでながらこれは、隠された真の意味をデータが暴く好例だ）。

　火葬されていなかった患者のうち 15 人の遺体が掘り返され、致

死レベルのジアモルヒネ、つまり医療用ヘロインがそこから検出された。シップマンはその後、15人を殺害した罪で1999年に裁判にかけられたものの、審理では弁明しようともせず、一言も話さなかった。シップマンは有罪判決を受けて終身刑となった。さらに、裁判に付されたこれらの罪とは別に、どのような罪を犯した可能性があるのか、そしてもっと早く逮捕できなかったのかを判断するための公的調査が開始された。私はその公的調査に証拠を提供するよう要請された統計学者の1人だった。この調査では、シップマンが患者のうち215人を殺害したのは確かで、ひょっとするとあと45人殺したかもしれないという結論に達した[2]。

　本書では、世のなかについてより深く知りたいときに生じるような問いに**統計科学**[*]を使って答えることに焦点を合わせるつもりだ。この先、そうした問いを囲みに入れ、ハイライトして掲げることとする。シップマンの行動について何らかの洞察を得るために、初めに問うべきは自ずと次のようなこととなる。

> **ハロルド・シップマンはどのような人を殺害し、被害者はいつ亡くなったのか？**

　先に述べた公的調査によって被害者それぞれの年齢、性別、死亡日が明らかになった。図0.1はそのデータをかなり精巧に視覚化したものであり、被害者の死亡日に対する年齢の散布図を示している。点の濃淡は被害者が男性か女性かを表す。棒グラフを軸に重ね合わせて、年齢（5歳ごと）および年のなすパターンを示している。

　図をしばらく眺めるだけでいくつかの結論が導ける。濃い色の点のほうが薄い色の点よりも多い。つまりシップマンの被害者は主に

---

[*] 太字で示してある用語は、本書巻末の用語集に記載されている。用語集では、基本的な定義も専門的な定義も示している。

女性だった。散布図の右の棒グラフは被害者の多くが70代や80代だったことを示している。ところが点の散らばりかたを見ると、最初は高齢者ばかりだったものの、年々被害者の一部の年齢が下がっていったことがわかる。散布図の上の棒グラフは、1992年付近ではっきりと途切れている。1992年には1人も殺害されなかった。その時点より前、シップマンはほかの医者たちと一緒に働いていたが、やがて、おそらく自分は疑われているだろうと感じ、単独で開業医に転向したのだろう。このあと、シップマンの動きは活発化した。散布図の上の棒グラフに示す通りだ。

　調査によって確認された被害者に対するこのような分析から、シップマンがどのようにして殺人を犯したのかについてさらなる疑問が浮上する。ある統計学的証拠が、シップマンの被害者であると推定される人の死亡時刻に関するデータから明らかになる。死亡した時刻が死亡診断書に記録されているからだ。図0.2はシップマンの患者が死亡した時間帯と、地域のほかの家庭医が担当した患者の標本の死亡時間帯を比較した折れ線グラフだ。このパターンはさほど洞察を深めなくても分析できる。一目見るだけで、はたと驚くようなものだからだ。シップマンの患者は、昼下がりに死亡することが圧倒的に多かった。

　データを見ても、その頃に死亡する人が多かったのがなぜなのかはわからない。しかしさらに精査すると、シップマンは昼食後に往診をしており、そのときにたいがいは高齢の患者と2人きりだったことがわかった。高齢の患者に、もっと楽になるはずだからと言い、注射を勧めたのだろう。ところがじつのところ、それは致死量のジアモルヒネだったのだ。目の前で患者が静かに息を引き取ると、医療記録を改竄し、まるで予測された自然死であるかのように見せようとした。ジャネット・スミス女史は、公的調査を統括し、後にこう語った。「言語を絶するほど恐ろしく、口に出すことも考えるこ

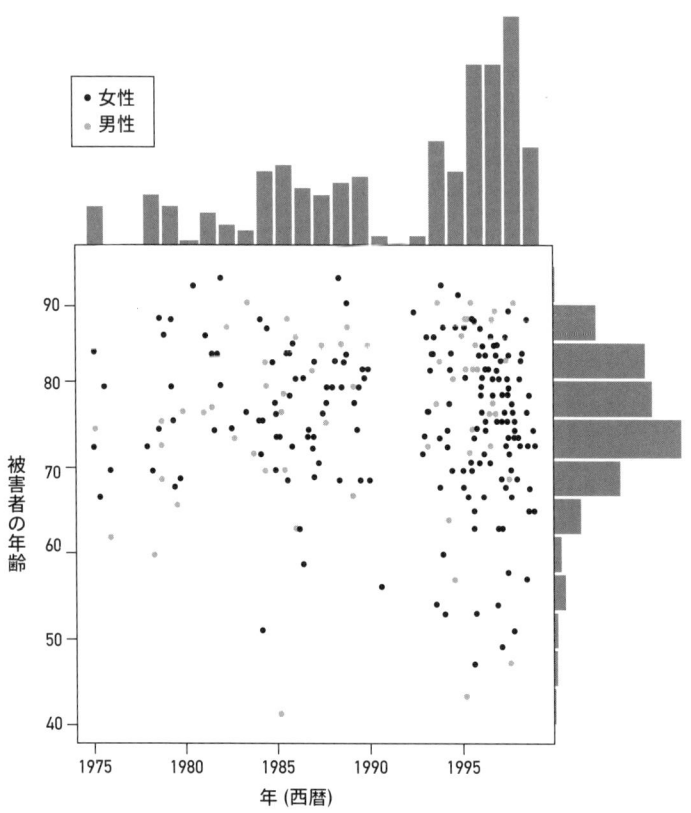

図 0.1
ハロルド・シップマンの被害者であると確認された 215 人が死亡した年齢と年（西暦）を示す散布図。棒グラフを軸上に書き加えて、年齢のパターンとシップマンが殺害を実行した年のパターンを明らかにしている。

とも思い描くことさえもできないと今でも強く感じる。シップマンが日々暮らし、すばらしく面倒見の良い医者の振りをして、鞄のなかに凶器を入れて持ち歩いていたとは……そして幾度となく、事もなげにそれをひょいと取りだしていたなんて」

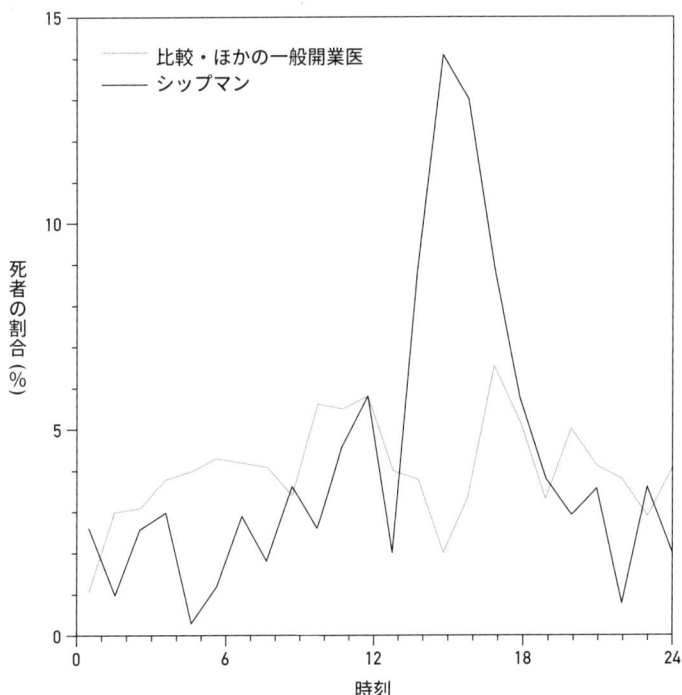

図 0.2
ハロルド・シップマンの患者の死亡時刻を、地域のほかの一般開業医が担当した患者の
死亡時刻と比べたもの。精密に統計的分析を行なわなくてもパターンは明らかだ。

　シップマンは危険と隣り合わせだった。というのも、1件でも検
死が行なわれていたら、自分の仕業であることが明らかになっただ
ろうからだ。ところが患者の年齢と見たところ自然な死因が前提と
なり、一切調べられなかった。また、シップマンがこうした殺人を
犯した理由が語られることは決してなかった。シップマンは審理で
証言せず、家族を含めて誰に対しても自らの悪事について話さず、
そして妻がシップマンの年金を受給可能になる時期に合わせて、獄

中で自ら命を絶った。

　このタイプの探究を繰り返し行なう作業は「科学捜査型（forensic）」統計学と考えて良い。この事例は文字通り、捜査が行なわれた。数学でも理論でもなく、ひたすらパターンを捜し求め、いっそう興味深い問いにつなげるのだ。シップマンの悪事の詳細は、それぞれ個別の事件として固有の証拠を使って判断されたものの、このデータ分析は、シップマンがどのようにして罪を犯し続けてきたのかを総体的に理解する上での裏づけとなった。

　本書では後に第10章において、定型的な統計解析がシップマンの早期逮捕の一助となり得たか否かがわかるだろう。*その一方で、こうしたシップマンの事件に関する統計学的解説は、データを使えば、世のなかを理解し、より的確な判断を下すための手がかりにできるかなりの可能性があることを十分に示している。これぞ統計科学のすべてだ。

▷ 経験をデータに変えることの難しさ

　ハロルド・シップマンが犯した数々の罪に統計学的にアプローチするには、シップマンが関与した連綿と続く悲劇の1つひとつからは距離を置く必要があった。人々の生、そして死に関する個人的で固有の詳細のすべてをまとめ、数えてグラフに表すことのできる事実と数字に集約しなくてはならなかった。これは一見して冷淡で非人間的に思えるかもしれないが、統計科学を利用して世界を解明しようとするならば、日常的な経験はデータに直さなくてはならない。つまり事象をカテゴリに分けて名前をつけ、測定結果を記録し、結

----
* ネタバレ注意。ほぼ間違いなくそうなり得た。

果を分析し、結論を伝えなくてはならないということだ。

　ところが、ただカテゴリ分けして名前をつけるだけで深刻な困難が生じる可能性もある。次のような基本的な問いを立ててみよう。これは環境に関心を持つ人なら誰にとっても興味深いものであるはずだ。

地球上には何本の木が生えているか？

　この問いに答えるべく、どう取りかかれば良いだろうかと考え始めるよりも先に、まずはもっと基本的な問題点を解決しなくてはならない。「木」とは何か？　見れば木であるのはわかるような気がするかもしれない。しかし、あなたの判断はほかの人の判断とは大きく異なる可能性があり、彼らは同じものを見て灌木や低木だと思うかもしれない。だから経験をデータに変えるために、私たちはまず厳密な定義をしなくてはならない。

　「木」の正式な定義は、胸高直径（DBH）と呼ばれる胸高での直径が十分に大きく、木質の幹を持つ植物であることがわかる。米国農務省森林局では、植物を木であると正式に説明するには、胸高直径が５インチ（12.7 センチメートル）を上回ることを求めているが、多くの当局は胸高直径 10 センチメートル（４インチ）を採用している。

　それにしても、地球上をくまなく歩き回って木質の幹を持つ植物をそれぞれ個別に測定し、この規準に合致するものを数えあげるのは不可能だ。だからこの問いの答えを求める研究者は、もっと割り切ったアプローチを採った。まずは、共通性のある景観（生物群系＝バイオームと呼ばれる）を持つ地域ごとに、１平方キロメートルに見られる木の平均本数を数えた。それから衛星画像を利用して各

タイプの生物群系に覆われている地球上の総面積を見積もり、複雑な統計学的モデリングを実行し、最終的に地球上には推定で合計3兆400億本（つまり、3,040,000,000,000 本）の木があるという結果を得た。これは多いように思えるだろうが、この研究を行なった研究者たちは、かつてはこの数の2倍の木があっただろうと考えている。[*3]

　何を木と呼ぶのかをめぐって専門家たちの間でも見解が異なるなら、もっと曖昧な概念はなおさらはっきりさせるのが難しいとしても驚きではないはずだ。極端な例を考えてみよう。英国における「失業」の正式な定義は、1979 年から 1996 年の間に少なくとも 31回は変更された。[4]国内総生産（GDP）の定義はひっきりなしに改訂されている。たとえば、2014 年には違法薬物の取引や売春が英国の GDP に加えられた。その際、売春の生産高の推定には、いくつかの一風変わったデータソースが用いられた。一例を挙げるとパンターネット（Punternet）という売春サービスを評価するレビューウェブサイトで、そのサイトはさまざまな行為に対する価格を提供していたのだ。[5]

　私たちの極めて個人的な感情でさえ体系化され、統計学的分析の対象になり得る。2017 年9月期に英国で 15 万人の人が、調査の一環として「全体的に、昨日はどのくらい幸せだと感じたか？」との質問を受けた。[6]平均的な答えは、ゼロから 10 までのスケールで、7.5 であり、7.3 だった 2012 年よりは改善していた。それは 2008年の金融危機以降の経済回復に関係した可能性がある。最低スコアだったのは 50 歳から 54 歳までの人たちで、最高スコアだったのは 70 歳から 74 歳までの人たちだった。英国としては典型的なパ

* この数字は 1,000 億の許容誤差つきで報告されている。つまりこの研究者は、正しい数字は 2 兆 9,400 億から 3 兆 1,400 億の間にあると確信していたのだ（モデリングにおいて立てられた多くの推定値を考えれば、これは正確すぎる気がするのも確かだ）。また、150 億本（15,000,000,000 本）の木が毎年伐採されていること、人間の文明が誕生してから地球上の木々の 46％が失われたことも推定した。

ターンだ。*

　幸せを測ることは難しく、一方で誰かが生きているか死んでいる
かを判断するのはもっと簡単なはずだ。本書で取りあげる例からわ
かるだろうが、生存率や死亡率は統計科学ではよく関心の対象にな
る。とはいえ米国では、各州が独自に死の法律上の定義を持つこと
ができる。だから1981年に統一死亡判定法を導入して共通モデル
を確立する試みが行なわれたものの、小さな違いがいくつか残って
いる。アラバマ州で死亡宣告された人が、少なくとも原理的には、
州境を越えてフロリダ州に入ったら、法律的な死者ではなくなるこ
ともあり得る。フロリダ州では死亡記録に資格要件を満たした2人
の医師が記入しなくてはならないのだ。[7]

　こうした例から、統計学はある程度は必ず、一定の判断基準の上
に成り立っていることがわかる。だから個人的経験の複雑性を丸ご
と、明確な形でコード化し表計算ソフトやその他のソフトウエアに
入れられるとの考えは明らかに誤った思い込みだろう。私たち自身
や身の回りの世界の特性を定義し、数えあげ、測定しようとするこ
とは困難だが、それもなお単なる情報であり、世界を実際に理解す
る出発点にすぎない。

　データにはそのような知識のソースとして、2つの主要な制限が
ある。1つめに、データはたいてい、私たちが本当に興味を持って
いる事柄に関する不完全な測定結果だ。つまり、先週はどのくらい
幸せだったかをゼロから10までのスケールで尋ねたところで、そ
れをその国の情動的幸福度の要約とするには無理がある。2つめに、
測定しようとするものは何でも、場所によって、人によって、時間
によって異なる。したがって解決すべき問題は、これほどランダム
に見える**ばらつき（変動）**のなかから意味のある洞察を引きだすこ

---

* もしも私が平均的であれば、これからが楽しみということだろう。

となのだ。

　何世紀もの間、統計科学はこの対をなす困難に立ち向かっており、世界を理解しようという科学的試みにおいて先導する役割を果たしてきた。データは常に不完全だが、統計科学はそこから解釈を引きだす基盤を提供してきた。データの解釈の目的は、重要な関係性と、バックグラウンドの変動性とを区別することにある。私たちの誰もが唯一無二の存在であるのも、このバックグラウンドの変動性のせいだ。とはいえ、統計学を取り巻く世界は絶えず変化しており、新しい問いが掲げられ、新しいデータソースが手に入るようになった。ゆえに統計科学も変化し続けざるを得なかった。

　人々は絶えず数を数え、測定してきたが、学問分野として現在の統計学が実質的に始まったのは、1650年代のことだった。第8章で取りあげるように、この頃、ブレーズ・パスカルやピエール・ド・フェルマーによって**確率**が初めて正しく理解されたのだ。変動性を扱うためのこの堅牢な数学的土台ができると、それからの進歩は目覚ましかった。確率の理論を人の死亡年齢に関するデータと組み合わせることで、年金や恩給を計算するための確固たる基盤が得られた。天文学が革命的に変わったのは、確率論を使えば測定結果の変動をどう扱えばいいのかがわかるということを、科学者たちが理解したときだった。ヴィクトリア時代の熱狂的な人々は人体（をはじめとするあらゆるもの）に関するデータ収集に取りつかれるようになり、統計学的分析と遺伝学、生物学、医学との強力な結びつきを確立した。やがて20世紀になると、統計学はいっそう数学色を強めた。これを学びたい、あるいは実践したいと考える人の多くにとっては残念であったが、統計学とは主に、数多くの統計ツールを機械的に適用することを意味するようになった。そのツールの多くは、本書で後ほど出合うであろう、風変わりで理屈っぽい統計学者

たちにちなんで名づけられている。

　このように、統計学を基本的な「ツールの寄せ集め」としてとらえることは、今や大いに困難になっている。まず、今は**データサイエンス**の時代、つまり大規模で複雑なデータセットが、たとえば交通量監視装置やソーシャルメディアへの投稿やインターネットショッピングのようなソースから収集された「ルーチンデータ」〔取引記録、登録用データなど企業や組織の業務上のデータ〕が、移動経路の最適化や、ターゲットを絞った広告や購入お勧めシステムなどの技術的革新の基盤として使われる時代なのだ。第6章では「**ビッグデータ**」に基づいた**アルゴリズム**に目を向けるつもりだ。統計学のトレーニングは、データサイエンティストになるための必須要素の1つにすぎないとの見方がますます強まっている。データ管理やプログラミングやアルゴリズム開発のスキル、それに研究主題に対する適切な知識も重要だというのだ。

　統計学が旧来のようにはとらえ難くなっているさらなる理由は、実施される科学研究が莫大な数へと増加していることだ。とりわけ生物医科学や社会科学において、一流の専門誌で発表をしなくてはならないというプレッシャーと相まって、研究の量の増加は著しい。この事態が、一部の科学文献の信頼性に対する疑念を生じさせている。多くの「発見」がほかの研究者には再現できないと主張する声が上がっているからだ。たとえば、「パワーポーズ」と一般的に呼ばれる、胸を張った姿勢を取ればホルモンなどに変化が誘発され得るかどうかをめぐって続く論争などがそうだ。標準的な統計学的手法の不適切な使いかたに、いわゆる「科学における再現性の危機」の責任のかなりの部分があるという非難は、正当なものだ。

　巨大データセットやユーザに優しい分析ソフトウエアの利用可能性が高まるにつれて、統計学的手法を身につける必要性はなくなっていくとの見方もあるかもしれない。しかしこれは極端に判断力を

欠く考えと言えるだろう。データの規模が拡大し、科学研究の件数や複雑性が高まるにつれて、私たちは統計学的スキルの必要性から解放されるどころか、適切な結論を導くことがいっそう難しくなりさえするのだ。データが増加するというのはつまり、証拠に実際にどのような価値があるのかについて、私たちはいっそう意識を高める必要があるということなのだ。

　例を挙げよう。ルーチンデータから得られるデータセットを徹底的に分析すると、誤った発見をする可能性が高まるかもしれない。それはデータソースに系統的な偏りが内在するせいでもあり、また、多くの分析を実行していながらもそのなかから何であれ最も興味深いと思えるものだけを報告する、しばしば「データの浚渫（データドレッジング）」と呼ばれる慣行のせいでもある。発表済みの科学研究結果を批評できるようになるために、さらには日常的に誰もが出合うマスメディア報道を批評できるようになるために、私たちが鋭く意識すべきなのが、研究結果を選択的に報告することの危険性や、科学的主張が独立した立場の研究者によって再現される必要性、それに、研究を1つだけ取りあげて文脈も考えずに過剰に解釈することの危険性だ。

　こうした洞察はすべて、**データリテラシ**という言葉の下にまとめられる。これは、現実世界の問題に対する統計学的解析を行なうのみならず、統計学に基づいて他人が引きだすどんな結論をも理解し批評する能力のことを言っている。一方で、データリテラシを向上させるにはどうすればいいかと言えば、それはとりもなおさず、統計学を教える方法を変えることだ。

▷ 問題解決志向で統計学を教える

　学生たちが何世代にもわたって苦しめられてきた無味乾燥な統計

学の課程は、さまざまな状況に適用される数々のテクニックを学ぶ
ことを基盤としている。したがって、その課程では、常套手段であ
る式が使われている理由も、データを利用して問いに答えようとす
るときに生じる困難も理解しようとするのではなく、数学的理論を
理解しようといっそう力を注いできた。

　幸いにも、その状況が変わりつつある。データサイエンスとデー
タリテラシが必要だということは、すなわちいっそう問題重視型の
アプローチが求められているのだ。このアプローチでは、特定の統
計学的ツールを適用することを、研究サイクル全体のなかの1つの
構成要素にすぎないと見なしている。**PPDAC** の体系は、問題解決
サイクルを表現する方法として提示されたもので、本書を通じて取
り入れるつもりだ。図 0.3 はニュージーランドからの例に基づいて
いる。ニュージーランドでは学校での統計学教育が世界的に見て進
んでいるのだ。

　PPDAC サイクルの第1段階は、問題（Problem）を特定するこ
とだ。つまり、統計学における探究は常に問題から始まる。たとえ
ば、ハロルド・シップマンが犯した殺人のパターンや地球上の木の
本数について私たちが問うたようにだ。本書では後に、乳癌の手術
の直後にいくつかの異なる治療を選択した場合のメリットの予測か
ら、高齢男性の耳が大きい理由に至るまで、数々の問題に取り組む。

　注意深い計画（Plan）の必要性はつい飛ばしてしまいたくなるも
のだ。シップマンに関する疑問の場合は、被害者のデータをできる
だけたくさん集める必要があっただけだ。しかし木の本数を求める
人たちの場合は、厳密な定義と測定実施方法へと細部まで目を向け
た。というのも、信頼できる結論は、適切に設計された研究を行な
って初めて引きだせるからだ。残念ながら、データを手に入れて分
析を始めようと急ぐあまり、設計がおざなりになることが少なくな
い。

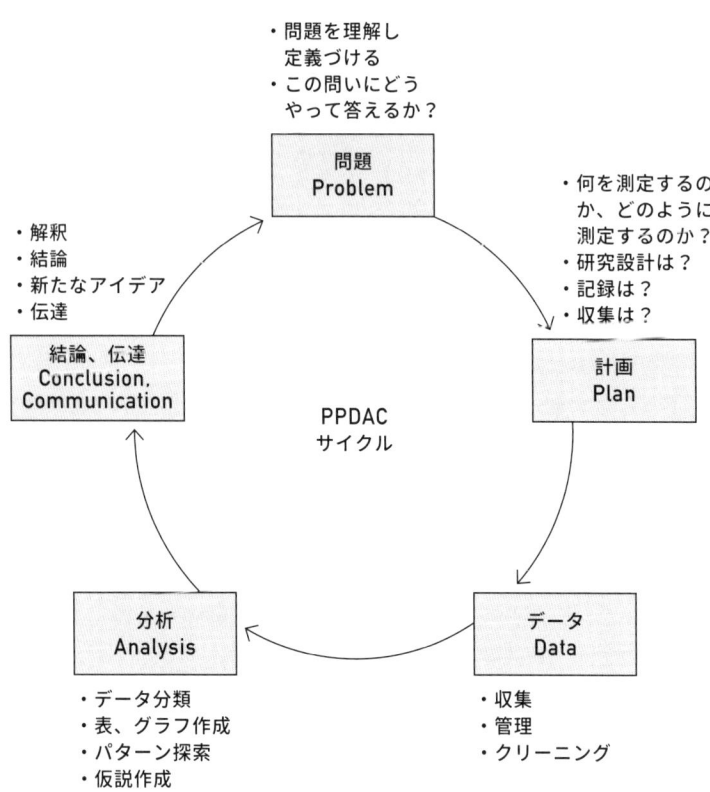

・問題を理解し
　定義づける
・この問いにどう
　やって答えるか？

問題
Problem

・何を測定するの
　か、どのように
　測定するのか？
・研究設計は？
・記録は？
・収集は？

・解釈
・結論
・新たなアイデア
・伝達

結論、伝達
Conclusion,
Communication

PPDAC
サイクル

計画
Plan

分析
Analysis

データ
Data

・データ分類
・表、グラフ作成
・パターン探索
・仮説作成

・収集
・管理
・クリーニング

図 0.3
PPDAC 問題解決サイクルは、問題から、計画、データ、分析、結論および伝達へと移行
する。そしてまた別のサイクルが始まる。

　優れたデータ（Data）を収集するためには、データサイエンスに
おいてますます重要だと見なされるようになりつつある、構成スキ
ル、およびプログラミングのスキルのようなものが欠かせない。特
に日常業務などのソースから得られるルーチンデータは、分析に備
えるために十分にクリーニングする必要があるかもしれないからだ。

データを収集したシステムがあるときに変更された、あるいはデータに誤りがあったなどの可能性が考えられる場合だ。このようなデータを「ファウンドデータ（見つけてきたデータ）」〔別目的で一時的に利用されたデータで残っているもの。検索クエリ、携帯電話の位置情報、ウェブの閲覧履歴など〕と呼ぶことがあるが、この表現は、それが街で拾ってきたもののように、かなり汚れている可能性があることをうまく伝えている。

　分析（Analysis）段階は以前から、統計学の課程で最も重視されてきたし、本書ではさまざまな分析テクニックに触れるつもりだ。とはいえ、図0.1に示すような有益な視覚化さえあれば良い場合もある。最後に、優れた統計科学にとって重要なのは、証拠の限界を十分に考慮した妥当な結論（Conclusion）を引きだし、そして、シップマンのデータをグラフ化して描いたように、結論を明白に伝えること（Communication）だ。どのような結論になっても一般的にはさらに疑問点が挙がるものであり、それゆえにPPDACサイクルは再び始まる。私たちがシップマンの患者が死亡した時刻に注目し始めたときと同じだ。

　現実面では、図0.3に示したPPDACサイクルに厳密にはしたがえないとしても、この図が強調しているのは、統計学的分析の定型的なテクニックが統計学者やデータサイエンティストの研究のなかで、ほんの一部の役割しか果たさないということだ。統計を学ぶ学生たちは、何世代にもわたって（たいがいは渋々と）苦心して深遠な公式に取り組んできた。しかし、統計科学は、そのような数学の一分野をはるかに超えたものなのである。

▷ 本書について

　1970年代に私が英国で学生生活を送っていた頃、テレビのチャ

ンネルはたった3つしかなく、コンピュータは洋服ダンス2つ分くらいの大きさがあった。また、私たちが知り得るウィキペディアに最も近いものといえば、ダグラス・アダムスが執筆した（見事に将来を暗示した）*Hitchhiker's Guide to Galaxy*［邦訳 『銀河ヒッチハイク・ガイド』 ダグラス・アダムス著、安原和見訳、河出書房新社］に登場する想像上の小型装置に搭載されていた。したがって、自己研鑽のためにみんながペリカンブックスに頼り、そのアイコン的なブルーの背はどの学生の書棚にもたいがい並んでいた〔本書の原書はペリカンブックスから刊行された。本の背もブルー〕。

　私は統計学を勉強していたので、所有するペリカンコレクションの目玉はM.J.Moroneyの*Facts from Figures*（1951）［邦訳 『現代の統計学──数字からの事実』（上下） M・J・モロニー著、高木秀玄訳、日本評論社］、Darrell Huffの*How to Lie with Statistics*（1954）［邦訳 『統計でウソをつく法──数式を使わない統計学入門』 ダレル・ハフ著、高木秀玄訳、講談社］だった。この時代がかった出版物は何十万部も売れ、当時の統計学に対する関心のレベルと選択肢のあまりの少なさを映しだしていた。これらの最高傑作は65年間、驚くべきことにうまく持ちこたえ続けたが、今の時代に求められているのは、上述したような原理に基づいて統計学を教えるための別のアプローチだ。

　したがって本書は、現実世界の問題解決を出発点として採用し、統計学の数々の考えかたを紹介する。そうした考えかたには明らかに思えるかもしれないものもあるし、とてもわかりにくくてかなり頭を使わねばならないかもしれないものもあるが、数学のスキルは要らないだろう。本書は従来の教科書と比べると、テクニックの側面よりも概念的な問題に目を向け、ほぼ不快感を与えない方程式をごく少数、用語集で補足しながら取りあげている。データサイエンスや統計学ではソフトウエアがどんな研究でも重要な役割を果たす

のだが、本書はそこに主眼を置いているわけではない。Rや
Python のようなフリーで利用できる環境のチュートリアルは難な
く入手できる。

　四角いグレーの枠で囲んだ問いはどれも、ある程度は統計学的分
析を通じて答えが得られるが、その領域は大幅に異なる。ヒッグス
ボソンが存在するかどうか、超感覚的知覚（ESP）の説得力ある証
拠は本当にあるのか、といった重要な科学的仮説もある。忙しい病
院のほうが生存率は高いのか、卵巣癌のスクリーニングは役に立つ
のか、といった医療についての問いもある。なかには、ベーコンサ
ンドウィッチが招く癌のリスク、英国人が生涯に得る性的パートナ
ーの人数、日常的にスタチンを摂取する恩恵など、量を推定したい
だけのものもある。

　さらに、一部の問いはひたすらに興味本位のものだ。たとえば、
タイタニック号の生存者で最も幸運だったのは誰か、ハロルド・シ
ップマンはもっと早く捕まえられなかったのか、それに、イングラ
ンドの都市レスターの駐車場で発見された骨が本当にリチャード 3
世のものだった確率はいくらか、などだ。

　本書は、統計学を勉強中で、テクニック重視でない基本的な問題
を取りあげた入門書を求めている学生も、仕事でも日常生活でも出
合う統計学をもっとよく知りたいと考える一般の読者も対象として
いる。私が重視するのは、統計学を上手に、そして注意深く扱うこ
とだ。数字は冷たくて無情な事実に見えるかもしれないが、木や幸
せや死者を数えようというここまでの試みが明らかにしたように、
数字は繊細に扱うべきものである。

　統計学のおかげで私たちは直面する問題を明確にでき、その問題
への洞察を得られる一方、統計学がどのように悪用され得るのかは
誰もがよく知っている。多くの場合、意見を売り込んだり、あるい
はただ注意を惹いたりするために利用されるのだ。統計学に基づく

主張の信憑性を評価する能力が、現代の世界においては重要なスキルであるようだ。だから、人々が日常生活で出合う数字について疑問を持つことができるようになるために、本書が役に立つことを私は願っている。

まとめ

○ 経験をデータに変換することは簡単ではないので、データが世界を記述する能力にはどうしても限界がある。

○ 統計科学には長きにわたって成功を収めてきた歴史があるものの、データがますます入手しやすくなっているという状況に応じ、現在、変化を遂げつつある。

○ 統計学的手法におけるスキルは、データサイエンティストになるための1つの重要な要素である。

○ 統計学教育は、数学的手法に注目する旧来のやりかたではなく、問題解決サイクル全体に基づいた方法を採るように変わりつつある。

○ PPDAC サイクルによって、利便性の高い枠組みがもたらされる。問題─計画─データ─分析─結論と伝達だ。

○ データリテラシは現代世界における重要なスキルだ。

第 1 章

割合を比較するとき
カテゴリデータとパーセンテージ

▷ 病院の管理のずさんさは統計に表れるか？

> 1984 年から 1995 年の間にブリストル王立小児病院で心臓手術
> を受けた子供たちに何があったのか？

　ジョシュア・L は生後 16 か月で、大血管転位症を患っていた。これは心臓から始まる大血管と心室の位置関係が反転している重度の先天性心臓疾患だ。ジョシュアには動脈を「転換する」手術が必要だった。1995 年 1 月 12 日の午前 7 時を少し回った頃、ブリストル王立小児病院でジョシュアが手術室に連れて行かれるとき、ジョシュアの父と母は行ってらっしゃいと息子に声をかけ、その様子をじっと見守った。しかし、この病院での手術の生存率はひどく悪いという話が 1990 年代初期以降、あちこちで取り沙汰されていたのを 2 人は知らなかった。看護師たちが、次から次へと親たちに子供の死亡を伝えなければならないのを嫌い、チームを去っていたことや、前の晩の遅い時間にミーティングが開かれ、ジョシュアの手術を取り止めるかどうかが議論されたことを 2 人に教えてくれる人はいなかった。[1]

　ジョシュアは手術中に命を落とした。翌年、医療監査機関である総合医療評議会（General Medical Council）は、ジョシュアの父母をはじめ、子供を奪われた親からのクレームを受けて調査に乗りだ

37

した。そして 1998 年には、2 人の心臓外科医と元病院長に医療上の極めてずさんな管理体制の責任があるとの宣告が下された。世間の人たちの不安は収まらず、政府による調査が求められた。こうして、1984 年から 1995 年までのブリストル王立小児病院における生存率と英国内のほかの医療機関における生存率を比較するというぞっとするような任務を課せられた統計学専門家チームが投入された。私はこのチームを率いていた。

　私たちはまず、何人の子供たちが心臓手術を受けたのか、何人が亡くなったのかを確認しなくてはならなかった。これは簡単なはずだと思えるが、序文で述べた通り、事象をただ数えあげることが苦労を要するものになり得る。「子供」というのは何か？　何を「心臓手術」と見なすのか？　どのような場合に手術が原因で死亡したと言えるのか？　さらに、たとえこれらの定義は決められたとしても、それぞれが何件起きたのかを確定できるだろうか？

　私たちは「子供」を 16 歳未満のすべての人とした。そして、心臓を停止させ、その機能を人工心肺で代替する「開胸」手術に注目した。1 回入院すると何度も手術を受ける場合もあるが、それは 1 つの事象と見なした。死亡したのが手術から 30 日以内であれば、入院中であろうとなかろうと、手術が原因であろうとなかろうと、その死は数に含めた。死というのは結果の質を測る尺度として不完全なのは承知していた。手術の結果、脳に損傷を受けたりその他の障害が残ったりした子供たちを考慮していないからだ。そうはいっても、長期的結果に関するデータが私たちにはなかった。

　主要なデータソースは国の病院事例統計 HES（Hospital Episode Statistics）だった。これは元々は事務管理のためのデータで、低賃金のオペレータが入力していた。HES は医師たちの間では評判が悪かったが、このデータソースは国の死亡記録と紐づけられているという非常に強力な利点を持っていた。さらに、外科医の団体が設

立したデータシステム、心臓外科記録 CSR（Cardiac Surgical Registry）が併存しており、ここにも直接データが送られていた。

　これら2つのデータソースは、まったく同じ医療業務を対象としているはずだったが、かなりの不一致が見られた。1991年から1995年の間に、HES では 505 件の開胸手術のうち 62 件（14%）で患者が死亡したとし、一方の CSR では 563 件の手術のうち 71 件（13%）で患者が死亡したとしていた。それらに加え、麻酔に関する記録から外科医の個人的記録に至るまで、さらに5種類以上の地域的データソースが利用できた。ブリストル王立小児病院はデータで溢れかえっていたが、どのデータソースも「真実」であるとは言いがたかったし、問題とされた期間には、誰も手術結果を分析してそれに基づいて行動する責任を負っていなかった。

　もし、ブリストル王立小児病院の患者たちがさらされているリスクが、英国内のほかの医療機関で一般的に考えられる平均的なものであったなら、同病院でのこの期間の死亡者数は、HES の記録にある 62 ではなく、32 だったはずだと私たちは推測し、このことにより 1991 年から 1995 年の間に「30 件の死亡者数超過」があったと報告した。*細かい数字がデータソースによってまちまちであったし、当時の記録システムは現在のものほど優れていなかったはずだとはいえ、手術件数やその結果について基本的事実の確認すらできなかったのは異常なことと思われる。

　こうした結果はマスメディアで幅広く報じられ、ブリストル王立小児病院への調査がきっかけで、臨床実績の監視への取り組みに重大な変化が起きた。もはや医療界の自己管理は信頼できなかった。このことから病院の生存データを公に報告する仕組みが確立された

---

* 「死亡者数超過」という言葉を使ったことを今では悔いている。なぜならば後日、新聞各紙がこれを「回避できる死亡者数」という意味だと解釈したからだ。しかしおおよそ半数の病院では、ひとえに偶然だけから、予測よりももっと多くの死亡者が出るだろう。そしてそういった死亡のうち回避可能なのは、ほんの数名だけだと判断できよう。

のだが、しかし、これから見ていくように、データを提示する方法自体がそれを受け取る人々の認識を左右する可能性がある。

▷ データの提示のしかたと受ける印象

個々の事象が起きたか否かを記録するデータは**2値データ**と呼ばれる。2つの値しか取れないからだ。その値は一般的にはイエス、およびノーに分類される。2値データの集まりは、1つの事象が起きる事例の回数とパーセンテージでまとめられる。

本章のテーマは、統計量の基本的提示方法の重要性だ。ある意味、私たちはPPDACサイクルのうち、結論が伝えられる最後の段階へと一足飛びに進もうとしている。そして、結論の情報伝達をどのような形態にするかは、従来の統計学においては重要なトピックだと見なされてはこなかったが、データ視覚化（ビジュアライゼーション）への関心の高まりは、そうした受け止めかたに変化が生まれていることを映しだしている。そこで、本章と次章ではともに、目下起きている事柄について、詳細な分析はしなくても要点をすばやく把握できるようなデータ表現方法に注目する。まずは、ブリストル王立小児病院に対する調査が主なきっかけとなって、現在は公に入手できるようになったデータを表現する方法として、既存のものに代わるやりかたに目を向ける。

表1.1では、2012年から2015年の間に英国およびアイルランドで心臓手術を受けた、おおよそ1万3,000人の子供の結果を示している。263人の子供が手術後30日以内に亡くなっており、これらの死の1つひとつが、巻き込まれた家族にとっては悲劇なのだ。そうした家族にしてみれば、ブリストル王立小児病院の調査時に比べて生存率が大幅に改善して、現在では平均98％となり、それゆえに、心臓手術に直面している子供の家族はもう少し希望に満ちた見

通しが持てるようになったことなど、少しも慰めにならないだろう。

　表は一種のグラフィックと見なすことができ、趣旨を明確にして読みやすさを確保するために色やフォントや用語を慎重かつ意図的に選択する必要がある。表を目にする人が感情的にどう反応するかは、表示する列の選びかたにも影響される可能性がある。表 1.1 は生存者と死亡者の両方の観点から結果を示しているが、米国では子供の心臓手術の死亡率が報告されるのに対し、英国では生存率が提供される。これは否定的**フレーミング**、肯定的フレーミングとして知られており、それらが私たちの感じかたに与える総体的な影響は直観的に理解できるし十分に実証されている。すなわち、「5 ％の死亡率」というのは「95％の生存率」よりも悪いように思えるのだ。パーセンテージのみならず、実際の死亡者数も報告すると、リスクの印象を強めることにもなり得る。その合計数がわかると、現実に多くの人々のことが思い描かれるであろうからだ。

　フレーミングを一方からもう一方に変えることによって、1 つの数字が感情にもたらす影響はどのように変わり得るのか、その典型的な例として挙げられるのが、2011 年にロンドンの地下鉄にお目見えし、「若いロンドン市民の 99％は、若者による深刻な暴力に関わっていない」と標榜した広告だ。この広告はおそらく、乗客にロンドンという街への安心感を持たせることを意図したものであったのだろう。だが、次のように 2 か所を単純に変えれば感情への逆効果をもたらすことができよう。まず、このステートメントは、若いロンドン市民の 1 ％が深刻な暴力に間違いなく関わっていることを意味している。2 つめに、ロンドンの人口はおおよそ 900 万人なので、15 歳から 25 歳までの人は 100 万人ほどいる。もしもその人たちを「若い」と見なすなら、かのステートメントが意味するのは、ロンドンには 100 万人の 1 ％、つまり全部で 1 万人の恐ろし

病院	手術を受けた子供の数	手術後少なくとも30日後に生存していた人数	手術後30日以内に死亡した人数	生存率（%）	死亡率（%）
ロンドン、ハーリー・ストリート	418	413	5	98.8	1.2
レスター	607	593	14	97.7	2.3
ニューカッスル	668	653	15	97.8	2.2
グラスゴー	760	733	27	96.3	3.7
サウサンプトン	829	815	14	98.3	1.7
ブリストル	835	821	14	98.3	1.7
ダブリン	983	960	23	97.7	2.3
リーズ	1,038	1,016	22	97.9	2.1
ロンドン、ブロンプトン	1,094	1,075	19	98.3	1.7
リバプール	1,132	1,112	20	98.2	1.8
ロンドン、エバリーナ	1,220	1,185	35	97.1	2.9
バーミンガム	1,457	1,421	36	97.5	2.5
ロンドン、グレート・オーモンド・ストリート	1,892	1,873	19	99.0	1.0
合計	12,933	12,670	263	98.0	2.0

表 1.1
2012 年から 2015 年の間に、英国およびアイルランドの病院で行なわれた子供の心臓手術の結果。手術の 30 日後に生存していたか否かの観点から。

く乱暴な若者がいるということだ。それでは安心感などまるで持てそうもない。ここで統計量のインパクトを操るために使われた2つのトリックに注意しよう。肯定的なフレームから否定的なフレームへの切り替え、それからパーセンテージを実際の人数に変えることである。

　偏りのない情報を提供したいと考えるなら、理論的には肯定的フレームも否定的フレームも両方示すべきだ。それでも、列の順序が、表の解釈方法になおも影響をもたらす可能性もある。表中の行の順序もやはり慎重に検討しなくてはならない。表1.1では病院を、それぞれが実施した手術件数の順で並べている。一方、もしも、たとえば表の一番上から死亡率の高い順に並べていたら、それは病院を比較する妥当で重要な方法だという印象をもたらしたかもしれない。このような成績順の一覧表は、マスメディアやさらには一部の政治家にも好まれるが、ひどく誤解させるものにもなり得る。それは、違いが偶然のばらつきによって生じ得るからだけではなく、扱う事例の種類が病院ごとにかなり異なる可能性があるからでもある。たとえば表1.1を見てみよう。バーミンガム病院は、かなり規模が大きくとりわけ有名な小児病院に数えられており、極めて深刻な事例を受け入れているのではないかと思える。だから、控えめに言っても、バーミンガム病院が見かけ上、全生存率が低いことを強調するのは、公平ではないだろう。[*]

　生存率は、図1.1に示したような水平棒グラフで表現できる。水平方向の軸をどの値から始めるのかの選択が重要だ。もしも軸の値を0％から始めるなら、どの棒もグラフ内でほぼ目一杯まで延び、それゆえに、生存率が並外れて高いことは明確になるものの、線同士の違いがわかりにくくなるだろう。一方で、誤解を招くグラフに

---

[*] 症例の重症度を考慮すれば、これらの病院間に系統的な違いがあることを示すはっきりとした証拠はないことが判明した。

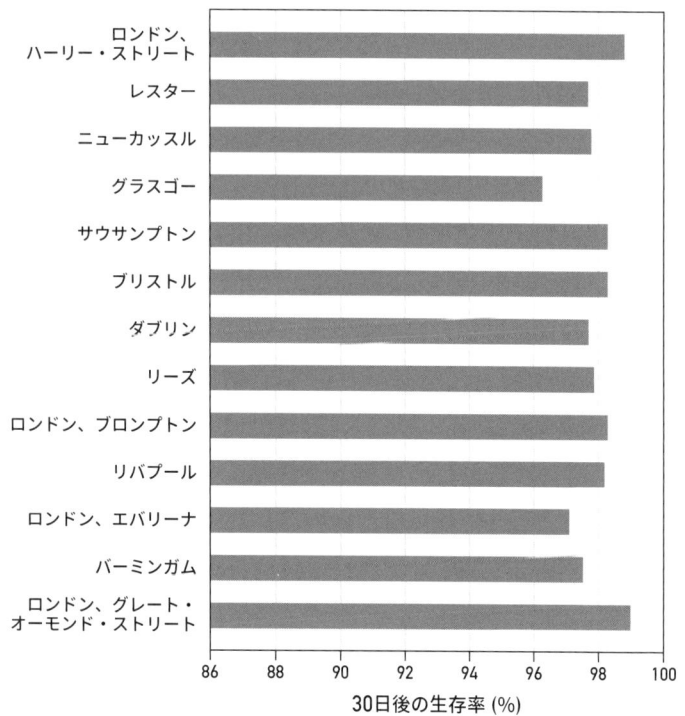

図 1.1
13 の病院における 30 日後の生存率を示す水平棒グラフ。水平軸の始点（ここでは 86%）の選びかたは、グラフィックが与える印象に重大な効果をもたらし得る。もしも軸が 0% から始まっているなら、どの病院も変わりがないように見えるだろうが、95% から始まっているなら、病院間の違いは誤解を招くほど大げさに見えるだろう。軸がゼロから始まるわけではないならば、棒グラフではなく、小さな点（ドット）でデータ点を表すほうが適切かもしれない。

以前からよく使われるやり口は、軸をたとえば 95% から開始することだ。これで病院ごとに大きな違いがあるように見えるだろう。そうした変動はじつのところ、偶然によってしか起こり得ないものにすぎない場合でも、そう思わせてしまう。

　だから、軸の始点をどの値にするのかを選ぼうとするとジレンマに陥る。データ視覚化に強い影響力を発揮した書籍[3]の著者、アルベルト・カイロは、必ず「論理的かつ意味のあるベースライン」で始めるべきだと提案している。とはいえ、今回のケースでは、そうしたベースラインを見いだすのは難しいように思える。私はかなり恣意的に86%を選んだのだが、それによって20年前のブリストルにおける受け入れがたいほど低い生存率がおおよそ描きだされている〔前述のようにHESのデータで生存率は86%〕。

　私は本書冒頭でネイト・シルバーの言葉を引用した。シルバーはデータに基づく情報提供サイト、『ファイブ・サーティ・エイト（FiveThirtyEight）』の創設者で、2008年の米国大統領選挙の結果を正確に予想したことで、何よりよく知られている。そして、数は自ら語ることがない、ゆえに私たちが意味を付与する責務を負っている、という考えかたを力強く表明した。これは、情報伝達が問題解決サイクルの重要な部分であることを暗示している。私はこのセクションで、単純な割合の集まりから発せられるメッセージが、表現方法の選択によってどのような影響を受けるのかを示した。

　ここで、重要で便利な概念を導入する必要がある。その概念のおかげで私たちは、イエスかノーかの単純な問いの枠を超える力が得られるだろう。

▷ カテゴリ変数とは何か、どうグラフに表すか？

　変数は、さまざまな状況で多様な値を取り得る何らかの測定基準として定義される。データを構成するあらゆる種類の観測結果に対するとても有益で簡略的な表現だ。2値変数は、イエスかノーかを問う。たとえば、誰かが生きているか死んでいるか、あるいは、あの人たちは女性か否か、といった具合だ。これらはいずれも人によ

ってさまざまであり、それに、性別でさえも、時が変われば人々の心のなかで変化し得る。**カテゴリ変数**は2つ、あるいはそれ以上のカテゴリを取り得る尺度だ。カテゴリには次のようなものが考えられる。

- **順序なしカテゴリ**
  個人の出生国、自動車の色、ある手術が行なわれる病院など。
- **順序つきカテゴリ**
  軍人の階級など。
- **グループ分けされた数**
  肥満の程度など。これは肥満度指数（BMI）の閾値を基準に定義されることが多い。[*]

　カテゴリデータを示すことに関して言うと、円グラフを使えば全円と比較して各カテゴリの大きさの感じが掴める。ところが、視覚的に混乱を招きがちだ。あまりにたくさんのカテゴリを同じ図で示そうとしたり、領域を歪める3次元表現を使おうとしたりする場合には、特にそうだ。図1.2に、マイクロソフト社のエクセルが提供する様式に基づいて作成したかなり困った例を示す。表1.1を元に、心臓病を患う1万2,933人の子供たちがそれぞれの病院で手術を受けた割合を示したものだ。
　複合的な円グラフは一般的には好ましくない。というのも、さまざまな形をした領域の相対的な大きさを評価することは難しく、比較が妨げられるからだ。比較をするには棒グラフの高さ、あるいは長さだけに基づくほうが望ましい。図1.3では、各病院で手術を受

---

[*] 肥満度指数はベルギーの統計学者、アドルフ・ケトレーが1850年以前に開発した。現在は、BMI ＝体重（kg）／身長（m）^{2}と定義されている。この指数のグループ分けは多くさまざまなものが用いられているが、現在の英国における肥満の定義は次の通り。低体重（BMIが18.5kg／m^{2}未満）、普通（BMIが18.5以上25未満）、過体重（25以上30未満）、肥満（30以上35未満）、病的肥満（35以上）だ。

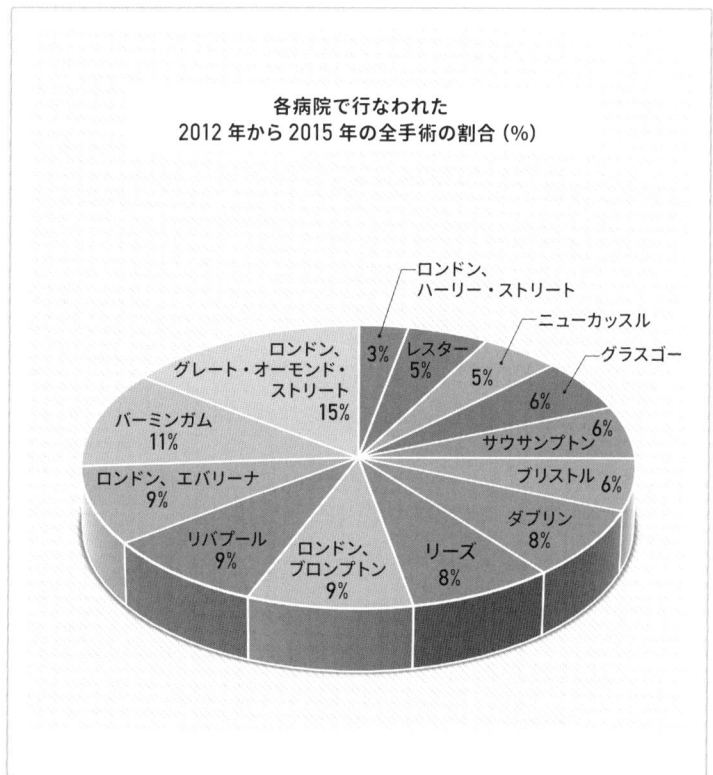

図 1.2
各病院で実施された子供の心臓手術全件の割合。エクセルの 3D 円グラフで示した。好ましくない図のせいで手前近くにあるカテゴリが大きめに見える。そのため、病院間の視覚的な比較は不可能である。

けた割合を水平棒グラフで表し、より簡潔で明白に示している。

▷ 2 つの割合を比較するのがやっかいな理由

ここまでに、割合の集まりは、棒グラフを利用するといかにすっ

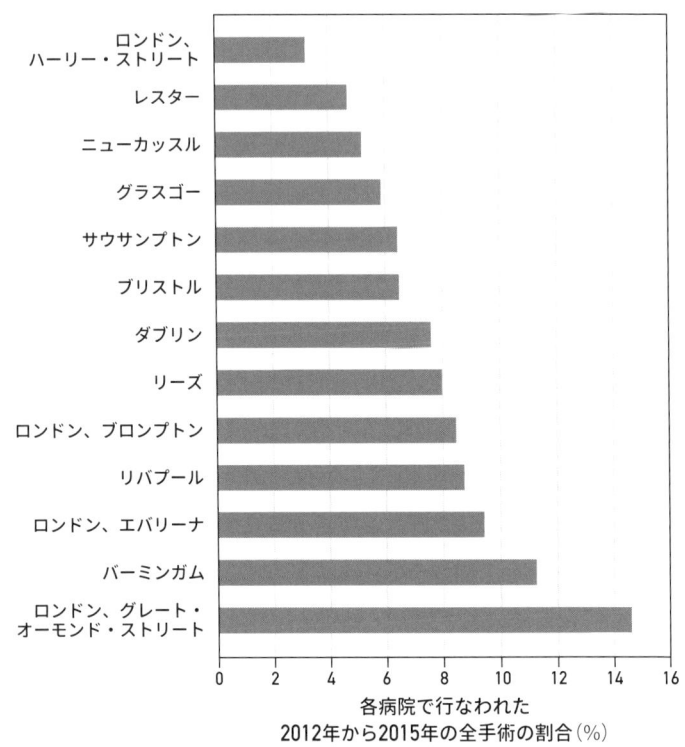

図 1.3
各病院で実施された子供の心臓手術全件のパーセンテージ。水平棒グラフを用いて理解しやすく表現したもの。

きりと比較できるのかがわかった。だから2つの割合を比較することは簡単な問題だと考えるのももっともだろう。ところが、その割合がある損害を被るリスクの推定値である場合には、複数示されたリスクの値同士をどう比較するかは思考を要し議論を呼ぶ問題だ。ここに典型的な問いを示す。

ベーコンサンドウィッチのせいで癌に罹るリスクはどれほどか？

　日常のありふれた何かのせいで、ある恐ろしいことが起きるリスクが高まるので用心せよと諭す、マスメディアの大げさな見出しには誰もが慣れている。そういったものを私は「猫が癌を引き起こす」説と呼びたくなる。たとえば、2015 年 11 月、世界保健機関の 1 機関である国際がん研究機関（IARC）が、加工肉は「グループ 1 に含まれる発癌性物質」であると公表し、タバコやアスベストと同じカテゴリに分類した。するとお決まりの、パニックを招くような見出しが躍った。たとえば、『デイリー・レコード』紙は「ベーコン、ハム、ソーセージにタバコと同じ発癌リスク　専門家が警告」と言い切った。[4]

　IARC は、グループ 1 に分類したのは、癌のリスクがともかくも実際に高まるという確信があるということだと主張して騒ぎを収めようとし、実際のリスクの程度には一切言及しなかった。プレスリリースを先へ読み進めてみると、1 日に 50 グラムの加工肉を食べると大腸癌の危険が 18% 高まる、と IARC は報告していた。これは気を揉むべきことのように思えるが、やはり憂慮しなくてはならないのだろうか？

　18% という数字は**相対リスク**と呼ばれている。なぜならば、これは 1 日に 50 グラムの加工肉を食べる（これはたとえば、毎日、ベーコン 2 枚入りのサンドウィッチを平らげることに相当する）人のグループは、そうでない人のグループに比べて、大腸癌を患うリスクが高まることを表しているからだ。統計学の解説者たちは、この相対リスクを取り上げて、**絶対リスク**の変化という別の言いかたで説明した。つまり、その有害な事象に見舞われると見込まれるであろう

人の割合が、各グループにおいて実際にどのように違ってくるかということだ。

解説者たちは次のように結論した。普通に生活を送っている場合、毎日ベーコンを食べるわけではない人が100人いると、そのうち約6人が生涯のうちに大腸癌を患うと見込まれるだろう。もしも同様の100人が生涯、1日も欠かさずベーコンサンドウィッチを食べるとすると、IARCの報告によれば、さらに18%多くの人たちが大腸癌に罹ると見込まれるだろう。つまり100人のうちの6人が、7人に増えるのだ。ここで述べたのは、100人全員が生涯ベーコンを食べる場合に大腸癌に罹る人が1人増えるということであり、それは相対リスク（18%の増加）のようにたいそう目を見張るものに思えるわけではなく、この危険要因を大局的に把握するために都合が良いかもしれない。私たちは、実際に危ないものと、恐ろしい気がするものを見分けなければならないのだ。

このベーコンサンドウィッチの例から、**期待度数**を利用してリスクを伝達する利点がわかる。パーセンテージや確率について論じるのではなく、「100人（1,000人）の人たちにとって、これは何を意味するのか？」と問うのだ。心理学研究から、このテクニックのおかげで理解度が高まることがわかっている。実際、こうして余分に肉を食べたために「18%のリスク増」に繋がったとだけ伝えるのは、操作的だと見なされるだろう。なぜならば、そういった言い回しは、その危険が重大であるという印象を過剰にもたらすことを私たちは知っているからだ。図1.4では**アイコン配列**を使って、人が100人いる場合の大腸癌の期待度数を率直に示している。

図1.4では「癌」のアイコンが100人のなかにランダムに分布している。このような分布を示したのは、予測が不可能であるという

----

* 厳密に言えば、6％から相対的に18%増えると、6％× 1.18 ＝ 7.08%となるが、このレベルの情報伝達では7％に四捨五入すれば十分だ。

ベーコンを食べない100人

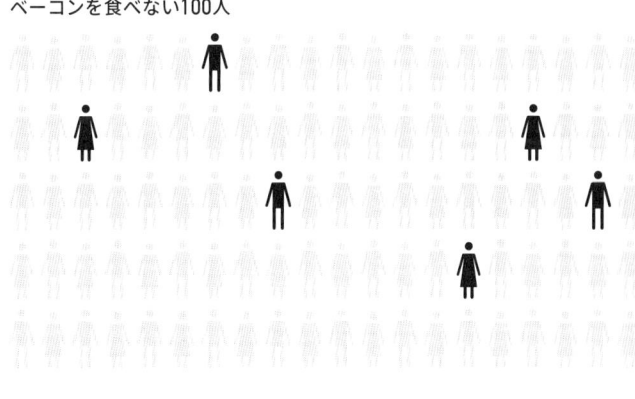

毎日ベーコンを食べる100人

図1.4
2つのアイコン配列を使ったベーコンサンドウィッチと発癌リスクの例。ランダムに分布するアイコンが、毎日ベーコンを食べると徐々にリスクが高まっていくことを示している。ベーコンを食べない100人のうち6人（塗りつぶしたアイコン）は普通に生活を送っていても大腸癌に罹る。生涯毎日ベーコンを食べる100人のなかに、患者が1人多く書かれている（ストライプのアイコン）[*]

---

[*] 厳密に言えば、塗りつぶした6つのアイコンは2つのグラフィックのなかで異なる場所に配置されるべきだ。というのも、2つのグラフィックは100の人からなる異なる2つのグループを示しているからだ。しかしそれでは、2グループの比較がとても難しくなってしまう。

印象を強めるためであるが、ハイライトしたアイコンが1つ余分にある場合に限って使うべきだ。すばやく目で見て比較するのにアイコンを数えあげなくても済むことが望ましい。

それに加えて、2つの割合を比較するさらに多くの方法を表1.2に示し、ベーコンを食べる人と食べない人に対するリスクの場合で説明してある。

「X中の1」は、リスクを表現する一般的な方法だ。たとえば「16人中1人」と言って6%のリスクを表すようにだ。とはいえ「……中の1」ステートメントを何度も使うのは勧められない。というのもそのステートメントでは比較しにくいと思う人が少なくないからだ。たとえば、「100中の1、10中の1、1,000中の1のうち、どれがよりリスクが高いだろうか?」という質問を投げかけてみると、おおよそ4分の1の人たちは答えを間違える。わかりにくいのは、数が大きければ大きいほど、より小さいリスクを意味しているというところであり、だから物事を明確に理解するにはある程度、抜け目ない知力が必要だ。

専門的な言葉を使うと、1つの事象に対する**オッズ**とは、その事象が起きる可能性の、起きない可能性に対する割合だ。たとえば、ベーコンを食べない100人のうち6人が大腸癌に罹り、94人が罹らないであろうから、このグループにおいて大腸癌に罹るオッズは6/94だ。これを「6対94」と言うこともある。オッズは英国の賭け事のなかで使われるのが一般的だが、もっと幅広く、割合を統計的にモデル化する際にも利用される。それで、医学研究では一般的に、**オッズ比**という観点から処置や行動に関連する影響を示すということになるのだ。

オッズ比は、研究文献では極めてよく見られるものの、リスクの違いを簡潔にまとめる方法としては直観的に理解するのがかなり難しい。もしも事象が非常に稀ならば、そのオッズ比は、数字的には

方法	ベーコンを食べない人	毎日ベーコンを食べる人
事象の確率	6%	7%
期待度数	100 人中の 6 人	100 人中の 7 人
	16 人中の 1	14 人中の 1
オッズ	6/94	7/93

比較尺度	
絶対リスクの違い	1%、つまり 100 人中の 1 人
相対リスク	1.18、つまり 18%の増加
「治療必要数」	100
オッズ比	(7/93)/(6/94) = 1.18

表 1.2
毎日ベーコンサンドウィッチを食べる人と、そうではない人が生涯で大腸癌に罹るリスクを伝えるための数々の手法の例。「治療必要数」は、大腸癌に罹る人が 1 人増えることについて推測される、生涯にわたり毎日ベーコンサンドウィッチを食べる必要のある人の数だ（だから、ひょっとするとこの例の場合は「常食必要数」と定義するほうが適切かもしれない）。

相対リスクに近づくであろう。ベーコンサンドウィッチの場合に見た通りだ。ところが一般的な事象の場合、オッズ比は相対リスクとは大きく異なるものになり得るし、次に挙げる例から、オッズ比がジャーナリスト（をはじめとする人たち）をひどく混乱させる可能性があることがわかる。

85%から87%へ上昇したことを、どうしたら20%の増加と言えるのか？

　スタチンはコレステロールを減らし、心臓発作や脳卒中のリスクを引きさげるために広く取り入れられている。ところが副作用に不安を示す医師もいる。2013年に発表された研究では、スタチンを服用する人の87%が筋肉の痛みを報告し、それに対しスタチンを服用しない人のうち痛みを訴えるのは85%だったことが判明した。リスクを比較するための選択肢として表1.2に示した手法に注目すると、絶対リスクの2%上昇、もしくは0.87/0.85 = 1.02の相対リスク、つまりリスクの2%の相対上昇があると言って良い。2つのグループにおけるオッズは0.87/0.13 = 6.7、0.85/0.15 = 5.7で与えられる。だからオッズ比は6.7/5.7 = 1.18となる。ベーコンサンドウィッチの場合とまったく同じオッズ比だ〔表1.2参照〕。だが、元になる絶対リスクはだいぶ異なる。

　『デイリー・メール』紙はこの1.18というオッズ比を相対リスクだと誤解し、スタチンが「20%もリスクを高める」と断言する見出しを掲げた。これは、実際に得られた研究成果を恐ろしいほど不正確に伝えている。とはいえ責任を丸ごとジャーナリストたちに負わせるわけにはいかない。研究論文のアブストラクト〔論文冒頭に掲げられる、その論文の要旨をまとめたもの〕ではそのオッズ比に言及するばかりで、それが85%の絶対リスクと87%の絶対リスクの差異に当たることには触れなかったのだ[7]。

　こうしたところから、科学的なコンテクストではないものにオッズ比を使うのは危険であること、そして、情報を受け取る人の関心の的がベーコンでもスタチンでもほかの何であっても、必ず絶対リスクを報告することの有益性が浮き彫りになる。情報の受け手にとって意味のある量は、絶対リスクだからだ。

　本章で挙げた例から、割合を計算して伝えるという、見たところ単純なタスクがいかにしてややこしい問題になり得るのかがわかった。そのタスクは慎重によく理解して取りかかる必要がある。また、数値や図式でデータを要約したものの心理的インパクトを調べるには、ほかの形式で表した場合の認知のされ方を評価するスキルを持つ心理学の専門家と協働すれば良い。情報伝達は問題解決サイクルの重大な部分であり、決して単なる個人的な好みの問題ではない。

まとめ

- ２値変数とは、イエスかノーの問いであり、その集まりは割合として要約できる。
- 割合を肯定的フレーミングで示すか否定的フレーミングで示すかによって、感情にもたらされる影響が変わり得る。
- 相対リスクは重要性を大げさに伝えがちだ。だから明確化のために絶対リスクを示すべきだ。
- 期待度数は、重要性に対する理解と適切な感覚を呼び起こす。
- オッズ比は科学研究から生まれたものであり、一般的な情報伝達には使うべきではない。
- 視覚に訴える表現を用いる場合にグラフィックは慎重に、その影響を理解して選ぶ必要がある。

第 2 章

数値データを要約して伝える
数値がたくさんある場合

▷ **数の分布を図に表す方法と多くの数の代表値**

群衆の知恵はあてになるか？

　1907 年にフランシス・ゴルトンは、一流の科学専門誌『ネイチャー』誌に宛てて、港湾都市プリマスで開催された肥畜・家禽展示会（Fat Stock and Poultry Exhibition）への訪問についての論評を寄せた。ゴルトンは、チャールズ・ダーウィンのいとこであり、指紋を利用した識別や天気予報や優生学を最初に考案した博学な人物だ。その展示会でゴルトンが目にしたのは、大きな雄牛が展示され、そして参加者たちが 6 ペンス払い、その可哀想な動物が解体されると「調理できる」肉はどれほどの重さになるのか見当をつけるという光景だった。ゴルトンは書きこまれた札のうち 787 枚を手に入れ、民主的な選択として、1,207 ポンド（547 キログラム）という真ん中の値を選んだ。ゴルトン曰く「その他の見積もりはどれも大多数の投票者から高すぎる、あるいは低すぎるので望ましくないと判断さ

---

* 優生学は人間という種が血統の選択によって改良され得るという考えかただ。その手段は、「適応する人」がより多くの子供を産むように、たとえば奨励金を出す、あるいは、「非適応な人」が産まないように、たとえば不妊手術を奨励するといったものだ。統計学のテクニックを初期の頃に発展させた人の多くは、優生学に熱中した。ナチスドイツでの数々の経験を経てその動きに終止符が打たれたものの、学術的専門誌『優生学紀要（Annals of Eugenics）』誌は、1955 年にその名前を現在の『人間遺伝学紀要（Annals of Human Genetics）』誌に変えただけだ。

れた」。調理可能な部分の重さは 1,198 ポンド（543 キログラム）だと判明し、これは 787 枚の札に基づいてゴルトンが選んだものに驚くほど近かった。ゴルトンはその論評のタイトルを「Vox Populi（庶民の声）」としたが、この意思決定プロセスは現在、**群衆の知恵**と呼ばれることが多い。

　ゴルトンが行なったのは、現在ではデータ要約と呼べることだ。つまり大量の札に書かれた数字を調べて、1,207 ポンドという 1 つの重さの推定値にまとめたのだ。本章では、利用可能になったデータの山を要約し伝達するために、その後の 100 年で開発された技術を見ていく。位置や広がりや傾向や相関関係の数字による要約は、データを紙や画面の上にプロットする方法と深く関わりがあることがわかるだろう。さらに、単にデータを記述することから、インフォグラフィックを通じて解説することへ緩やかに移り変わっている状況に注目する。

　まずは、私自身が群衆の知恵の実験を試みた話から始めよう。この実験は、現実の規律を欠いた世界、つまり奇異と誤謬に満ちた世界をデータ源として使用した場合に生じる問題の多くを例証する。

　統計学では癌や手術のような深刻な事象に関心を向けるばかりではない。数学の魅力を発信する伝道師であるジェームズ・グライムと私は、ごく簡単な実験を行なうために、ユーチューブにある動画を投稿した。瓶のなかのジェリービーンズを見せて、その数を当ててほしいと視聴者に依頼する動画だ。図 2.1 の写真を見ると、あなた自身も見当をつけてみたいと思うかもしれない（正しい数は後ほど明らかにする）。915 人の人が見当をつけた数を寄せてくれた。その範囲は 219 から 31,337 にまで及んでいた。そこで本章では、このような大きなばらつきが視覚的にどのように描写され、数字的にどのように要約されるのかに注目するつもりだ。

図 2.1
この瓶のなかにはジェリービーンズがいくつあるだろうか？　私たちはユーチューブの動画でそう問いかけ、915 件の回答を得た。答えはまた後で。

　まず図 2.2 で、915 人の回答者が寄せた値のパターンを表現するための 3 つの方法を示す。これらのパターンには、データ分布、**標本の分布**〔sample distribution〕、経験分布といったさまざまな呼びかたがある。[*]

（a）ストリップチャート、あるいは点図表は、各データ点をドットで示すだけだが、各ドットをランダムに上下に散らばらせて表示することで、同じ数である見当値がいくつも重なり合

----

[*]「分布」という言葉は統計学で広く用いられ、曖昧になり得る。だから各状況で意味を明確にすることにしよう。グラフは、フリーソフトウエアの R を使って描く。

って全体パターンがわかりにくくなるのを防ぐ。このグラフは明らかに、3,000くらいまでの範囲に多くの見当値があること、それから30,000を超えるまで値の「裾」が長く延びていること、クラスターがちょうど10,000にあることを示している。

(b) 箱ひげ図はデータ分布のいくつかの本質的特徴を要約する。[*]

(c) このヒストグラムは単純に、一連の区間のそれぞれにいくつのデータ点があるのかを数えている。このグラフから、分布の形が大ざっぱに掴める。

　これらの画像からいくつかの特有の性質が直ちにわかる。データはかなり**歪んだ分布**になっている。つまり、中心的なある値の周りでおおまかに対称的になることすらなく、データのなかに非常に大きな値があるために「右側の裾」を長く引いているのだ。ストリップチャートにはドットが垂直方向に並んでいる部分があり、切りの良い数が選ばれていることもわかる。

　一方、これらのチャートのどれにも共通の問題が1つある。点が形成するパターンから、非常に高い見当値がもっぱら注目を集める一方で、多くの数は左側の端に押しつぶされていることが読み取れる。もっと多くの情報が得られるようにこのデータを表現する方法はあるだろうか？　極端に高い値は不合理なものとして捨てることができるだろう（から、このデータを分析した当初、私はかなり恣意的に9,000より大きなものをすべて除外した）。別の方法として、そういった極端な値の影響を軽減するような形でデータを変換することもできるだろう。たとえば**対数目盛**と呼ばれるものにプロットする

---

[*] 特にこのバージョンの箱ひげ図では、中央の太い棒線が中央値（真ん中の点）を示している。箱のなかには、点のうち中心付近の半分が含まれており、一方で「ひげ」は、最低値と最高値を示している（個別にプロットされている外れ値を除く）。

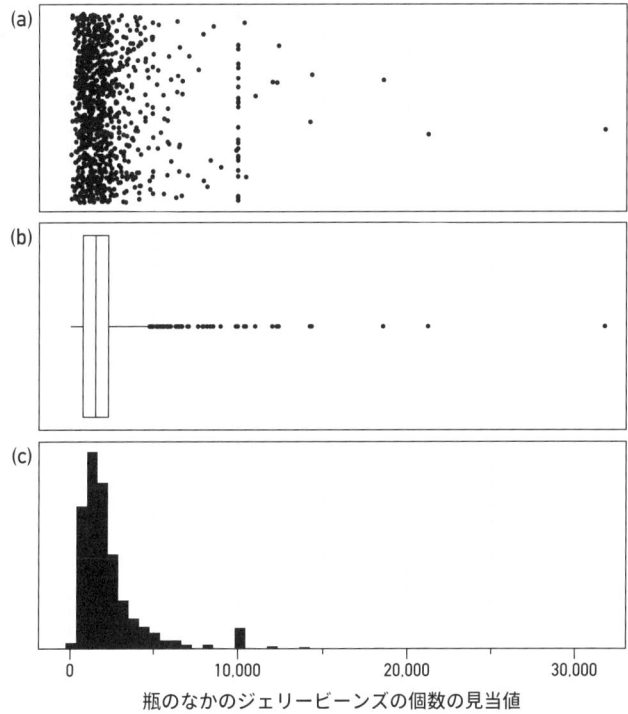

図 2.2
瓶のなかのジェリービーンズの個数に対する 915 個の見当値のパターンを示すさまざまな
方法。(a) ストリップチャート、あるいは点図表。点が互いの上に重ならないようにラン
ダムに散らばらせて表示する。(b) 箱ひげ図。(c) ヒストグラム。

方法だ。対数目盛では 100 と 1,000 との間隔が 1,000 と 10,000 と
の間隔と同じなのだ。[*]

----

* *x* という数の対数を取るためには、10 にどのような指数をつければ *x* になるかを求めればいい。たとえば
$10^3 = 1,000$ ゆえに、1,000 の対数は 3 だ。対数変換が特に適切なのは、人々が「絶対的な」誤りではなく
「相対的な」誤りを犯していると仮定することが合理的である場合だ。例を挙げると、人々は正しいカウン
ト数からたとえば 200 粒外れてしまうと予想するよりも、どちらかの方向に 20%という相対的要因によっ
て間違うと予想するほうが合理的であるような場合である。

図2.3は、いくらか明確さを増したパターンを示している。分布はかなり対称的で、極端な外れ値はない。これで点を除外せずに済む。点を除外するというのは、その点が明らかな誤りでない限り、通常は望ましい考えとは言えないのだ。

数の集まりを表現する「正しい」方法はない。つまり、ここまでに使ってきたプロットにはそれぞれ何らかの利点がある。ストリップチャートは個々の点を明らかにし、箱ひげ図は目で見てすばやく要約するのに便利であり、そしてヒストグラムはデータ分布の基本的な形を掴みやすい。

数として記録される変数にはさまざまな種類がある。

- **カウント変数**
  測定値は整数０、１、２、……に限られる。たとえば、毎年の殺人事件発生数や瓶のなかのジェリービーンズの個数の見当値。
- **連続変数**
  少なくとも原理的には任意の精度で作れる測定値。たとえば、身長や体重。そのどちらも、人によっても時間によっても、さまざまだろう。もちろんこれらは整数値のセンチメートルやキログラムに丸めても良い。

カウント数や連続的観測結果の集まったものが１つの要約統計量にまとめられるとき、その統計量こそが一般的に**代表値（アベレージ）**〔average〕と呼ばれているものだ。たとえば、賃金、試験の評点、気温の代表値なら誰もが馴染みを持っている。ところが、その数字が何を意味するのかは不明確な場合も少なくない（特にこれらの代表値を引き合いに出している本人がそれについて理解していないならなおさらだ）。

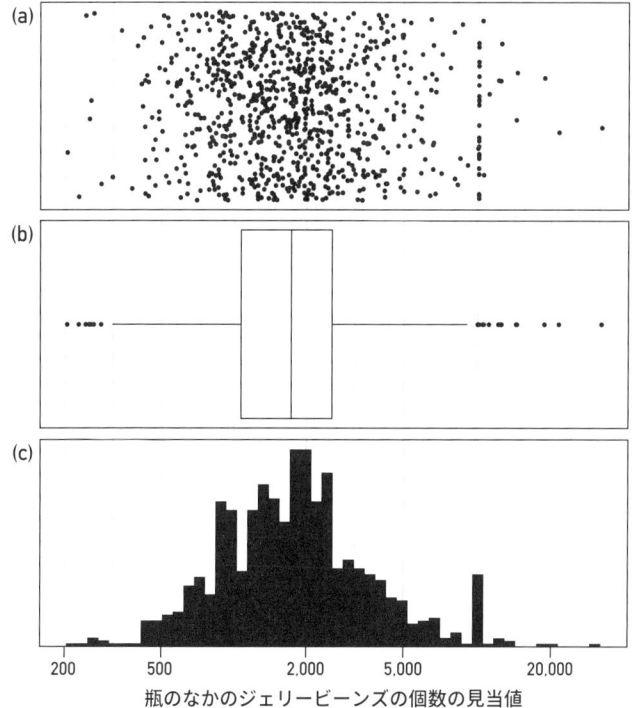

図 2.3
ジェリービーンズの個数の見当値を対数目盛にプロットしたもののグラフ表示。(a) ストリップチャート。(b) 箱ひげ図。(c) ヒストグラム。どれもかなり対称的なパターンを示している。

「代表値」という用語にはごく基本的な解釈が 3 通りある。「平均値・中央値・最頻値〔ミーン・メジアン・モード、mean-median-mode〕」と一まとめにして呼ぶこともある。

- **平均値**
数の合計を事例の数で割ったもの。

- **中央値**

  数を順に並べたときの真ん中の値。この方法でゴルトンは群衆の投票をまとめた[*]。

- **最頻値**

  最も多く出てくる値。

これらはデータ分布の位置の尺度としても知られている。

平均値については、昔からよく言われる冗談がある。ほぼすべての人は平均的な脚の本数（おそらく約 1.99999）よりも脚の数が多く、また、人は平均的に 1 つの睾丸を持つ、というものだ。「代表値」を意味する「アベレージ」という言葉は平均値の意味で使われることもある。とはいえ、平均値が代表値として妥当になり得ないのは、脚や睾丸の場合だけではない。性的パートナーとして報告された人数の平均や、1 つの国での収入の平均はどちらも、多くの人たちの経験的な認識とはかけ離れているだろう。これは、平均というものが、少数派ながら合計を引きあげるような極端に高い値に甚だしく影響されるからだ[†]。ウォーレン・ベイティやビル・ゲイツを考えてみてほしい（それぞれ性的パートナー数に関して、収入に関して、と付け加えておくべきだ）。

平均の値が大いに誤解を招き得るのは、未加工データが中心的な値のまわりで対称的なパターンを作らず、それどころか、ジェリービーンズの見当値のように、片側に歪んでいる場合だ。標準的事例が大部分を占めるものの、少数の非常に高い値が裾を引く場合（たとえば収入）や、少数の低い値が裾を引く場合（たとえば脚の本数）

---

[*] 1907 年、ある人が『ネイチャー』誌に投稿し、ゴルトンが中央値を選んだことに疑問を示し、平均値ならもっと緻密に推定できただろうと主張した。

[†] 部屋のなかに、週間収入が 400 ポンド、500 ポンド、600 ポンドである 3 人がいるとしてみよう。すると平均収入は 1,500 ポンド / 3 ＝ 500 ポンドとなり、これは中央値と一致する。ここで、週に 5,000 ポンドを稼ぐ人が 2 人部屋に入ってくる。平均収入は 11,500 ポンド / 5 ＝ 2,300 ポンドに跳ねあがるが、中央値は 600 ポンドであって、あまり変動しない。

が典型的だ。同じ年齢や性別の人に比べて、あなたが翌年に死んで
しまうリスクは、平均リスクよりもはるかに低いと私はほぼ確信し
ている。たとえば、英国の生命表の報告によれば、63歳の男性の
1％は毎年、64回めの誕生日を迎える前に亡くなってしまう。し
かし死んでしまうであろう人の多くはすでに病状が重く、だからま
あまあ健康でいる圧倒的多数の人が死ぬリスクはこの平均リスクよ
りも低いだろう。

　残念ながら、「アベレージ（代表値）」がマスメディアで報じられ
るとき、それを平均値と解釈すべきなのか、中央値と解釈すべきな
のかがはっきりしない場合が多い。たとえば、英国統計局は平均週
間収入を算出する。これは平均値だ。一方で、地方当局が週間収入
の中央値も報告する。この事例では、「アベレージ収入」（平均値）
と「アベレージな人の収入」（中央値）だと区別するとわかりやすい。
住宅価格もひどく歪んだ分布となっており、高額資産の裾が右側に
長く延びている。だからこそ、公式の住宅価格指数は中央値を報告
するのだ。とはいえ、それは一般的に「アベレージ住宅価格」とし
て報告される。これはかなり紛らわしい用語だ。「アベレージな住
宅」の価格（つまり中央値）なのだろうか？　あるいは、アベレー
ジな「住宅の価格」（すなわち平均値）なのか？　区切りかたによっ
てだいぶ違ってくる。

　そろそろ、私たちが行なった、ジェリービーンズについての群衆
の知恵実験の結果を明らかにしよう。雄牛の重量への投票ほどは盛
りあがらなかったが、ゴルトンが行なった実験での回答票数をわず
かに上回った。

　データ分布が右側に長く裾を伸ばしているため、2,408という平
均値はデータの要約としては役に立たないだろうし、10,000とい
う最頻値は切りの良い数を選ぶという極端さを反映してのことに思

える。したがって、ゴルトンにならって中央値を群衆の見当値として使うのが良いと思われる。見当値は 1,775 粒という結果になる。正しい値は…… 1,616 粒だった[2]。これを正しく言い当てたのはたった 1 人だった。45％の人たちは 1,616 より少なく見積もり、55％の人たちは多く見積もった。つまり見当値が、真の値から系統的な傾向を持って大きいほう、あるいは小さいほうへ偏るということはほとんどなかった。正しい値は実験から得たデータ分布の第 45 **百分位数**にあると言える。中央値は第 50 百分位数であり、これは正しい値を 1,775 − 1,616 ＝ 159 ほど高く見積もっていた。相対的に言い換えれば、中央値は正しい答えに対しておおよそ 10％の過大評価だったのだ。中央値と同じかそれより近く見積もったのはおおよそ 10 人に 1 人だけだった。したがって私たちが行なった群衆の知恵実験の結果はかなり優れており、90％の人々の見当値よりも正しい答えに近かった。

▷ データ分布の広がりかたを表現する方法

1 つの分布に対し 1 通りの要約をしただけでは十分とは言えない。広がり（変動性と呼ばれることもある）という考えかたを持つ必要がある。たとえば、靴メーカは、成人男性の靴の平均サイズを知っていても、各サイズを何足製作するのかを判断する役には立たないだろう。1 つのサイズが全員に合うわけではない。航空機内の乗客用シートが端的に示している事実で、これに苦労している人は多い。

表 2.1 ではジェリービーンズの見当値に対するさまざまな要約統計量を示している。そのうち 3 つの方法で広がりを要約している。**レンジ（範囲）**は自然な要約統計量ではあるが、極端な値には明らかにとても影響されやすく、たとえば 31,337 粒というようなすぐ

瓶のなかのジェリービーンズの個数を判断するための 要約統計量	全データ
平均値	2,408
中央値	1,775
最頻値	10,000
レンジ	219 から 31,337
四分位範囲	1,109 から 2,599
標準偏差	2,422

表 2.1
915 件のジェリービーンズの個数判断の要約統計量。正しい個数は 1,616 だった。

におかしいとわかる見当値に左右されてしまう。* 対照的に、**四分位範囲**（IQR）は極端な値に影響されない。これは、データの第 25 百分位数と第 75 百分位数の間の範囲であり、ゆえに一連の数の「中心付近の半分」を含んでいる。この場合で言えば 1,109 粒と 2,599 粒の間だ。先に示した箱ひげ図の中心付近の「箱」は、四分位範囲を網羅している。最後の**標準偏差**は広がりの尺度として一般に用いられるものだ。これは専門的で複雑性が最も高い尺度である一方、本当に適切に使えるのは行儀良く対称に分布するデータ†に対してだけである。なぜならば、標準偏差も外れ値に過剰に影響されるからだ。例を挙げると、この場合のデータのなかにある 31,337 という（ほぼ確実に誤りである）かの値を 1 つデータから除

---

* 31,337 は、ネットスラングで「熟練」を意味する「リート（leet）」の数字表記である「1,337」のミスタイプであることはほぼ間違いない。ぴったり 1,337 という見当値も 9 件あった。
† たとえば収入のような大いに歪んだデータの広がりの尺度であり、不平等の尺度として用いられるのがジニ係数だ。だがこの係数は、複雑で非直観的な表現形式である。

外することで、標準偏差は 2,422 から 1,398 へと小さくなる[*]。

　私たちが行なったちょっとした実験に参加した群衆は、なかには突飛な答えを寄せる人もいたけれど、かなりの知恵を持っていることを証明してみせた。これは、データには誤りや、外れ値などの予想外の値が少なからず含まれているものの、必ずしもそれらを個々に見いだして除外する必要があるわけではないことの例証となっている。また、31,337 のような異常な結果にむやみに影響されたりはしない要約尺度を使う利点も暗示している。それはロバスト（頑強、堅牢）な尺度として知られ、たとえば中央値や四分位範囲などが該当する。つまるところこの実験の結果から、単純にデータを見ることのすばらしい価値が明らかになる。この教訓は、次に挙げる例によって説得力が増すだろう。

▷ 分布の広がりのパターンの違いを表現する

> 英国の人たちはこれまでの人生で何人の性的パートナーがいたと報告するだろうか？

　この問いの目的は、人々の個人的生活をただ詮索することではない。1980 年代に AIDS が初めて深刻な問題になったとき、公衆衛生当局者が思い知ったのは、英国における性的行動、特に人々はどれほどの頻度でパートナーを変えるのか、同時に複数のパートナーがいる人は何人か、そして、どんな性的行為が人々の間で行なわれているのかに関して、信頼できる証拠がないことだ。それを知ることは、性感染症の社会への広がりを予測し、医療サービスの計画を策定するために欠かせなかった。ところが、裏づけとしてそのとき

---

[*] 標準偏差の 2 乗は **分散** として知られている。これは直接に解釈するのは難しいが、数学的には有用性が高い。

もなお持ちだされようとしていたのは、1940 年代の米国でアルフレッド・キンゼイが収集した信頼性の低いデータだった。キンゼイは代表的な標本を得ようとしたわけではなかったのだ。

そこで 1980 年代の後半に差し掛かると、英国と米国で、一部からは猛反対の声が上がったにもかかわらず、性的行動に関する大規模な調査が入念に費用をかけて行なわれた。英国ではマーガレット・サッチャーが土壇場になって、性的ライフスタイルの大規模な調査に対する支援を取り下げたものの、研究の実施者たちは、幸いにも代わりに慈善団体からの資金援助を得ることに成功し、この調査が 1990 年以来、英国で 10 年ごとに行なわれている、性的行動とライフスタイルに関する国民調査（The National Sexual Attitudes and Lifestyle Survey）（Natsal）に繋がった。

3 回めの調査は、Natsal-3 と呼ばれ、2010 年頃に 700 万ポンドをかけて実施された。表 2.2 では Natsal-3 において 35 歳から 44 歳の人たちが報告した（異性の）性的パートナーの人数に関する要約統計量を示している。これらの要約だけを利用して、データパターンはどのような様子なのか再構成してみようとするのは有意義なトレーニングだ。ここで注目するのは、最も多い 1 つの値（最頻値）は 1 であり、この数字は人生でパートナーはただ 1 人だった人たちを表していること、その一方でレンジがとても幅広くもあることだ。レンジの広さは平均値と中央値の間にかなりの差異があることにも表れており、こうした差異からデータ分布が右側に長い裾を引いていることが示唆される。標準偏差は大きいが、そもそもこのようなデータ分布では広がりの尺度として標準偏差は妥当ではない。というのも、少数の非常に高い値に過度に影響されるであろうからだ。

男性の回答と女性の回答を比較するには、男性が女性よりも平均値で 6 人多くの性的パートナーを報告したことや、それとは別に、

人生における 性的パートナーの報告数	35 歳から 44 歳の男性	35 歳から 44 歳の女性
平均値	14.3	8.5
中央値	8	5
最頻値	1	1
レンジ	0 から 500	0 から 550
四分位範囲	4 から 18	3 から 10
標準偏差	24.2	19.7

表 2.2
人生における（異性の）性的パートナーの数に対する要約統計量。2010 年から 2012 年の間に Natsal-3 で実施された聞き取りに基づく、35 歳から 44 歳までの男性 806 人と女性 1,215 人の報告による。網羅するために標準偏差を含めているが、標準偏差はこのようなデータの広がりの要約としては妥当ではない。

アベレージな男性（中央値）はアベレージな女性よりも性的パートナーの数を 3 人多く報告したことに注目すると良さそうだ。もしくは、相対的に考えれば、平均値でも中央値でもどちらの場合も、男性は女性よりもパートナー数を 60％ほど多く報告していることに目を向けても良い。

この違いから、データに対する不信感が生まれるかもしれない。同じ年齢構成で同じ数の男女での閉じた**母集団**の場合は、数学的な事実として、異性のパートナーの平均人数は本来、男性も女性も同じはずだ！＊　それでは 35 歳から 44 歳というこの年齢グループでは男性のほうが女性よりも多くのパートナーを報告しているのはな

＊ なぜなら、どの異性の性的パートナーシップも 1 人の男性と 1 人の女性で構成されているゆえに、男性すべての集合と、女性すべての集合とでは、パートナーシップの総数が同じだからだ。したがって、もしもグループの大きさが同じであれば、パートナー数の平均は同じでなくてはならない。私はこの話を学校でする場合、ダンスや握手のパートナーという想定を使っている。

ぜだろうか？　1 つには、自分より若いパートナーを持っている男性たちのせいかもしれないが、もう 1 つ、男性と女性が自分の性的経歴を数えて報告するやりかたに系統的な違いがあるらしいことも挙げられる。男性はパートナーの数を大げさに報告したがる傾向があるか、あるいは女性は少なめに報告したがる傾向にあるか、もしくはその両方ではないかと思える。

　図 2.4 では、実際のデータ分布を示している。これで、統計量から、データ分布は極端に右に延びるであろうという、先に要約統計量から得た印象に裏づけがもたらされた。しかし手を加えていないこのデータを見なければ、さらに重要な仔細は明らかにならない。たとえば男性も女性も 10 人以上のパートナーがいる場合には、切りの良い数に丸めて報告する傾向が強いといったことだ（ただし、かなり杓子定規で、ことによると統計学者である男性は除く。その男性は厳密に「47 人」と伝えたのだ）。もちろんあなたはこうした自己申告の信頼性を疑わしく思うかもしれない。だからこうしたデータに見られる潜在的な偏りについては次章で話題にする。

　数値データをたくさん集めたものは、位置や広がりに関するいくつかの統計量を使って要約され伝えられるのが普通だ。性的パートナーの例から、そのような集まりの全体パターンを要約統計量によって理解するには時間がかかり得ることが明らかになった。それでも、ひたすらデータに徹底的に目を向けることに代わる方法はない。そして次の例から、大きくて複雑な数の集合のパターンを理解したいときには、優れた視覚化に特に価値があることがわかる。

▷ 2 つの変数間の関係の程度を表現する

多忙な病院ほど生存率が高いのか？

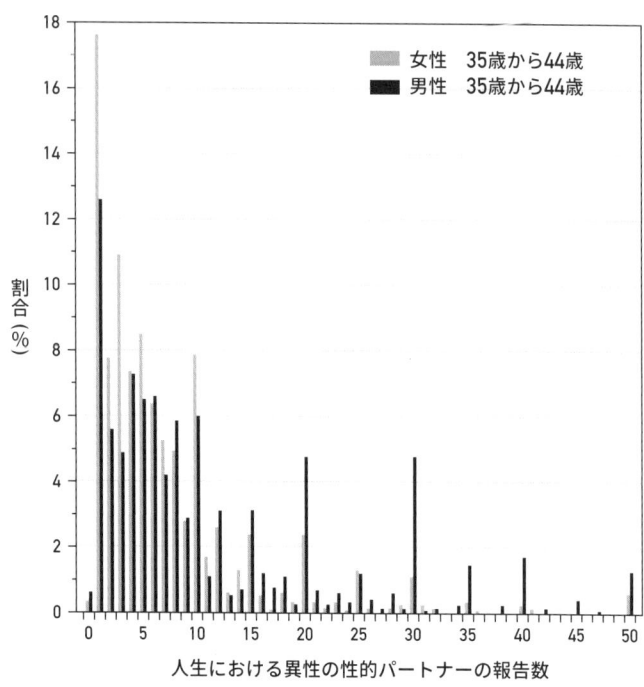

図 2.4

Natsal-3 によるデータ。2010 年から 2012 年に行なわれた聞き取り調査に基づいている。
一連の数が 50 で打ち切られているのは紙面の都合だ。合計数は男性も女性も 500 まで
達する。10 人以上のパートナーがいる場合には明らかに切りの良い数を使っていること、
そして、男性は女性よりも多めにパートナーを報告する傾向があることに注目してほしい。

手術における、いわゆる「症例数効果」はかなり興味深い。これ
は、多忙な病院ほど、ますます効率を高め、経験を積んでいくだろ
うから、生存率がより高まるという主張だ。図 2.5 では、子供の心
臓手術を実施した英国の病院における 30 日後の生存率を、手術を
受けた子供の数に対してプロットして示している。図 2.5 (a) は
1991 年から 1995 年までの期間での 1 歳未満の子供に関するデー

タを示している。これは、第 1 章の始めで取りあげた。この年齢グループではリスクがいっそう高く、ブリストル王立小児病院への調査でも焦点になったからだ。図 2.5（b）では、2012 年から 2015 年までの期間における 16 歳未満のすべての子供のデータを示している。これはすでに表 1.1 で示したものだ。その期間に関して 1 歳未満の子供に特定したデータは入手できない。人数は水平方向の x 軸上にプロットし、生存率は垂直方向の y 軸上にプロットしてある[*]。

　図 2.5（a）の 1991 年から 1995 年のデータには明確な外れ値がある。生存率がわずか 71％の規模が小さめの病院だ。これがブリストル王立小児病院だった。この病院での低い生存率、そしてその後行なわれた公的調査については第 1 章で取りあげた。しかしたとえブリストル王立小児病院のデータを（外れ値の点の上に親指を置いてみて）除外しても、1991 年から 1995 年のデータのパターンから、手術件数が多い病院ほど生存率が高くなることがわかる。

　散布図上の 1 組の数が単調に増加、あるいは減少する関係を要約する数字があると便利だ。そのような数として一般的に**ピアソンの相関係数**が選ばれる。これは、元々はフランシス・ゴルトンが提唱した考えかただったものの、1895 年に正式に発表したのは、現代統計学の創始者の 1 人、カール・ピアソンだった[†]。

　ピアソン相関係数は−1 から 1 までの値を取り、ドット、つまりデータ点がどのくらい直線の近くに収まっているのかを表す。相関係数が 1 となるのは、右上がりの直線上にすべての点が並ぶ場合であり、一方で、係数が−1 となるのは、右下がりの直線上にすべて

----

[*] 2 つの図は、網羅する子供の年齢範囲が異なるため、全体的な生存率を直接比較することはできないが、実際のところ、すべての年齢を対象とした子供の生存率はこの 20 年間で 92％から 98％まで向上した。

[†] カール・ピアソンはドイツ風のあらゆる物事にひどく熱中した。自分の名前の綴りを Carl から Karl に変えたほどだ。しかしそれは第一次世界大戦中〔対独戦争〕に自らの統計学を弾道学へ適用することの障害とはならなかった。1911 年、ピアソンはユニバーシティ・カレッジ・ロンドンに世界で初めて統計学部を創設し、フランシス・ゴルトンの遺言に基づく資金提供を受ける、優生学の「ゴルトン教授職」を設けた。

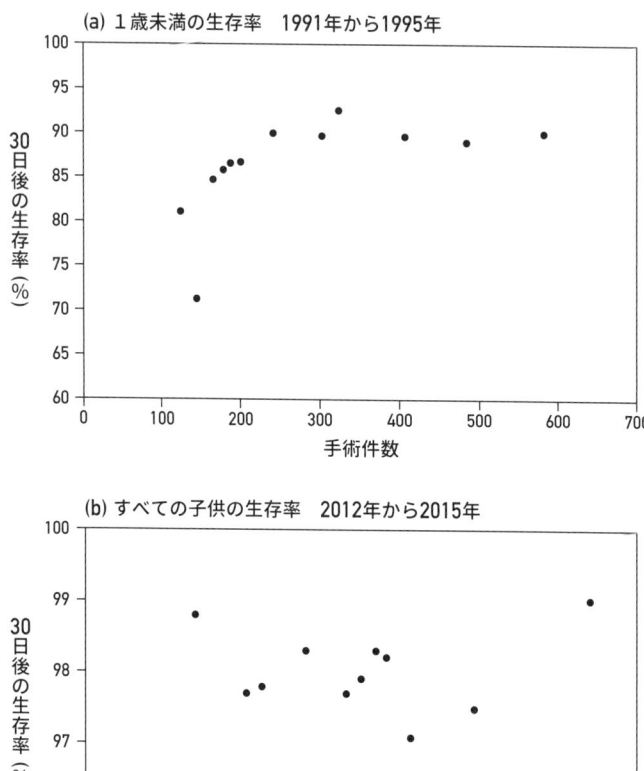

図 2.5
病院ごとの子供の心臓手術件数に対する生存率の散布図。(a) の 1991 年から 1995 年に対して、ピアソン相関係数は 0.59 であり、順位相関係数は 0.85 だ。(b) の 2012 年から 2015 年に対して、ピアソン相関係数は 0.17、順位相関係数は− 0.03 だ。

の点が並ぶ場合だ。0 に近い相関係数は点がランダムに分散している場合、あるいは右上がりにも右下がりにも系統的には方向が決まらないその他のパターンの場合だ。その例をいくつか図 2.6 に示す。

図 2.5（a）に示した 1991 年から 1995 年までのデータに対するピアソン相関係数は 0.59 だ。これによって、手術件数が増えることと生存率がますます向上することの関連が見える。ブリストル王立小児病院を除外すると、ピアソン相関係数は 0.67 にまで上昇する。というのも、残りの点の並びはいっそう直線的になるからだ。ほかに選び得る尺度が**スピアマンの順位相関**と呼ばれるものだ。これは英国の心理学者、チャールズ・スピアマン（根源的な一般知能という考えかたを展開した人物）にちなんで名づけられたもので、データの個々の値ではなくその順位にのみ依存する。つまり、データの点が全体として、単調に右上がりまたは右下がりである線に近いものであれば、たとえその線が直線ではなくても、スピアマンの順位相関は 1 か − 1 に近くなり得るということだ。図 2.5（a）のデータに対するスピアマンの順位相関係数は 0.85 であり、ピアソン相関係数よりもはるかに高い。なぜならば、点は、直線ではなく右上がりの曲線により近いからだ。

図 2.5（b）の 2012 年から 2015 年のデータに対するピアソン相関係数は 0.17、スピアマンの順位相関係数は − 0.03 であり、事例数と生存率の間にもはや明確な関係はないことがわかる。ところが病院がごく少数であれば、相関係数は個々のデータ点に極めて影響されやすくなり得る。この場合、最小の病院を除外すると、その病院の生存率が高いために、ピアソン相関係数は 0.42 に急上昇する。

相関係数は関連性を簡潔に要約したものであり、これに則って、事例数と生存率の間に根本的な関係性が明確に存在すると結論づけられるわけではないし、ましてなぜそうした関係性が存在するのか

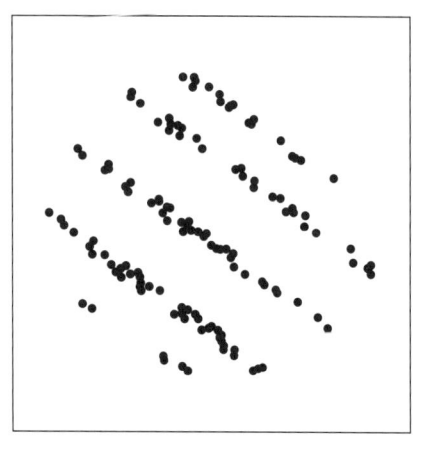

図 2.6

2 つの（架空の）データ点の集まり。そのピアソン相関係数はどちらも 0 だ。相関係数 0 が、プロットされている 2 つの変数の間に関係性が存在しないという意味ではないのは明らかだ。アルベルト・カイロのすばらしいデータサウルスダズン[4]より。

を判断することはできない[*]。多くの応用例で、x 軸は**独立変数**と呼ばれる量を示し、関心の対象となるのはそれが y 軸上にプロットされる**従属変数**にもたらす影響だ。ところが第 4 章で因果関係についてさらに詳しく取りあげるように、これは影響が及ぶであろう向きをあらかじめ前提としている。図 2.5（a）においてさえ、生存率の向上は何らかの意味で、事例の数の増加に起因すると結論づけることができない。それどころか、逆である場合さえ、あるだろう。より優れた病院に、ますます多くの患者が集まるということもあり得る。

▷ 時系列での傾向を表現する

| 最近 50 年間の地球人口の増加パターンはどのようなものか？

　世界の人口は増加を続けている。そして人口変動の要因を理解することは、現在、および将来においてさまざまな国が直面する困難に備えるために極めて重要だ。国連経済社会局人口部は、1951 年から現在に至るまで、世界中のすべての国々に対して、人口総数の推定値を、2100 年までの予測とともに算出している[5]。ここで 1951 年以来の世界的な傾向に目を向ける。

　図 2.7（a）では 1951 年以降の世界人口を表す簡潔な折れ線グラフを示し、その期間に人口はおよそ 3 倍に増加し、75 億人に迫っていることを明らかにしている。この増加を牽引するのは主にアジアの国々だが、図 2.7（a）でほかの大陸のパターンを見分けるのは

---

* それぞれの生存率は異なる数の事例に基づいており、したがって、それぞれが、偶然に起因するばらつきからどの程度の影響を受けるのかもさまざまだ。だから、相関関係がデータの集まりの説明としてなおも算出できる一方で、正式な推論には、データがそれぞれ割合を示したものであることを考慮に入れる必要がある。その方法は第 6 章で示すつもりだ。

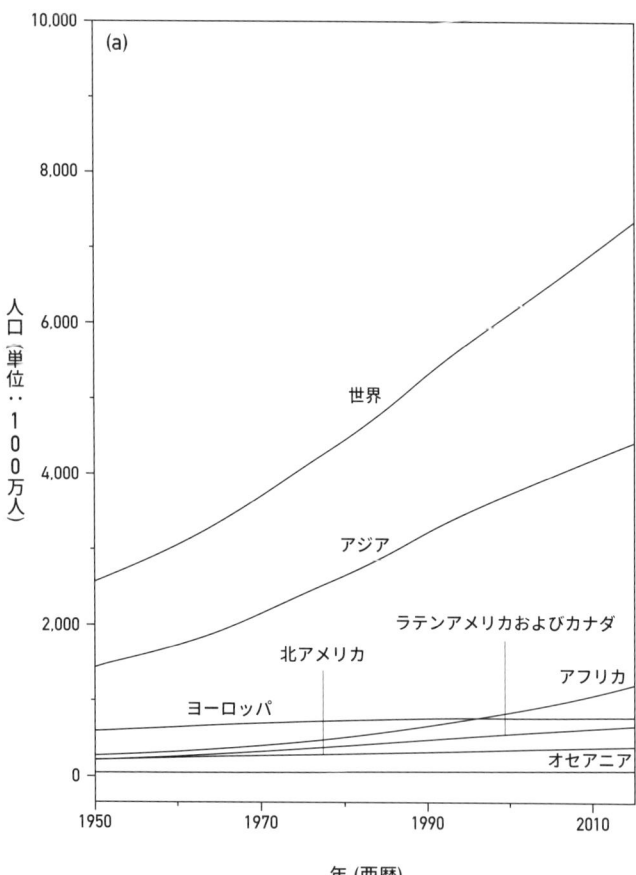

図 2.7

1950 年から 2015 年における世界、大陸、地域の総人口。両性の合計。（a）では標準的な目盛上で傾向を示す。（b）では対数目盛上で示す。（b）ではさらに、1951 年時点での人口が 100 万人以上である地域について個別に傾向線も併せて示す。

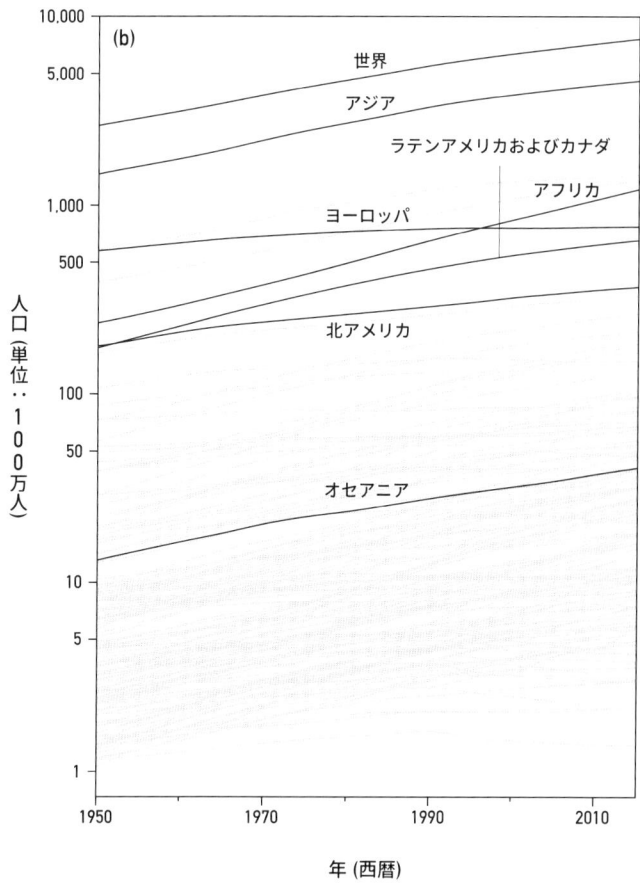

難しい。ところが、図 2.7（b）に示した対数目盛では、大陸ごとにグラフが離れていて、アフリカでの勾配は比較的急であることが明らかになり、また、ほかの大陸の平坦な傾向、特に近年は人口が減少しつつあるヨーロッパ大陸のそのような傾向がわかる。

　図 2.7（b）のグレーの線は、個々の国での変動を示しているが、一般的な上昇傾向からの偏差を識別するのは不可能だ。図 2.8 では、

各国における傾向（1951 年から 2015 年の間の相対的増加）を簡潔に要約したものを利用している。相対的増加が 4 であるというのは、2015 年には 1951 年に比べて 4 倍の数の人がいるという意味だ（たとえば、リベリア、マダガスカル、カメルーンに見られるように）。しるしの大きさを国の人口に比例させることで大きな国ほど注目が集まるようにし、大陸ごとに国をまとめると、そのなかの一般的なクラスターも外れ値もどちらも直ちに見いだせる。全体的な変動を説明する 1 つの要因（ここでは大陸）でデータを分けることは常に有益だ。

　アフリカにおける大幅な増加は突出しているが、ばらつきは極めて大きく、なかでもコートジボワールは極端な事例だ。アジアでもばらつきにはかなり大きさがあり、その大陸の国々の幅広い多様性を映しだしている。日本やジョージアが一方の極端にあるのに対してサウジアラビアはその対極にある。サウジアラビアでは世界で最も人口が増加していると言われている。ヨーロッパにおける増加の程度は比較的低い状態が続いている。

　優れたグラフの例に漏れず、このグラフからもっとたくさんの疑問が湧き出て、さらに探究が進む。個々の国を識別することに関しても、そして言うまでもなく将来の傾向の予測を吟味することに関してもだ。

　国連が発表する人口推計のような複雑性の高いデータセットを吟味する方法が非常に数多くあるのは明らかで、そのうちどれが「正しい」ということはない。だがアルベルト・カイロは、優れたデータ視覚化に共通する 4 つの特性を見いだした。

　1．信頼できる情報を含んでいる。
　2．実際的な価値のあるパターンが際立つようにデザインを選択。

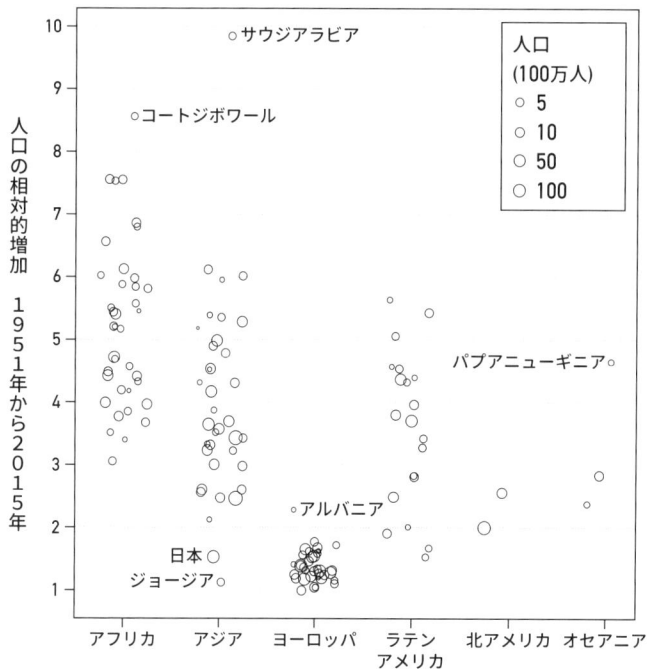

図 2.8

1951 年から 2015 年における人口の相対的増加。1951 年時点での人口が 100 万人以上
である国を対象とする。

3. 関心を惹きつけるやりかたで示しつつも、その見かけによっ
   て誠実性や明瞭性や深刻さを損なうべきでない。
4. 適切な場合には、ある程度探索が可能な形で構成されている。

　4 つめの特性は、データの受け手がインタラクティブに視覚化へ
関与できるようにすることで実現される。そしてこれは書籍内では
説明しにくいのだが、次に示す例から、視覚化した表現を各人の関
心に合ったものにする〔パーソナライズ〕効果が明らかになる。

私の名前の人気は時を経てどう変わっただろうか?

　ある種のプロットは非常に複雑で、ただ見ただけでは興味深いパターンを見つけだすのが困難になっている。たとえば図2.9を見てみよう。図中の各線は、1905年から2016年にイングランド、あるいはウェールズで誕生した男の子につけられた特定のファーストネームの人気順位を示している[6]。これは社会史を顕著に象徴しているが、それ自体では、目まぐるしく変化し続ける名前のつけかたの流行を伝えるだけだ。後半で線の密集度が高まっていることから、90年代半ば以降、名前のつけかたの幅が広がり多様になっているのがわかる。

　グラフがインタラクティブであればこそ、個人的に関心のある特定の線を見いだすことができる。たとえば私が興味を持っているのは、デイヴィッドという名前の流行を見てみることだ。この名前は1920年代や30年代に特に人気となったが、それはひょっとするとデイヴィッドと呼ばれていた皇太子(のちに、在位期間は短かったものの、エドワード8世となる)の影響かもしれない。ところがその人気は急降下した。1953年に私はその年に生まれた何万人かのデイヴィッドの1人だったが、2016年にその名をつけられているのはたった1,461人であり、これより人気の高い名前は40種類を超えている。

▷ 統計学における情報伝達のルール

　本章では、率直で操作的ではない方法でデータを要約し、伝達することに注目してきた。それを受け取る人たちの感情や態度に影響

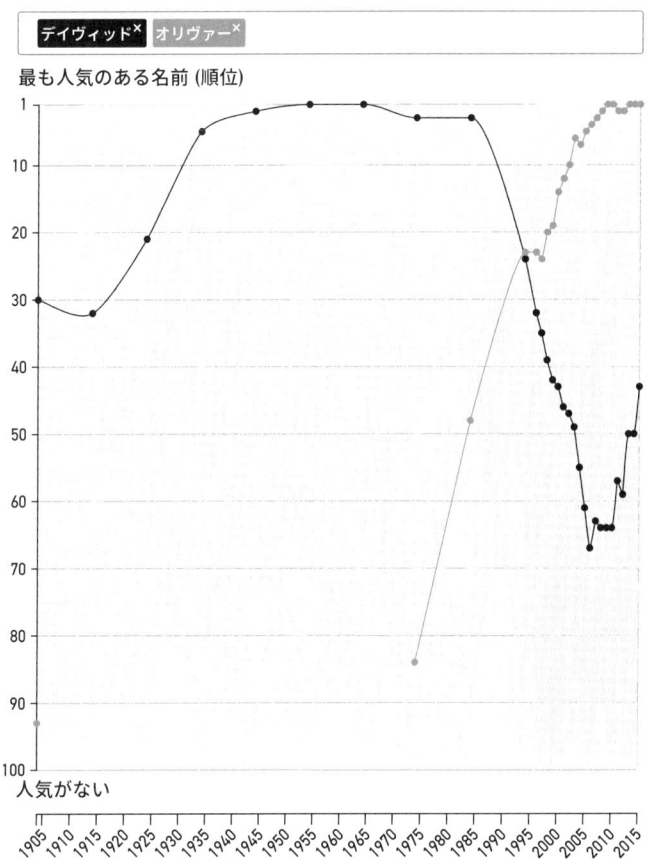

図 2.9
英国統計局が提供するインタラクティブなグラフのスクリーンショット。人気順の一覧表にあるそれぞれの男子名の位置の動向を示している。かなり想像力に乏しい私の両親は1953 年に一番人気だった名前を私につけた。しかしそれ以来、私は流行遅れになった。オリヴァーと正反対だ。ところがデイヴィッドは最近、少々復調の兆しを見せた。ひょっとするとベッカムの影響かもしれない。

をもたらしたり、ある種の考えかたを確信させたりすることは望まない。ただそれがどのようなものであるか、あるいは少なくともどのように見えるのかを伝えたいだけだ。絶対的な真実を告げているのだと主張することなどできないが、少なくとも可能な限り事実に即したものにしようとすることはできる。

　もちろん、こうした科学的客観性を目指す試みは、言うは易く行なうは難しだ。1834年にロンドン統計学会（のちの王立統計学会〔英国統計学会〕）がチャールズ・バベッジ、トマス・マルサスらによって創設されたとき、会は高らかにこう宣言した。「統計学会が、会の運営上、何より重要かつ最も本質的な約束事と考えるのは、会の紀要や出版物からあらゆる個人的見解を慎重に排除すること、つまり厳密に事実に、しかも可能であると知り得る限り、数値化して述べ表に並べられる事実にのみ、注意を払うことだ[7]」。まさしく出だしから、会員たちはこの制限にはまったく目もくれず、すぐさま、犯罪や健康や景気に関する自分のデータが何を意味するのか、それに対して何をすべきなのかについての自分の見解を差し挟み始めた。おそらく私たちが今尽くせる最善とは、この誘惑を認識し、自らの見解を自分のなかに留めておくためにできる限りの努力をすることだ。

　情報伝達に関する最も重要なルールは、口を閉じて耳を傾けることだ。そうすると自分の情報の受け手についてわかるようになれる。相手が政治家だろうと、専門家だろうと、一般大衆だろうと。私たちは相手には必ず限界があり何らかの誤解があることを理解しなくてはならないし、過度に高尚で利口であろうとしたり、あるいは事細かに詳しく言いたくなったりするという誘惑と戦わねばならない。

　情報伝達の2つめのルールは、自分が何を成し遂げたいのかを自覚することだ。望ましいのはその目的が、オープンな議論と情報を得た上での意思決定を促すことであることだ。とはいえ、数自体は

何も語らず、コンテクストや言語やグラフィックデザインのすべて
が、伝えられる情報がどう受け取られるかに寄与するということを、
繰り返しておいたほうがいいだろう。私たちはストーリーを伝えて
いるということを認めなくてはならないし、知らせたいだけで説得
したいわけではないとこちらがどんなに思っていても、人が比較を
して判断を下すのは避けられない。私たちにできるのは、デザイン
に配慮し警告を発するという方法で、不適切な直観的反応を未然に
防ぐことだけだ。

▷ 統計学はストーリーを語る

　本章ではデータ視覚化という概念を紹介した。ときにこれは「デ
ータヴィズ（dataviz）」〔データ・ヴィジュアライゼーションの略〕と
呼ばれる。このテクニックは、研究者やかなりの見識をすでに備え
た上で情報を受け取る人が使う場合が多い。単に視覚に訴えるため
ではなく、理解することの価値を高め、データを探究する目的で選
ばれた標準的なプロットの道具として利用されるのだ。私たちが相
手に伝達したいデータの中にある大切なメッセージをうまく導き出
したとき、ようやくインフォグラフィック、あるいはインフォヴィ
ズを介して受け取る側の注意を惹きつけ、すばらしい解説のストー
リーを伝えられるだろう。

　洗練されたインフォグラフィックは何度もマスメディアに登場し
ているが、図 2.10 はまさしくそのお手本と言えるもので、2010 年
に英国で行なわれた性的行動とライフスタイルに関する国民調査
（Natsal-3）で問われた 3 つの問いへの回答をまとめることで、社会
的傾向について印象深く解説するストーリーを伝えている。男性に
も女性にも質問されたその問いとは、何歳で初めて性交渉し、初め
て同居し、初めての子供を持ったのか？　というものだ[8]。人生にお

過去60年にわたって、性行為をし始める年齢、パートナーと初めて暮らす年齢、初めて子供を持つ年齢の間隔が広がってきた。だから現在では、女性の人生において計画していない妊娠を防ぐための苦労が必要な期間が長くなっているのだ。

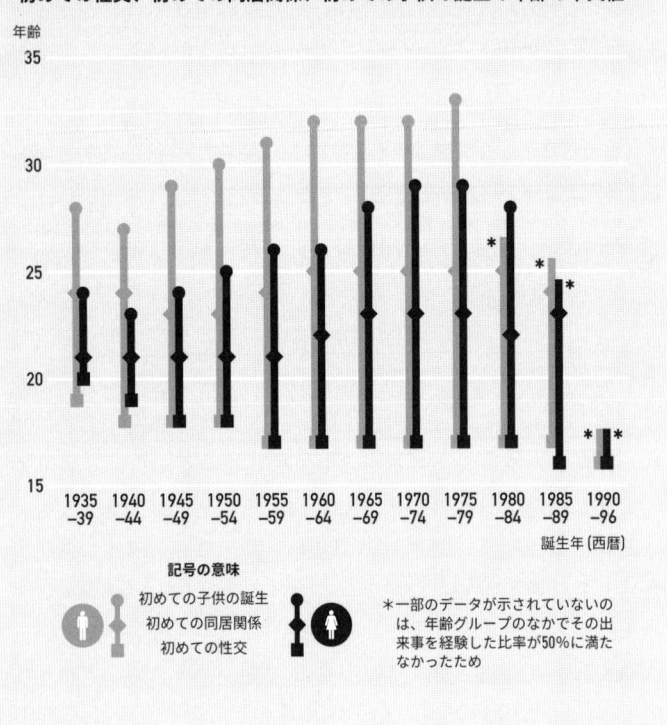

初めての性交、初めての同居関係、初めての子供の誕生の年齢の中央値

記号の意味

初めての子供の誕生
初めての同居関係
初めての性交

＊一部のデータが示されていないのは、年齢グループのなかでその出来事を経験した比率が50%に満たなかったため

図 2.10
英国における性的行動とライフスタイルに関する国民調査の第3回（Natsal-3）からのデータに基づいたインフォグラフィック（2010年）。データから学ぶべき事柄が視覚的にも言葉でも示されている。

けるこれらの出来事のそれぞれについて、年齢の中央値を女性の誕生年に対してプロットし、3 つの点を太い垂直線で結ぶ。1930 年代に誕生した女性から 1970 年代に誕生した女性までこの線が長くなり続けているというのは、適切な避妊が必要となる期間が長くなっていることの表れだ。

　動的なグラフィックはなおいっそう進歩し、そのなかで動きを利用して経時的な変化におけるパターンを表すことができる。このテクニックを使いこなしたのはハンス・ロスリング〔スウェーデンの公衆衛生学者。ベストセラー『ファクトフルネス』の著者。1948 － 2017〕だ。ロスリングが TED で配信したトークや動画のおかげで、統計学で解説を行なうための新たな規範が確立した。たとえば、1800 年から現在までの各国の進歩を示すバブルの動きをアニメーション化したものを通じて、富と健康がどのような関係性で変化するかを示すというような方法だ。ロスリングは、「先進国」と「未開発国」の区別に関する誤解を正すために、グラフィックスを使用した。動的プロットは、時間の経過とともに、ほぼすべての国が、より向上した健康状態と繁栄へと向かう共通の道を着実に進んでいることを明らかにしたのだ。[*9]

　本章では、未加工データの単純な説明やプロットから、統計学を用いた解説の複雑な例に至るまでが一続きであることを示した。現代におけるコンピュータ利用のおかげで、データ視覚化はいっそう簡単で柔軟性を持つようになっている。要約統計量は、物事を明確にするだけでなく隠すこともできるので、適切なグラフ表示は不可

---

* 残念ながら、モノクロで図を動かすこともできない書籍は、ロスリングの功績を披露するには不適切なメディアだ。だからウェブサイト gapminder.org を見るようにお勧めすることしかできない。ロスリングはかつて、テレビでデンマークのジャーナリストと議論していた。そのジャーナリストは、世界についてのよくある誤った認識のいくつかを繰り返し述べていたのだが、それらはロスリングが人生をかけて正そうとしていたものだった。ロスリングはただこう答えた。「これらの事実に議論の余地はありません。私が正しくて、あなたは間違っています」。これは、統計学においては極めて珍しく、回りくどいところがない発言。

欠である。それでも、未加工の数を要約して伝えることは、データから学ぶというプロセスの初めの段階にすぎない。さらにこの道を進んでいくには、まずは、自分たちが何を成し遂げようとしているのかという基本的な認識に向き合わなくてはならない。

まとめ

○ さまざまな統計データを使って実際のデータ点の分布を要約することができる。たとえば位置や広がりの尺度など。

○ 歪んだデータ分布はよくあるもので、一部の要約統計量は外れ値の影響をとても受けやすい。

○ データを要約すると必ず一部の詳細は隠れてしまう。だから重要な情報が失われないように慎重を期すること。

○ 数の集まりはストリップチャートや箱ひげ図やヒストグラムで視覚化できる。

○ パターンをよりはっきりさせるための変換を検討し、パターンや外れ値や類似性やクラスターを見いだすために目を使うこと。

○ 数の組は散布図にして、時系列は折れ線グラフにして見ること。

○ データを調べる主要な目的は、全般的な変動を説明する要因を見いだすことだ。

○ グラフィックはインタラクティブにもなれるし、動画化もできる。

○ インフォグラフィックは興味深い特徴を際立たせるし、それを目にする人をストーリーに導けるが、その目的や影響を意識して用いるべきだ。

第 3 章
データから学ぶため
データについて考える
母集団と測定値

▷ 生のデータから知りたいことを導くまで

英国人の性的パートナーは実際には何人なのか?

　前章では、英国で近年行なわれた調査による注目すべき結果を紹介した。この調査で回答者は、これまでの人生で何人の性的パートナーがいたのかを報告するよう求められた。その回答をプロットしたところ、さまざまな特徴が明らかになった。たとえば、(非常に)長い裾を引く、10 や 20 のような切りの良い数で答えがちである、男性は女性よりもパートナーの人数を多く報告する、といった具合だ。ところがこのデータを収集するのに何百万ポンドも費やした研究者たちは、本当のところ、これらの実際に回答してくれた人たちが言うことに興味があったというわけではない。なにしろ回答者には完全な匿名性を保証していたのだから。回答者の答えは目的を達成するための手段だった。その目的とは、英国全体の性的パートナーシップのパターン、つまり性的行動に関する質問を受けていない何百万人もの人たちのパートナーシップがなす総体的パターンについて何らかの見解を示すことだった。

　調査で収集した実際の回答を元に英国全体に当てはまる結論を導

くというのは、決して簡単な問題ではない。それどころか、直接答えを導くのは妥当とは言えないのだ。回答者が出す答えが、英国内で本当に起きていることを的確に代表していると主張するだけならとてつもなくたやすい。マスメディアが実施する性に関するアンケート調査では、回答者は、隠れてこっそりやっている事柄についての自己申告を、自ら志願して、ウェブサイト上のフォームに入力する。こうした調査は常にそのように行なわれるのだ。

　調査で得られた未加工の回答を元に、全国民の行動に関して主張するに至るまでのプロセスでは、次のような段階を順に踏んでいく。

1. 調査の回答者が申告した性的パートナー数の記録の<u>未加工デ</u>ー<u>タ</u>から、……と言える。
2. 標本となった人たちの<u>本当の</u>パートナー数から、……と言える。
3. <u>研究対象母集団</u>——調査の標本となる可能性があった人たち——のパートナー数から……と言える。
4. 英国の人たち——<u>目的母集団</u>——の性的パートナー数。

　この一連の推論で最も推論が脆弱なのはどこだろうか？　未加工データ（段階1）から標本についての事実（段階2）へ進むというのは、つまり、回答者がそれまでにいたパートナーの人数を答えるときどれほど正確に話すのかについて大胆な仮定をするということであり、回答者を疑う理由はいくつもある。パートナー数を男性は大げさに、女性は控えめに報告するという明らかな傾向があり、その理由はおそらく、女性は忘れたほうが良いパートナーシップは含めない、数字を切りあげたり切りさげたりさまざまな傾向がある、記憶があやふやになっているといったこと、そして単純に「社会的

90

受容性バイアス[*]」だろうというのは、すでにわかっている。

　標本（段階2）から研究対象母集団（段階3）へ進むのは、ひょっとすると最も骨の折れるステップかもしれない。まずは、調査に協力するよう依頼された人は、選ばれるにふさわしい人のなかから無作為に抽出された標本であることが確実でなくてはならない。これは Natsal のようなきちんと組織化された研究であれば問題ないはずだ。だが、実際に協力に同意した人が代表的であることもまた仮定する必要があり、しかもそれはさほどたやすくない。Natsal の調査では回答率が約66%であり、質問の性質を考えればこれはすばらしく良い結果だった。一方で、性的にあまり積極的でない人の参加率はそれをわずかに下回ったという、ある証拠が存在する。社会的慣例にあまりとらわれない人たちへの聞き取りは実施しにくいため、ひょっとすると効果が相殺されたかもしれない。

　最後に、研究対象母集団（段階3）から目的母集団（段階4）へ進むのは、参加を依頼される可能性のあった人は、英国の大人の母集団を代表していると仮定できるとすれば、もう少し容易だ。Natsal の場合にこれは、世帯を無作為に選んだ標本を基盤として慎重に実験計画を立てれば確実なはずだ。だがそれはとりもなおさず、刑務所や女子修道院のような施設にいる人、軍務についている人は含まれていなかったということなのだ。

　誤りを生む可能性のある事柄をすべて克服する努力を完遂する頃には、英国での実際の性的行動に関し、調査の回答者から聞きだした事柄を元にして、何らかの一般的な主張をすることに懐疑的になる人がいてもおかしくないだろう。しかし統計科学の本質というのは、こうした段階を円滑に進行することであり、そして究極的には、

---

[*] このようなバイアスを裏づけるある程度の証拠が米国の学生を対象とした無作為抽出実験で得られた。この実験のなかで、嘘発見器を取りつけられた女性が認めるパートナー数は匿名性が保証された人が認める人数に比べ、多くなりがちだった。一方、男性にはその影響は見られなかった。被験者にはその嘘発見器が偽物だと伝えていなかった。

しかるべき謙虚さを持って、データから何が得られ、何が得られないのかを判断することなのだ。

▷ データから学ぶ 「帰納的推論」のプロセス

前章まで想定してきたのは、解決すべき問題がある、いくらかのデータを手に入れている、データを見てそのデータを簡潔に要約するといった事柄である。場合によっては、数えあげ、測定、記述自体が目的だ。たとえば、昨年何人くらいの人が救急救命科の世話になったのかを知りたいだけなら、データを見れば答えがわかる。

しかし調べるべき事柄が単にデータを説明するだけでは済まない場合も少なくない。つまり私たちは、目の前にある観測結果だけではなく、もっと重要なことを知りたいと思うのだ。それは、予測（来年は何人来るのだろうか？）を立てることであったり、もっと基本的な内容（どうして数が増えているのか？）に言及することなどだったりする。

いったん私たちがデータを元に一般化に取りかかりたい、すなわち直接に観測できる事柄の外側にある世界について何かを学び始めたいと思うと、「何について学ぶのか？」と自問する必要がある。そしてそのために、**帰納的推論**という思考力を要する考えかたに向き合う必要がある。

演 ・繹 ・法 ・について何となくは理解している人はたくさんいる。シャーロック・ホームズのおかげだ。ホームズは、演繹的推論を展開し、そして容疑者が罪を犯したに違いないと冷ややかに告げるのだ。実生活で、演繹法とは、一般的な前提から特定の結論を引きだすために冷静な論理のルールを駆使するプロセスだ。仮にその国の法律が、自動車は右側を走行しなくてはならないというものであれば、どんな特殊な状況でも、右側を走ることが最善だと演繹できる。一方、

帰納法は逆向きで、特殊な具体例を取りあげて、そこから一般的な結論を導こうとするときに役に立つ。例を挙げよう。あるコミュニティで友人女性の頬にキスをする際の慣例がわからないとしよう。そのためには観察によって、キスを1回するのか、2回するのか、3回なのか、あるいはまったくしないのかを、明らかにすべく試みる必要がある。両者の決定的な違いは、演繹法は論理的に疑う余地はないが、一方の帰納法は一般的に不確実だということだ。

　図3.1は、帰納的推論を一般的な図解として示し、データから調査の最終目的に達するために踏むべきステップを明らかにしている。つまりこれまで見てきたように、性に関する聞き取り調査で収集したデータから、標本の行動を知り、それを元にして聞き取り調査の対象となったかもしれなかった人々について知り、さらにそこから全国民の性行動について仮の結論を導きだす。

　もちろん、未加工データに注目するところから、目的母集団について一般的な主張をするに至るまで、一直線に進めるのが理想的だろう。標準的な統計学の課程では、観測結果は、直接的に関心のある母集団から、完全に無作為に、かつ直に引きだされると仮定する。ところがこれは実世界においては稀な事例であり、したがって未加工データから最終的な目的に達するまでのプロセス全体を考慮する必要がある。さらに、性に関する調査で見てきたように、異なる段階のそれぞれで問題が起こり得るのだ。

　データ（段階1）から標本（段階2）へ進む

　これは測定の問題だ。すなわち、私たちがデータに記録する内容は、私たちの関心の対象を正確に反映しているのだろうか？　データは次のようなものであることが望ましい。

- 信頼性がある。そのたびごとに変動することはあまりなく、ゆえに正確、または再現可能な数であるという意味で。

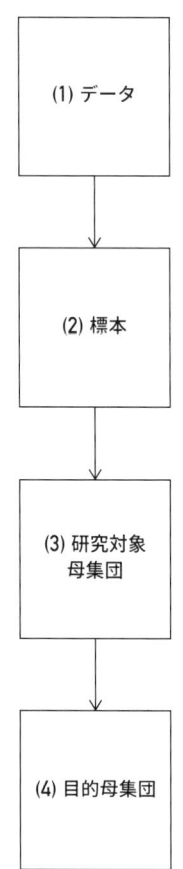

図 3.1
帰納的推論のプロセス
各矢印において、「矢印の始点にあるものは終点にあるものについて知る手がかりとなる」
と解釈することができる。[1]

- 妥当性がある。本当に測定したいものを測定していて、系統的
  バイアスはないという意味で。

　たとえば、性に関する調査の適切性は、人々が同じ質問を受ける
たびに同じ、もしくは非常に類似した答えを出すことにかかってい
るのであって、聞き取りをする人のやりかたや、回答者の気分や記
憶のむらに左右されるべきではない。これは、特定の質問を聞き取
りの初めと終わりにすることで、ある程度、検証できる。調査の質
を高めるには、聞き取りを受ける側が性的な活動を報告するときに
正直になり、系統的に自分の経験を大げさに話したり控えめに言っ
たりしないこともまた必要だ。こうしたことのどれもがかなり強く
求められる。

　調査における質問に、特定の答えに仕向けるようなバイアスがあ
るならば、その調査は妥当とは言えないだろう。たとえば、2017
年に格安航空会社のライアンエアーは旅客の 92% が搭乗経験に満
足したと発表した。だが同社の満足度調査では「すばらしい、とて
も良い、良い、可もなく不可もなし、悪くはない」という回答選択
肢しか与えられていなかったことがわかった[*]。

　数の肯定的、あるいは否定的なフレーミングが、私たちの抱く印
象に影響することはすでに述べた。それと同様に、質問のフレーミ
ングは回答に影響を与え得る。たとえば、2015 年の英国における
世論調査では、EU から離脱するかどうかに関する国民投票で「16
歳、17 歳の人に投票権を与えること」に賛成か、反対かを問うた。
すると 52% がその考えに賛成したのに対し、41% は反対した。す
なわち、権利を認めてより若い人たちにも権限を与えるという観点
のフレーミングが行なわれると、過半数がこの提案を支持したのだ。

　ところが同じ回答者が、この国民投票の「投票年齢を 18 歳から

---

[*] 王立統計学会からその調査方法に対する批判の声が上がったのを受け、ライアンエアーの CEO であるマイ
ケル・オレアリーのスポークスマンは次のように語った。「ライアンエアーの顧客の 95% は王立統計学会な
ど聞いたことはなく、97% は学会が言っていることを気にかけていないし、100% が学会の人たちは低運賃
の『ライアンエアーの休日』を予約する必要があるようだと話した」。同時期の別の調査では、ライアンエ
アーはヨーロッパの 20 の航空会社のなかで最下位に選ばれた（しかしこの調査は、ライアンエアーの多く
の便が欠航になったときに実施されており、調査自体に信頼性の問題があった）。

16 歳に引きさげること」に賛成か反対かという（論理的に同等の）質問を向けられたとき、提案を支持する割合は 37％に減り、56％が反対した。すなわち大胆な自由主義化というフレーミングが行なわれると、その提案に過半数が反対するのだ。意見の逆転は質問を言い換えるだけで起きた[2]。

　質問への回答はそれより先に問われた事柄にも影響され得る。プライミングと呼ばれるプロセスだ。公的な幸福度調査では、英国の若者のおおよそ 10％が自分は孤独だと考えていると評価するが、BBC によるネット上のアンケートでは回答しようと決めた人のうち 42％というはるかに高い割合であることが判明した。この数字は 2 つの要因によって吊りあげられたのだろう。自由意思による「聞き取り調査」での自己申告という特徴、および、回答者は、孤独に関する質問の前に、概して仲間との付き合いがないと感じるかどうか、孤立していると感じるかどうか、無視されていると感じるかどうか、などといった質問を長々と受けたという事実だ。それらのすべてが呼び水となって、孤独を感じるかという決定的な問いにイエスと答えたのだろう[3]。

標本（段階 2）から研究対象母集団（段階 3）へ進む

　これは、その研究の基本的な品質、**内的妥当性**と呼ばれるものに左右される。観測する標本は、実際の研究対象であるグループ内で起きていることを正確に反映しているのだろうか？　ここで私たちは、バイアスを回避する極めて重要な方法にたどりつく。無作為標本抽出だ。何かを無作為に選ぶとはどういう意味なのかは子供でさえ理解している。目を閉じてお菓子がごちゃ混ぜに入っている袋を探り何色が出てくるかを見たり、帽子から数を引いて誰がおまけやお菓子をもらう（あるいはもらわない）のかを決めたりすることだ。それは、何千年にもわたって、公平や公正を確保する方法として使

われてきた。これは抽選（sortition*）と言われ、報酬を配分したり、富くじを運営したり、公職者や陪審員のように権力を持つ人を指名したりする方法として使われてきた。またどの若者を戦場に送り込むのか、海で遭難した救命艇のなかで誰が食料にありつけるのかを決めるという、はるかに冷徹な責務にも関わってきた。

ジョージ・ギャラップは、1930年代に世論調査という考えかたを主として作りあげた人物で、無作為標本抽出の価値を見事にたとえてみせた。ギャラップはこう説明した。もしも大鍋いっぱいにスープをこしらえたなら、もっと調味料がいるかどうかを確かめるのにそれをすべて食べる必要はない。よく掻き混ぜてあれば、スプーン1杯分味わうだけで良いのだ。この考えかたをそっくり証明してみせたのは、1969年に行なわれたベトナム戦争への徴兵抽選だ。この抽選では誕生日順のリストを決定しなくてはならなかった。そして自分の誕生日がリストの一番上に載っている男性たちが最初にベトナムに派遣され、その後はリストを順に辿ることになっていた。このプロセスを公平にしようという社会的気運が高まるなかで、366個のカプセルが用意され、それぞれなかには1つだけほかとは重複しないように誕生日が書かれた紙が入っていた。そしてカプセルは無作為に箱から選ばれるものとされていた。ところがカプセルは箱のなかに誕生日の月の順に収められており、きちんと混ざっていなかった。カプセルを引くときに箱のなかを掻きまわしていれば、これは問題にはならなかったかもしれない。しかし注目すべき動画からわかるように、抽選人たちはどうもカプセルを上から取りがち

---

* くじ占い（sortilege）と混同しないこと。これは占いの1つで、明らかに偶然によって起こる現象を利用して神の意志や将来の運を判断するものだ。くじ占い（cleromancy）とも呼ばれている。多くの文化に例がある。たとえば、茶葉や鶏のはらわたを使った運勢判断、聖書に書かれた神の意志を確かめるためのくじ引き、易経に基づいた占いなどだ。

† 「そのとき、イエスは言われた。「父よ、彼らをお赦しください。自分が何をしているのか知らないのです。」人々はくじを引いて、イエスの服を分け合った。」ルカによる福音書23章34節〔訳文は『聖書 新共同訳』より〕

だった。[4]そのため、1年の後半に生まれた人には気の毒な結果になった。1月の誕生日は14日分選ばれただけだったのに、12月は31日分の誕生日から26日分が選ばれることになったのだ。

適切に「掻き混ぜる」という考えかたはとても重要だ。もしも標本から母集団へと一般化できることを望むのなら、その標本が必ず代表的なものであるように手配する必要がある。大量のデータを持っているだけでは、優れた標本を確実に手に入れる役に立つとは限らないし、誤った確信を抱く可能性すらある。たとえば、2015年に英国で行なわれた総選挙の際に、世論調査を実施する数々の企業の出した実績は惨憺（さんたん）たるものだった。何千人もの投票予定者の標本を抽出したにもかかわらずだ。後の研究から、その原因は、特に電話での世論調査で、代表的とは言えない標本抽出を行なったことにあるとされた。かけた番号の多くが固定電話だっただけではなく、電話がかかってきた人のなかで実際に回答したのは10%にも満たなかった。これでは代表的な標本とは言いがたい。

研究対象母集団（段階3）から目的母集団（段階4）へ進む

完璧な測定方法と、細心の注意を払って無作為に抽出した標本があったとしても、最終的に、調べる側が殊に関心の対象としている人たちに質問できなかったなら、結果は当初調査したいと望んでいた事柄をなおも映しださないだろう。研究には**外的妥当性**を持たせたいと私たちは考える。

極端な例は、目的母集団はすべての人であるものの、動物を研究対象とすることしかできず、マウスに対して化学物質の効果を調べるような場合だ。それに比べて少し影響度が弱いのは、新薬の臨床試験が大人の男性にのみ行なわれたのに、その薬がその後、「認可外の」女性や子供に用いられている場合だ。私たちはすべての人に対する効果を知りたい。だがそれは統計学による分析だけでは解決できない。こうなると仮定を置いて考えるしかないのだから、うん

と慎重にならなくてはいけない。

▷ すべてのデータが手に入る場合

　データから学ぶという考えかたは、聞き取り調査というものを見るとうまく説明することができるが、じつのところ、こんにち用いられているデータの多くは無作為標本抽出に基づいたものではない。それどころか、標本抽出でもまったくない。たとえばオンラインショッピングや社会でのやりとりに関して、または、教育や治安維持などのシステムを運営するために機械的に収集されたデータを転用して、世のなかで何が起きているのかを理解するため使うことができる。こうした状況では、私たちはすべてのデータを持っている。図 3.1 で示した帰納的推論のプロセスに照らしてみると、段階 2 と 3 には隔たりはない。つまり「標本」と研究対象母集団は本質的に同じだ。これで標本のサイズが小さいという懸念は完全に回避できるが、ほかに多くの問題がなおも残り得る。

　英国ではどれほどの犯罪が発生しているかという問題、さらにはそれが増えているのか減っているのかという政治的に繊細な論点について考えてみよう。主要なデータソースは 2 つある。片や調査に基づくもの、片や行政上のものだ。まず、イングランドおよびウェールズにおける犯罪聞き取り調査（the Crime Survey for England and Wales）はお馴染みの標本抽出によるもので、この調査ではおおよそ 3 万 8,000 人の人たちが毎年、犯罪経験について質問を受けている。Natsal の性に関する調査とまったく同じように、問題が生じ得るのは、実際の報告（段階 1）に基づき、本当の経験（段階 2）について結論を導くときだ。なぜならば、回答者は本当のことを言わないかもしれず、たとえば、自ら関わった薬物犯罪については口にしない可能性があるからだ。したがって、標本が適格な母集団の代

表であることを仮定し、大きさが限られているのを考慮のうえで（段階2から段階3へ）、最終的にその研究計画は目的母集団全体を網羅しきれていないこと、たとえば、16歳に満たない人や共同生活を送る住居で暮らす人は誰も質問対象となっていないという事実を認めなくてはならない（段階3から段階4へ）。にもかかわらず、イングランドおよびウェールズにおける犯罪調査は、適切な但し書きつきではあるものの、「指定された国家統計」であり、長期的傾向を監視するために用いられる[5]。

　2つめのデータソースは警察の記録した犯罪報告に由来する。これは行政上の目的で行なわれたものであって、標本ではない。なぜならば英国内で記録されているすべての犯罪が含められ、「研究対象母集団」が標本と一致しているからだ。もちろんそれでもなお、記録されたデータが、犯罪を報告した被害者に起きたことを偽りなく代表しているとの仮定をしなくてはならない（段階1から段階2へ）。ところが、研究対象母集団（つまり犯罪を報告した人たち）のデータがイングランドとウェールズで発生したすべての犯罪からなる目的母集団を代表していると主張したいと考えると、重大な問題が起きる。残念ながら、警察に記録された犯罪からは、警察が犯罪として記録していない事例、あるいは被害者が報告していない事例が系統的に抜け落ちている。たとえば、違法薬物使用や、地域の資産価値下落を招かないように窃盗や破壊行為を報告したがらない人々が被害者である場合だ。極端な例を挙げると、2014年11月、ある報告が警察の犯罪記録方法を批判したところ、その後に記録された性犯罪の件数が増え、2014年には6万4,000件だったものが2017年には12万1,000件にまでなった。3年でおおよそ2倍になったのだ。

　これら2つの異なるデータソースから、動向について大きく異なる結論が導かれ得ることは驚くには値しない。例を挙げると、犯罪

調査では、2016年に比べて2017年には犯罪が9％減少したと評価したものの、警察の記録では違法行為が13％増えていた。どちらを信じるべきなのか？　統計学者は聞き取り調査のほうにより信頼を置いている。そして警察が記録した犯罪データの信頼性に対する懸念から、警察のデータは2014年に国家統計としての指定から外れる羽目になった。

　私たちにすべてのデータが手に入る場合、測定結果を説明する統計を作成するのは簡単だ。しかしデータを使って、目下、身の回りで起きていることに対し、さらに幅広い結論を導きたいと考えるなら、そのときにはデータの質が何より大事になる。そしてどんな主張でもその信頼性を危うくし得る系統的バイアスの類いに警戒する必要がある。

　非常に多数のウェブサイトで、統計科学においていかにも起きそうな各種バイアスがひたすらに列挙されている。割り当てバイアス（比較対象である2つの治療法のそれぞれを受ける人における系統的相違）から志願者バイアス（研究の被験者に自らなる人たちは一般的な母集団とは系統的に異なる）に至るまでだ。これらの多くはまずまず常識として知られているが、第12章では、統計学がひどい結果を招き得る、もっと把握しがたいバイアスをいくつか考えてみるつもりだ。しかし、まずは私たちが究極的に狙いとする目的母集団を説明する方法を考えるべきだ。

▷ 母集団分布が「鐘形曲線」の場合

米国の友人が正期産〔標準的な妊娠期間での出産〕で、6ポンド7オンス（2.91キログラム）の赤ん坊を産んだところだ。友人は、赤ん坊の体重が平均を下回っていると聞かされた。それで気を揉んでいる。その体重は異常に少ないのだろうか？

データ分布の概念についてはすでに取りあげた。それはデータが
なすパターンであり、ときに経験分布、標本の分布などと言われる。
次に向き合わなくてはならないのは、**母集団分布**という概念だ。こ
れは関心の対象であるグループ全体におけるパターンだ。

　出産したばかりの米国人女性を考えてみよう。その赤ん坊はたっ
た1人の人間という一種の標本として、米国で非ヒスパニック系白
人女性のもとに最近産まれた赤ん坊がなす母集団全体から選びださ
れたと考えても良い（女性の人種は重要だ。というのも、出生体重は
さまざまな人種ごとに報告されるからだ）。母集団分布はこのような
条件にあるすべての赤ん坊の出生体重によって構成されるパターン
だ。それは全米人口動態統計システム（the US National Vital
Statistics System）が、2013年に米国で非ヒスパニック系白人女性の
もとに正期産で産まれた、100万人を上回る赤ん坊の体重に関して
出した報告から得られる。これは、同時期の出生をすべて集めたも
のではないが、標本として大きいため、母集団と見なすことができ
るのだ。その出生体重は、500グラムごとにグループに分け、各グ
ループに属する人数を示すという形で報告されているだけで、図
3.2（a）に示してある通りだ。

　先の友人の赤ん坊の体重は、2,910グラムのところに引いた線で
示してあり、分布内での位置から、その体重が「異常である」かど
うかを評価できる。この分布の形は重要だ。体重、収入、身長など
の測定値は、少なくとも原理的には、望み通りにきめ細かくグルー
プ分けできる。だからそれらは「連続的な」量であって、母集団分
布は滑らかだと考えて良い。分布の例としてよくあるのが「釣鐘曲
線」で表される分布、つまり**正規分布**だ。これは1809年にカー
ル・フリードリヒ・ガウスが天文学と測量学における測定誤差とい

う文脈で初めて詳細に調べた。理論から明らかなのは、正規分布はわずかな影響が何度も重なって誘発される現象に対して現れると予測できる、ということだ。たとえば、少数の遺伝子だけでは影響されない複雑な身体的特徴だ。出生体重は、1 つの民族集団と妊娠期間に注目すると、そのような特徴の 1 つだと見なせるかもしれず、図 3.2 (a) に、記録された体重データと、平均や標準偏差が同じである正規曲線を示した。滑らかな正規曲線とヒストグラムは十分に近く、身長や認識スキルのようなほかの複雑な特徴もおおよそ正規母集団分布にしたがう。その他のあまり自然でない現象は、明確に正規分布ではなく、たいていは右側に長く裾を引く母集団分布にしたがう。収入はそのよく知られた例だ。

　正規分布は、**平均値**あるいは**期待値**、および標準偏差で特徴づけられる。標準偏差は、これまで見てきた通り、広がりの尺度だ。図 3.2 (a) のデータに最もフィットする正規分布の曲線は、平均が 3,480 グラム（7 ポンド 11 オンス）、標準偏差が 462 グラム（1 ポンド）のものだ。第 2 章でデータセットを要約するために用いたこれらの量は、母集団を記述するのにも使えることがわかる。異なるのは、平均や標準偏差といった用語はデータセットを説明するときには**統計量**と呼ばれ、母集団を説明するときには**母数（パラメータ）**と呼ばれることだ。これら 2 つの量だけで 100 万を上回る測定値（100 万以上の出生）を要約できるというのは見事な成果だ。

　分布が正規形であると仮定する大きな利点は、多くの重要な量が、表やソフトウエアから簡単に得られることだ。たとえば、図 3.2 (b) では平均の位置、および平均から左右それぞれの側への 1 標準偏差、2 標準偏差、3 標準偏差の位置を示している。正規分布の数学的性質より、母集団のだいたい 95% が平均 ± 2 標準偏差の区間

---

* ガウスによる正規分布の導出は経験的観測に基づいたものではなく、測定誤差の理論から導いたものであり、これがガウス自身の統計的手法の正当性を示すことになった。

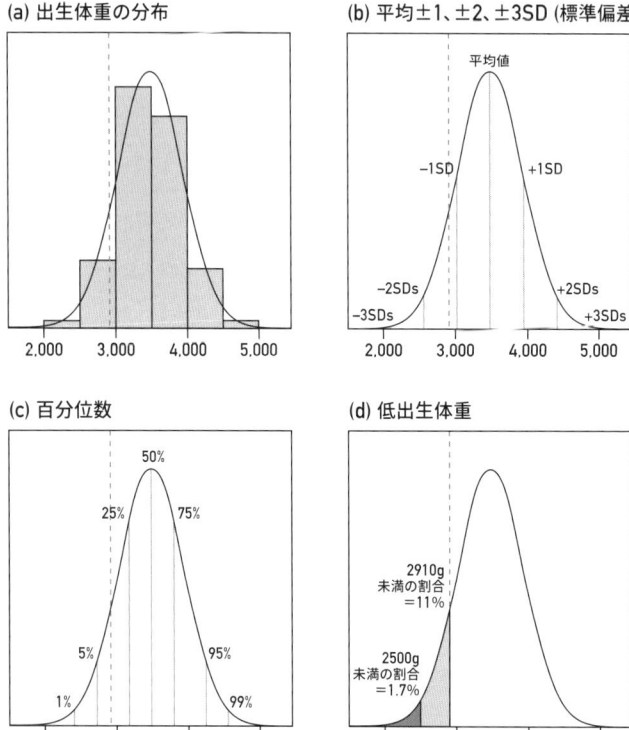

図 3.2

(a) 2013 年に米国で非ヒスパニック系白人女性のもとに、妊娠期間 39 週から 40 週で産まれた 109 万 6,277 人の子供たちの出生体重の分布、および平均と標準偏差が母集団における記録体重と同じである正規曲線。体重 2,910 グラムの赤ん坊は破線で示してある。(b) 正規曲線に対する平均 ± 1SD (標準偏差)、平均 ± 2SD、平均 ± 3SD の各範囲。(c) 正規曲線の百分位数。(d) 低出生体重の赤ん坊 (濃い影つきの領域)、および、2,910 グラム未満の赤ん坊 (薄い影つきの領域) の割合。

内に含まれ、99.8%は真ん中から±3標準偏差の区間内に含まれるであろうことがわかる。友人の赤ん坊は平均を1.2標準偏差ほど下回ったところに位置する。これはこの赤ん坊の**Z得点**とも呼ばれる。Z得点とは、あるデータ点が平均から標準偏差いくつ分のところにあるのかを単純に測定するものだ。

　平均と標準偏差は、ほかの（大部分の）分布に対する要約説明として使えるが、別の尺度もまた便利だろう。図3.2（c）では正規曲線から計算できる**百分位数**を選びだして示している。たとえば第50百分位数は中央値、つまり母集団を半分に分ける、「代表的な」赤ん坊の体重だと言えるであろう点だ。つまりこれは、正規曲線のように対称的な分布の場合は平均と同じだ。第25百分位数（3,167グラム）は、25%の赤ん坊がその体重を下回るという値だ。第25百分位数と第75百分位数（3,791グラム）は**四分位数**と呼ばれており、それらの間の隔たり（624グラム）は四分位範囲と呼ばれ、分布の広がりの尺度だ。またも、これらはまさに第2章で取りあげたものと同じ要約だが、本章では標本ではなく母集団に適用している。

　友人の赤ん坊は第11百分位数の位置にいる。つまり、非ヒスパニック系白人女性のもとに正期産で産まれてきた赤ん坊の11%はもっと体重が少ないであろうということだ。図3.2（d）では、この11%を薄いグレーで影をつけた領域で示している。出生体重の百分位数は、実際上重要だ。というのも友人の赤ん坊の体重は、第11百分位数に位置する赤ん坊に見込まれる成長と対比して経過観察されるのだろうし、赤ん坊の体重の百分位数が経過とともに下がると心配の種になるかもしれない。

　統計的理由ではなく、医学的理由から、2,500グラムを下回る赤ん坊は「低出生体重」と見なされ、1,500グラムを下回る場合には

---

* とはいえ、ここでの経過観察に用いられる分布は正規分布を当てはめたものよりも、もっと精度が高いものだろう。

「極低出生体重」と見なされる。図 3.2（d）では、このグループの
なかで 1.7％の赤ん坊が低出生体重だと見込まれることを示してい
る。じつのところ実際の人数は 1 万 4,170 人（1.3％）であり、正規
曲線から得られる予測とほぼ一致している。非ヒスパニック系白人
である母親のもとに正期産で産まれたというこの特定のグループで
は、低出生体重の割合がとても低い。2013 年の米国におけるすべ
ての出生を考慮した総合的な割合は 8％であり、一方で黒人女性に
おける割合は 13％だった。人種間で顕著な違いがあるのだ。

　おそらく、この例から得られる何より重要な教訓は、図 3.2（d）
での濃いグレーの影つき領域には、以下の通り、2 つの役割がある
ということだろう。

　1．この母集団で低出生体重の赤ん坊が占める割合を表す。
　2．2013 年生まれの赤ん坊を無作為に選んだとき、その子の出
　　　生体重が 2,500 グラムに満たない確率でもある。

　だから、母集団は個々人が集まる物理的なグループとして考えら
れるとともに、無作為に観測を行なった結果に対する**確率分布**を規
定するものであるとも考えられる。もっと正式に統計学的推論をす
ることになれば、この二重の解釈が基盤となるだろう。
　もちろんこの場合、母集団の形や母数はわかっている。だから、
母集団における割合についても、無作為な観測結果に対して起きる
さまざまな事象の可能性についても、言えることがある。とはいえ、
本章で肝心なのは、母集団についてよくわからないので、帰納的プ
ロセスにしたがって逆向きに、つまりデータから母集団へと辿ろう
としている場合だ。私たちがこれまで見てきたのは、平均値、中央
値、最頻値などの標準的尺度を、標本に対して展開し、母集団全体
に拡張するというものだった。だが帰納的プロセスでの議論が違う

のは、母集団とは何なのかを私たちが知らないという点だ。そして
これが、次に私たちが直面する困難だ。

▷ 実はわかりづらい「母集団とは何か？」

先ほど概要を述べた帰納法の一連の段階は、計画的な調査ではと
ても有益だが、統計学的分析の多くはこの枠組みに容易には当ては
まらない。殊に警察の犯罪報告のような行政上の記録を用いるとき
には、あるだけのデータをすべて手に入れられることはわかった。
しかし標本抽出をしない場合でも、根底にある母集団という考えか
たはなおも重要だ。

第 1 章で取りあげた子供の心臓手術のデータについて考えよう。
私たちは、測定値に問題はないというかなり大胆な仮定をした。言
い換えれば、各病院での手術数も 30 日後の生存者数もともに完璧
に集めたということだ。だから標本（段階 2）については完全だと
いうことになる。

それではこの場合の研究対象母集団とは何だろうか？　すべての
子供とすべての病院のデータが手元にあるのだから、さらに大きな
グループがあって、そこからデータが標本として抽出されたわけで
はない。母集団という考えかたは通常、統計学の課程でかなりさり
げなく取り入れられるが、この例から、母集団というのはわかりづ
らく精緻な考えかたであり、かなり詳しく追究する価値のあるもの
だとわかる。なぜならば、重要な発想の多くがその概念に立脚して
いるからだ。

標本を抽出する元になる母集団には 3 つのタイプがある。データ
が人に由来するのでも、取引に由来するのでも、木に由来するので
も、あるいはその他の何かに由来するのであっても変わらない。

- 文字通りの母集団。これは、一体のものと考えられるグループで、世論調査のときに無作為にそこから1人を選ぶというような場合に当てはまる。あるいは測定の対象とすることができる個人からなるグループがあったとして、そこから実際に無作為に1人を選ぶわけではないものの、志願者から得たデータを持っているような場合。たとえば、ジェリービーンズの個数の見当をつけた人たちを、ユーチューブの動画を見る数学オタク全員のなす母集団からの標本と見なすこともできよう。
- 仮想的母集団。誰かの血圧を測定する、あるいは大気汚染を測る、など装置を利用して測定値を得ることがよくある。いつでも測定値は繰り返し得られるし、いくらか違う結果になるだろうとわかっている。血圧測定をこれまで何度もしたことがあるなら、わかるだろう。何度も記録を取った結果同士が近いかどうかは、装置の正確性や状況の安定性による。これを、十分に時間があれば得ることができるだろうすべての測定値のなす仮想的母集団から観測結果を抽出することだと見なせる。
- 隠喩的母集団。これ以上、大きな母集団は一切ない場合。これは普通にはとらえにくい概念だ。このとき私たちは、あたかもデータ点がどこかの母集団から無作為に得られたものであるかのように振る舞うが、明らかにそうではない。心臓手術を受けた子供たちの場合と同じだ。私たちはまったく標本抽出をしなかったし、すべてのデータが手元にあるし、それ以上収集可能なものはない。年ごとの殺人事件発生数、特定の学級の試験結果、世界中のすべての国々に関するデータを考えてみよう。どれも、実在する母集団から得た標本とは見なせない。

　暗喩的母集団という発想には興味をそそられる。これについては、観測した事柄を、さまざまな可能性を含む架空の空間から抽出され

たものだと考えれば最も収まりが良いかもしれない。たとえば、世界は歴史的経緯があって現在の姿になった。だが、もしも歴史が違う展開をしていたらと想像することはできるし、私たちは世界の状態としてそれらの可能性のたった1つに、最終的にたまたま至ったにすぎない。現状とは違うものとして、あり得た歴史をすべて集めて暗喩的母集団と考えることができる。さらに具体的に言えば、2012 年から 2015 年までに英国で行なわれた子供の心臓手術に注目したとき、私たちはその期間の手術に関するデータをすべて手に入れたし、何人が亡くなり、何人が生き残ったのかを知っていた。それでも、私たちは別の人が生き延びたかもしれない反事実的な過去をいくつでも思い描ける。「偶然」で片づけてしまいがちな予見不可能な状況を考えればそうすることができる。

　統計科学を現実に適用する際に、文字通りの無作為抽出を行なうことはむしろ少なく、潜在的に利用可能なすべてのデータを入手することがますます一般的になってきていることは明らかだろう。それでも、「標本」が引きだされる元である想像上の母集団という考えかたを持ち続けるのは極めて有益だ。そうすれば、実在する母集団から標本抽出するために開発された数学的テクニックのすべてを使えるからだ。

　個人的に私は、身の回りで起きることはどれも、起きる可能性のあるすべての事柄から無作為に選んだ結果であるかのように振る舞いたいと思う。それが本当に偶然だと信じようとするのか、神の意志に違いないと考えるのか、ほかに何らかの因果関係の理論があるはずだと見なすのかは私たち次第だ。つまり、数学的には違いがない。これはデータから学ぶために必要な頭の体操の1つにすぎない。

- 帰納的推論をするには、データから出発し、研究対象標本や研究対象母集団を経て、目的母集団に取り組む必要がある。
- 問題やバイアスはこの道筋の各段階で起こり得る。
- 標本から研究対象母集団へと進む最善の方法は、無作為に抽出した標本を得ておくことだ。
- 母集団とは個々の対象の集まりと考えられるが、観測結果は母集団から無作為抽出により与えられると考えれば、母集団はその確率分布を提供するものと見なせる。
- 母集団は、母数を使って要約できる。母数は母集団を要約する数であり、標本データにとっての要約統計量に相当する。
- データは文字通りの母集団からの標本として生じるのではない場合が多い。存在するすべてのデータが手に入っている場合は、そのデータを、起きる可能性があったものの起きなかった数々の事象からなる暗喩的母集団から得たものだと想定することができる。

第 4 章

何が何の原因か?

▷ 原因と見せかけて原因でないもの

大学教育を受けると脳腫瘍になるリスクは高まるのか?

疫学では、疾病は母集団のなかでどのように、なぜ発生するのか
を研究する。そして北欧の国々は疫学者にとって理想的だ。その理
由は、北欧諸国では誰もが個人識別番号を持っていて、医療や教育
や税金などの登録をする際にそれを利用していることだ。したがっ
て、研究者は、人々の生活のさまざまな側面のすべてを、ほかの
国々では不可能(であり、おそらく政治的議論を呼ぶ)であろう方法
で、紐づけられる。

税金と医療の記録が紐づけられた 400 万人を超えるスウェーデ
ンの男女に対し、まさに待ち望まれていた研究が、18 年間にわた
って行なわれた。そのおかげで研究者は社会経済的地位が高い男性
ほど、脳腫瘍と診断される割合がわずかに高くなるという報告をす
るに至った。この報告は、価値はあるもののかなり退屈な、概して
さほど注目を集めない研究結果の 1 つだった。だから大学の広報担
当者は、この研究が教育ではなく社会経済的地位に目を向けている
としても、プレスリリース内で「高等教育が脳腫瘍のリスクの高ま
りに結びつく」と述べたら面白くなるだろうと考えた。そしてこれ

が一般の人たちの目に触れる頃には、新聞社の編集助手が典型的な見出しをつけた。「大学に進むと脳腫瘍を患うリスクが高まるのはなぜか[1]」

　時間をかけて学歴を積み重ねてきた人なら誰でも、この新聞の見出しに不安にさせられただろう。でも気にかけるべきなのだろうか？　これは、選ぶに値するものをすべて網羅した母集団であるレジストリ〔医療において、特定の疾患に罹った人を登録する仕組み。調査や研究での使用を目的とする〕を基盤に行なった大規模な研究だ。標本研究ではない。だから比較的高学歴な人たちに、実際に脳腫瘍がわずかに多く見つかったと自信を持って結論できる。とはいえ図書館であくせくと勉強や仕事に励む人が誰しも脳をオーバーヒートさせ何らかの奇妙な細胞の変質を引き起こしたというのか？　新聞の見出しがそう言っているとしても私はそれを信じかねる。それに論文の執筆者たちの立場を考慮するなら、本人たちもそれを不審に思い、「癌の登録や検出の網羅性というバイアスで、この結果が説明できる可能性がある」と付け加えている。言い換えると、学歴が比較的高くて富裕な人たちは診断を受ける傾向が強く〔健康診断などを比較的よく受ける〕、腫瘍を登録する傾向も強いせいだと言うのだ。疫学で**診断バイアス**として知られているものの一例だ。

▷ **「相関関係は必ずしも因果関係を意味しない」**

　第2章で、ピアソンの相関係数によって、散布図上の点が直線にどれほど近いのかを測定する方法について学んだ。1990年代に子供の心臓手術を行なった英国の病院に注目し、生存率に対して件数をプロットすると、相関性の高さから、病院の規模が大きくなるほど死亡率が低くなるという関連性があることがわかった。しかし病院の規模が大きいほど死亡率が下がるという因果関係があると結論

づけることはできなかった。

　こうした慎重な姿勢は最近になって生まれたものではない。カール・ピアソンが新たに考案した相関係数について、1900 年に専門誌『ネイチャー』誌で議論が行なわれた際に、論評をしたある人は、「相関関係は必ずしも因果関係を意味しない」と注意を促した。この名句は、20 世紀の統計学者たちが、２つの事柄には共に変動する傾向があるのに気づいたことだけを根拠として示された主張に出合うたびに、繰り返し唱えるマントラとなった。ばかばかしい関連性を機械的に生みだすウェブサイトさえある。たとえば、2000 年から 2009 年における米国でのモッツァレラチーズの１人当たり年間消費量と、その期間の各年に授与された土木工学の博士号の数との間には、0.96 という何とも楽しい相関があるそうだ。[2]

　偶発する数々の事柄を、人間はどうしても、単純な原因－結果という関係性の観点で説明したいという根深い欲求を持っているようだ。モッツァレラチーズをのせたピザをがつがつ食べる新人土木エンジニアが登場するありとあらゆるもっともらしい筋書きを私たちが完璧に作りだせるのは間違いない。本当は無関係な事象であるもの同士でも、理由をつけては繋がりがあるとする傾向を表す言葉さえある。アポフェニアという。そのとりわけ極端な事例が、単純に運が悪かっただけなのに、他人の憎悪やはたまた魔術のせいにされてしまう場合だ。

　残念ながら、いやもしかすると幸運にも、世界は単純な魔術よりも少しだけややこしい。そしてそのややこしさの１つめは、「原因」とは何を意味するのかを解明しようとする際に持ちあがる。

▷ ともあれ「因果関係」とは何か？

　因果関係は深く議論されるテーマである。それはひょっとすると

驚くべき事態かもしれない。というのも、実生活では因果関係はかなり明確なもののように思えるからだ。私たちが何かをする。するとそれが何か別のことに繋がる。私は自動車のドアに親指を挟んだ。だから今、親指が痛いわけだ。

　それでは、私の親指がとにかく痛むことはなかった場合のことは、どうやってわかるだろう？　おそらく**反事実的条件文**と呼ばれるものを考えれば良いだろう。もしも親指をドアに挟まなかったなら、親指は痛まないだろう。ところが、歴史は書き換えることができないのだから、これは常に仮定である。なにせ私たちは、その場合に自分がどう感じたのかを、確実に知ることは実際には決してできないからだ（ただしこのケースについては、親指がひとりでに突如痛み始めたりしないだろうとかなり確信できるけれど）。

　この話がますますつかみどころのないものになるのは、避けようのない可変性を考えるときだ。この可変性は、実生活で興味を惹かれる事柄の根底には必ずある。たとえば、医学界は現在、喫煙が肺癌の原因になるということで意見が一致しているが、医師たちがこの結論に達するのには何十年もかかった。なぜそんなに時間が必要だったのか？　そのわけは、タバコを吸う人はたいがい肺癌に罹るというわけではないことだ。さらに、タバコを吸わなくても肺癌に罹る人もいる。言えるのはただ、もしもタバコを吸うなら吸わない場合よりも肺癌に罹りやすい、ということだけだ。これが１つの理由となって、喫煙を制限する法律が制定されるのに時間がかかった。

　だから、因果関係についての「統計学的」考えかたは、厳密に決定論的なわけではない。XはYの原因であると言うとき、Xが起きるときには必ずYも起きるだろうということを意味するわけではない。あるいは、Yが起きるのはXが起きる場合だけだろうということでもない。誰かが介入してXを無理やり起こせば、そのときにYも多めに起こりがちだという意味にすぎない。したがっ

てある特定の場合に、*X* が *Y* の原因だったとは決して言えない。*X* は *Y* が起きる回数の割合を高めるということだけが言える。何が何の原因なのかを知りたい場合に私たちが何をしなくてはならないのかを考えてみると、ここまでの話から、極めて重大な2つの結果が導ける。まず、現実的に確信できる因果関係を推測するために、理想的には、介入して実験を行なう必要がある。2つめに、これは統計学的、あるいは確率論的な世界なので、証拠を積みあげるために介入の実験を複数回行なう必要がある。

　このような議論により、私たちは自ずと扱いの難しい話題に導かれる。大勢の人たちを対象とした医学実験の実施だ。実験対象になることを考えてうれしく思う人はほとんどいないだろう。特に生死に絡む場合はそうだ。だからこそ、最終的にどの治療法を受けるのかが被験者自身にも医師にも知らされないような数々の大規模な研究に、何千人もの人たちが自発的に参加してきたというのはいっそう驚くべき事態だと言える。

スタチンは心筋梗塞や脳卒中を減らすか？

　私は毎日、小さな白い錠剤を飲む。スタチンだ。スタチンはコレステロールを下げ、心筋梗塞や脳卒中のリスクを減らすと言われたからだ。とはいえ私個人にとっての効果はどうだろうか？　私自身は、この薬が低密度コレステロール（LDL）を下げる要因になっていると、ほぼ確信している。なぜならば、錠剤を飲み始めてすぐに、LDL が下がったと聞かされたからだ。この LDL の減少は、直接的でつまるところ決定論的効果なので、私はこれをスタチンが引き起こしていると想定できる。

　しかし、この日常的な習慣が長い目で見て何らかの役に立つかど

うかは、私には決してわからないだろう。それは、私の人生が進み得る多くの将来のうちどれが実際に起きるのかによるからだ。心筋梗塞や脳卒中にまったく見舞われないなら、たとえ錠剤を飲んでいなかったとしてもやはり見舞われなかったかどうかはわからないし、そうして何年も錠剤を飲んでいたことがもっぱら時間の無駄だったのかどうかもわからないだろう。心筋梗塞か脳卒中に本当に見舞われても、スタチンを飲んでいたおかげでそのイベントに至るまでの時間が長くなったのかどうかはわからない。どうにか知り得るのは、スタチンの服用は私と似た状況にある人々がなす大集団にとって概して利点があること、そしてそれは大規模な臨床試験を重ねたおかげでわかったということだけだ。

　臨床試験の目的は、新しい治療法に関して、因果関係を適切に判断し平均的効果を評価する「公平な試験」を行なうことであり、その効果に対する誤った考えかたをもたらし得るバイアスを取り込まないようにしなければならない。妥当な医学的試験を実施するために、理論上、次のような原理にしたがうべきだ。

1．**対照群**
　ある母集団に対するスタチンの効果を調べたいと思うなら、数名の人にスタチンを渡し、その人たちが心筋梗塞にならなければ、それが錠剤のおかげだったと主張するだけではいけない（こうした裏づけに乏しい論法で製品を売り込むウェブサイトがあるが）。介入群としてスタチンを渡されるであろう人たちに加え、砂糖の錠剤、つまり**プラセボ（偽薬）**を渡される**対照群**が必要だ。

2．**治療法の割り当て**
　似た者同士を比較することが重要だ。だから治療群も対照群もできるだけ同じでなくてはならない。それを確実にする最

善の方法は、治療を受けるか否かを無作為に被験者に割り当て、その結果、被験者たちがどうなるのかを確かめるというものだ。これは**無作為化比較試験（ランダム化比較試験、RCT）**と呼ばれている。スタチンの試験では、２つのグループをあらゆる要因で類似したものにすべく、十分な人数を集めてこの方法を採った。あらゆる要因とは、同じでなければ結果に影響しかねないものであり、さらに極めて重要なことを言えば、私たちにも把握できていない要因もなかにはあるのだ。こうした研究は規模が大きくなり得る。英国で 1990年代後半に実施された心臓保護研究（Heart Protection Study）では、心筋梗塞や脳卒中のリスクが高めの２万 536人の人が、シンバスタチンを毎日 40 ミリグラム服用するか、ダミーの錠剤を飲むかのどちらかに無作為に割り当てられた。[3]

3. 人は割り当てられたグループ内で考慮されるべきだ

心臓保護研究（HPS）で「スタチン」グループに割り当てられた人は、たとえスタチンを飲まなかったとしても、「スタチン」グループとして最終的な分析に含まれた。これは「**治療の意図**」原理として知られ、かなり奇妙に思える。この原理の意味は、スタチンの効果の最終的な判断として実際に測定しているのは、本当にスタチンを飲むゆえではなくてスタチンを処方されるゆえの効果であるということだ。実際問題、もちろん被験者は試験期間中ずっと錠剤を飲むように強く勧められるだろうが、HPS では５年後には、スタチンを割り当てられた人の 18%が飲むのを止めていた。その一方で、初めにプラセボの錠剤を割り当てられた人のうち 32%もの人が試験期間中に、じつのところスタチンを飲み始めていた。このように治療法を切り替えた人がいるとグループ間の違いが不明確になりがちであるため、「治療の意図」分析の場合

には見かけ上の効果は本当に薬を飲んだ効果よりも低いと予測して良い。

4. **もしも可能ならば、自分がどちらのグループに属しているのかさえ知るべきではない**

スタチンの試験では、本物のスタチンもプラセボの錠剤も見かけは同じで、ゆえに被験者にはその人自身が受けている治療法は**盲検化**されていた（つまり、伏せられていた）。

5. **グループは等しく扱われるべきだ**

スタチンを割り当てられたグループのほうが病院での面会のために頻繁に呼び戻されたり、殊更に慎重に検査をされたりしたら、薬による恩恵と、一般的なケアを手厚くしたゆえの恩恵とが区別できなくなるだろう。HPS の場合、追跡調査をするクリニックのスタッフはその患者が本物のスタチンを飲んでいるのか、プラセボを飲んでいるのかを知らなかった。こうして、割り当てられた治療法はスタッフに対しても盲検化されていたのだ。

6. **もしも可能ならば、最終的な結果を評価する人たちは、患者がどちらのグループにいたのかを知るべきではない**

医師が治療の有効性を信じていると、無意識のバイアスによって、治療を受けたグループが得た恩恵を過大視する可能性がある。

7. **全員を測定する**

すべての被験者を追跡するためにあらゆる努力を払わなくてはいけない。たとえば、試験から脱落した人たちは薬の副作用ゆえにそうしたかもしれないのだ。HPS では、驚くべきことに 5 年後に 99.6%の人を完全に追跡した。結果は表 4.1 に示す通りだ。

　スタチングループに割り当てられた人たちに、概して健康により良い結果が見られたのは明らかであり、また患者は無作為に選ばれ、その他の点では同じように扱われたので、これはスタチンを処方されたことに由来する因果関係のある効果だと推定できる。しかし多くの人が割り当てられた治療法に本当に忠実だったわけではなかったのはわかっており、これがグループ間の違いをある程度薄めることに繋がっている。HPS の研究者は、本当にスタチンを飲んだ場合の真の効果を表 4.1 に示したものよりも約 50% 高いと見積もっている。

　決定的に重要なのは以下の 2 つの点だ。

8．1 回の研究に依存しない
　　スタチンの試験を 1 回実施すると、スタチンは特定の場所の特定のグループでは効果があったことがわかるだろう。しかしロバストな結論を出すには何度も研究を行なう必要がある。

9．系統的に証拠を吟味する
　　多数の試験を考察するとき、それまでに実施されたすべての研究を必ず考慮し、システマティックレビュー（系統的レビュー）と呼ばれるものを実施すること。するとその結果は、**メタ分析**という形式にまとめられるだろう。

　たとえば、最近のあるシステマティックレビューではスタチンに関する 27 回の無作為化試験の証拠をまとめた。これらの試験には、心血管疾患のリスクが低い 17 万人を上回る人たちが関わった[4]。しかし、このレビューではスタチンを服用するほうに割り当てられたグループと対照群の違いに注目するのではなく、その代わりに、LDL の減少の効果を評価した。本質的にスタチンの効果は血中脂質の変動によって達成されると仮定し、各試験で見られる LDL の

イベント	プラセボに割り当てられた1万267人中の割合 (%)	スタチンに割り当てられた1万269人中の割合 (%)	スタチンに割り当てられた人の (相対) リスク低下 (%)
心筋梗塞	11.8	8.7	27%
脳卒中	5.7	4.3	25%
何らかの原因での死	14.7	12.9	13%

表 4.1
心臓保護研究における5年後の結果。患者に割り当てられた治療法に照らして。心筋梗塞のリスクにおける絶対的な低下は 11.8 − 8.7 = 3.1%だ。だからスタチンを飲んだ1,000人のうち、31件の心筋梗塞は防げた。つまり、1件の心筋梗塞を防ぐために約30人が5年にわたってスタチンを飲まなくてはならなかったということだ。

平均的な減少に基づいて計算を行なう。こうして、割り当てられた治療法を順守しない場合を考慮に入れるのだ。スタチンが私たちの健康に恩恵をもたらしてくれるメカニズムにこの仮定を加え、実際にスタチンを飲んだ場合の効果を評価した。結論として、その効果は、LDL コレステロールが1ミリモルパーリットル（mmol/L）減少するごとに、主要心血管イベントが21%ほど低下するというものだった。それなら私は納得して錠剤を飲み続けられる。*

　ここまで、観察された関係性のどれにもまったく因果関係はないという可能性、つまり単に偶然の成り行きである可能性を無視してきた。市場に出ている薬のほとんどにはわずかな効能しかなく、それを飲んだ人たちのうちのごく少数の役に立つだけだ。しかも、総

----
* ベースラインリスクが私と同じで、既往症がない人の場合、この結論では、LDL が1 mmol/L 減少すると、深刻な心血管イベントのリスクが 25%ほど低下すると評価している。私の場合、スタチンを飲み始めてから LDL が2 mmol/L ほど低下し、したがってこれは、毎日錠剤を飲んでいるために心筋梗塞や脳卒中の年間リスクがおおよそ 0.75 × 0.75 = 0.56 倍になった、言い換えればリスクが 44%下がったということを意味するはずだ。私が10年以内に心筋梗塞や脳卒中に見舞われる見込みがおおよそ 13%だったので、スタチンを飲むことでこれが7%に減るのだろう。すなわち、私にスタチンが処方されたことには価値があり、本当に飲めばよりいっそうの効果があるということだ。

体的な恩恵は、綿密で無作為化された大規模な試験を実施しなければ信頼性を持って検出できない。スタチンの試験はおおがかりで、特にメタ分析の形でまとめる際には、かなりの規模になる。つまり、ここで取りあげた結果は偶然の変動のせいだとは考えられない（それをどう確かめるのかは第 10 章で取りあげるつもりだ）。

お祈りには効果があるのか？

RCT の原理のリストは新しいものではない。一般的に妥当だと見なされる臨床試験は 1948 年に初めて行なわれたのだが、その臨床試験にはほぼすべて RCT の原理が取り入れられた。それは、結核の場合に処方される薬であるストレプトマイシンの試験だった。命を救う可能性のあるこの治療を受けさせるか、受けさせないか、どちらかを患者に無作為に割り当てるのは勇気が必要だった。しかしその決断を下す後押しとなったのが、英国には当時全員に行き渡るだけの薬がなかったという事実だった。だから無作為の割り当ては、その薬を誰が手に入れるべきなのかを判断する上で公平かつ倫理的な方法のように思えた。だが、個々人にどの治療法を勧めるのかについての医学的判断には、乳癌の際に乳房を完全に切除するのか、乳腺腫瘤の摘出に留めるのかを判断するくらいに重大性があるにもかかわらず、結局はこのとき以降、何千回にも及ぶ RCT において、その判断は基本的に硬貨の裏か表かで決められてきたというのは、今でもなお、一般人にとっては大きな驚きになり得る（たとえ、コンピュータの乱数発生器に組み込まれた比喩的な意味での硬貨であっても）。

---

* こんなに多くの人が純粋に、将来の患者が恩恵を受けられるように、試験への協力に同意したのはいっそう驚くべきことで、心強くもあるだろう。

実際にやってみると、試験の際に治療法を割り当てるプロセスは、個別的に単純に無作為化するよりも概してさらにややこしい。なぜならば、別々の治療を受ける各グループに、確実に、あらゆるタイプの人たちが平等に送り込まれるようにしたいからだ。たとえば、スタチンを飲むグループにもプラセボを飲むグループにも、リスクが高く年齢を重ねている人をだいたい同じ数だけ入れたいと考えるだろう。この発想は農業実験に端を発したものだ。農業実験は、無作為化試験に関する発想の多くの源になっているが、その進展はロナルド・フィッシャーの功績によるところが大きい（フィッシャーについては後ほど紹介する）。たとえば広い田畑を個々の小区画に分割し、そしてそれぞれの小区画に異なる肥料を無作為に割り当てることになったとしよう。人を無作為に治療法に割り当てるのとまったく同じだ。だが田畑の場合は、場所によって、水はけや日陰などの理由から系統的に違いがあるかもしれない。だからまずはその田畑をいくつかの小区間から構成される「ブロック」に分ける。このとき、どのブロックもおおむね類似した小区間を含むように考慮する。次に無作為化としてそれぞれの小区間に肥料を割り当てる際には、各肥料を割り当てた小区間がどのブロックにも同じ数ずつ含まれるような方法を採った。それは、たとえば沼地のような領域があったとしたら、その領域内での処理の割り当てが均等になるように行なわれたことを意味する。

　例を挙げよう。私はかつて既存の方法とは異なるヘルニアの治療法を比較する無作為化試験に取り組んだ。対照すべきは、標準的な「開腹」手術と、腹腔鏡つまり「キーホール」手術だ。チームのスキルが試験の間に向上するかもしれないと思えたので、試験の進行にしたがって、常に２種類の手術に偏りが生じないようにする必要があった。そこで私は、次々とやってくる患者を４人のグループと６人のグループとしてブロック化し、各ブロック内で必ず患者が各

処置に平等に無作為に割り当てられるように計らった。当時を思い返すと、どちらの手術にするかは小さな紙切れに書きこんであり、私はそれを折り畳み、番号を振った中身の見えない茶色の封筒に 1 枚ずつ入れた。患者がどんな手術を受けさせられるのかも知らずに、手術を前にしてストレッチャーに横たわっているところに、麻酔科医が封筒を開けてこれからその患者に何が起きるのか、特に、大きな傷を 1 つつけて帰宅することになるのか、あるいはいくつかの穿刺の穴をつけて帰ることになるかを知らせているのを見ていたことを覚えている。

　無作為化試験は、新しい治療法を試すための絶対的な判定基準になった。そして現在では教育や治安維持における新しい政策の効果を評価するためにもますます使われるようになっている。例を挙げると、英国の行動インサイトチーム〔ナッジ・ユニットとも呼ばれる。行動科学の知見を元に政策や公共サービスの改善に資する提案などを行なう組織〕は、GCSE（中等教育一般証明試験）の数学、あるいは英語を再受験する学生から無作為に半数を割り当てて、その学生たちには誰かを指名してもらった。指名された人は、学習に励む学生自身をサポートするように促すメッセージを、行動インサイトチームから定期的に受け取ることになった。「学習サポーター」のいる学生は合格率が 27％ 高かった。同チームは、警察官にウェアラブルビデオカメラ〔体の正面に装着し、警察官の職務状況等を記録するもの〕を無作為に割り当てる試験においても、さまざまな肯定的効果を認めた。たとえば、不必要に呼び止められたり調べられたりする人が減ったのだ。

　祈りの効果を判断する研究すらあった。たとえば、とりなしの祈り〔他の人のために祈ること〕の治療効果に関する研究（Study of the Therapeutic Effects of Intercessory Prayer）（STEP）では、心臓バイパス手術を受ける 1,800 人を超える患者を無作為に 3 つのグループに

分けた。グループ1の患者は祈りを受け、グループ2の患者は受けなかった。ただしどちらがどちらなのかは知らされなかった。一方でグループ3の患者は、自分たちが祈りを受けていることを知らされていた。唯一の明らかな効果は、祈りを受けていると知っているグループでの合併症のわずかな増加だ。研究者の1人がこう論評した。「『祈りを捧げてくれる人たちを呼んでこなければならないほど私の病気は重いのだろうか？』と思って、不安になったのかもしれない」[6]

　無作為化実験法で近年、最も重要な進展は、ウェブデザインにおける「A／B」テストに関するものだ。このテストにおいてユーザは（気づかないうちに）異なるレイアウトのウェブページに誘導され、ページの閲覧時間や広告へのクリック・スルーなどの測定が行なわれる。A／Bテストを繰り返すと、直ちにデザインの最適化に繋がる。また標本サイズが膨大であるというのは、たとえ違いは小さくても、利益をもたらし得る効果を、信頼性を持って検知できることを意味する。すなわちこれは、第10章で取りあげるような多重比較を行なうことの危険性を含め、「実験計画法」について、これまでこのトピックとはまったく無縁だった企業などのコミュニティも、学ぶ必要が生じているという意味でもある。

▷ **無作為化ができない場合にはどうするか？**

高齢男性はどうして耳が大きいのか？

　ウェブサイトを変えさえすれば良いのなら、研究者にとって無作為化はたやすい。被験者を募るのに苦労はしない。というのも、被験者は実験に加わっていることに気づきさえもしないし、実験台と

して利用することに倫理的な承認は不要だからだ。ところが無作為化は難しい場合も多く、時には不可能だ。というのも、無作為に人に喫煙させたり不健康な食事をさせたりして、習慣による影響を試すことはできないからだ（そのような実験を動物で行なうことはあるけれども）。データが実験から得られるものではない場合は、観察的と呼ぶ。そのようなわけで、因果関係と相関関係を区別するためには、優れた設計と統計学的原理を観察的データに適用し、健全な懐疑的態度と組み合わせるよう最善を尽くすしかなくなる場合が多い。

　高齢男性の耳の問題は、本書で取りあげている他の話題に比べればさして重要ではないかもしれないが、問いに答えるために妥当な研究設計を選択する必要があることの例証となる。PPDACサイクルに基づく問題解決アプローチを考えると、問題（Problem）は、私の個人的観測に基づけば間違いなく、高齢男性にはどうも耳が大きい人が多いことだ。これはどうしてなのか？　すぐにわかる計画（Plan）は、現在の母集団のなかで、年齢と大人の耳の長さに相関関係があるかどうかを確かめることだ。英国や日本の医学研究者のグループがこのような**横断的研究**においてデータ（Data）を収集していたことがわかった。よってその分析（Analysis）から明確な肯定的相関関係が明らかになり、その結論（Conclusion）は耳の長さは年齢に関連するというものだった[7]。

　すると難しいのは、この関連性を説明しようとすることだ。耳は年齢にしたがって成長し続けるのだろうか？　あるいは現在高齢の人たちは必ず耳が大きめで、ここ数十年にわたって何かが起きてもっと若い世代は耳が小さくなったのだろうか？　もしくは、耳の小さな男性は何らかの理由で単に早死するということなのか？　たとえば中国では昔から、耳が大きければ長生きすると信じられている。どのような試験をすればこれらの意見が試せるのかを考えだすのに

いくらか想像力が必要だ。**前向きコホート研究**ならば、若い男性を生涯追跡し、耳を測定して耳が成長するのか、あるいは耳が小さめの人は早死にするのかどうかを確かめることになろう。これでは長く時間がかかるだろう。だからその代わりの**後ろ向きコホート研究**では、現在高齢である男性を対象として、その耳が成長したのかどうか、おそらくは過去の写真などの精密な証拠を使って解明しようとするだろう。**症例対照研究**ならば、すでに死亡した男性を研究対象として取りあげた上で、存命中の人のなかから、その男性と年齢、および長生きするだろうと思わせる要因が合致する人を選ぶ。そして存命中の人のほうが耳が大きいのかどうかを確かめるだろう。[*]

こうして問題解決サイクルがまた始まることになる。

▷ 観察された相関が因果関係でない場合

ここで、多少の統計学的想像力が必要となる楽しい課題をやってみよう。観測した相関関係が見せかけだけのものであろう理由を考えるというものだ。この課題のなかには、かなり容易なものもある。モッツァレラチーズの消費量と土木技師との間に密接な相関関係があるのはおそらく、双方の値が、時代が進むとともに増えてきたからだ。同様に、アイスクリームの売り上げと水死者数の間に何らかの密接な相関関係があるのはどちらも天候に影響されるせいだ。2つの結果の見かけ上の相関関係が、観測された双方に影響する共通の要因で説明できるであろうとき、その共通の要因は**交絡因子**と呼ばれる。歳月も天候も交絡因子であり得る。というのも、どちらも記録され得るし、分析において考慮され得るからだ。

交絡因子を扱う最も簡単なテクニックは、交絡因子の属性に応じ

---

* 残念ながら、これらの研究計画はどれも資金調達できそうもない。

てグループ分けし、グループごとに見かけ上の関係性に注目することだ。これは**補正**、あるいは**層別化（層化）**と呼ばれる。だからたとえば、気温がだいたい同じ日の水死者数とアイスクリームの売り上げの関係性を調べてみることができるだろう。

ところが、補正を行なったためにパラドックスのような結果が生まれることもある。そのような例が、ケンブリッジ大学での性別ごとの合格率を分析したところ明らかになった。1996 年にケンブリッジ大学の 5 つの学科へ志願した人の全体の合格率は、男性（2,470 人の志願者のうち 24%）のほうが女性（1,184 人の志願者のうち 23%）よりもわずかに高かった。該当学科はすべて、こんにち、STEM（ステム）（Science〔科学〕、Technology〔技術〕、Engineering〔工学〕、Mathematics〔数学〕）と呼ばれるものに含まれており、これらの研究に携わってきたのは歴史的に見て、圧倒的に男性だった。これは性差別の 1 つの事例だったのか？

表 4.2 をよく見てみよう。総合的な合格率は男性のほうが高かったものの、各学科の合格率を個別に見れば女性のほうが高かった。こうした見かけ上のパラドックスはどうして起こり得るのか？　それを説明するとこうなる。女性のほうが、人気が高く、したがって競争がいっそう激しくて、合格率が極めて低い学科を志願する傾向がある。たとえば、医学や獣医学などだ。そして志願しない傾向にあるのが工学で、これは合格率がもっと高い。したがってこの場合、差別の証拠はないと結論づけて良いだろう。

これは**シンプソンのパラドックス**として知られている。関連性の見かけ上の向きが、交絡因子を補正することで逆になり、データから得られたかに思えた教訓をすっかり差し替えなくてはならなくなるときに起きる。統計学者はこのパラドックスの実世界における例を見つけることに大きな喜びを見いだしており、観察的データを解釈する際に求められる慎重さをさらに強化することにつながってい

	女性			男性		
	志願者数	合格者数	%	志願者数	合格者数	%
コンピュータ科学	26	7	27%	228	58	25%
経済学	240	63	26%	512	112	22%
工学	164	52	32%	972	252	26%
医学	416	99	4%	578	140	24%
獣医学	338	53	16%	180	22	12%
合計	1,184	274	23%	2,470	584	24%

表 4.2
1996 年のケンブリッジ大学の入学者選抜データを用いたシンプソンのパラドックスの説明。総合的に合格率は男性のほうが高かった。しかし学科ごとに見れば、合格率は女性のほうが高かった。

る。とは言っても、それで明らかになるのは、観察された関連を説明するのに役立ちそうな要因にしたがってデータを分割することによって洞察が得られる、ということだ。

> **近所にスーパーマーケットチェーンのウェイトローズがあるとあなたの家の価値は3万6,000ポンド上がるか?**

　近所にウェイトローズがあると「家の価格が3万6,000ポンド（約473万円）高くなる」という主張が、2017年、英国のマスメディアによって軽々しく報じられた。ところがこれは店がオープンしてからの住宅価格の変動を研究したものではなかった。しかも、ウェイトローズが新規店舗の配置を実験的に無作為化したわけではないのは確かだった。単に、住宅価格と、スーパーマーケット（殊に

ウェイトローズのような上層階級向けの店）への近さとの間に相関関係があるということだったのだ。

　この相関関係は、より裕福な地域に新規店舗を開業するというウェイトローズの方針をほぼ確実に反映している。したがって、実際の因果関係の連鎖がそれまで主張されてきたこととまったく逆である場合の好例だ。これにはそのままの名前がつけられて、**逆の因果**として知られている。そのいっそう深刻な例が、アルコール摂取と健康効果との関連性を調べる研究に見られる。そうした研究では、飲酒しない人はほどほどに飲酒する人に比べて死亡率が大幅に高いことが概して判明する。これはどうすればまともな説明がつけられるだろうか？　たとえばアルコールが肝臓にもたらす影響についてわかっていることを前提として、説明できるだろうか？　この関係性は部分的には逆の因果のせいだとされてきた。死が近い人は、（ことによると過去にかなり飲酒したせいで）すでに病気に罹っているために飲酒しないからだ。アルコールの影響に関する最近の調査では、より慎重に分析するために、過去に飲酒していたが後に禁酒した人は除外し、また研究開始数年内に有害な健康イベントを起こした人も考慮しない。というのも、そうした健康イベントは研究開始前から抱えている病気のせいである可能性も考えられるからだ。こうした除外を行なっても、飲酒を適度に留めて得られる全般的な健康上の恩恵は消えずに残るように思われ、大いに議論を呼んでいる。

　興味深い課題をさらに挙げるなら、相関関係だけに基づいた何らかの統計学的主張に対して逆の因果を説明してみるというものだ。私のお気に入りは、米国のティーンエイジャーの炭酸入りソフトドリンクの消費量と、暴力に走る傾向との相関関係を見いだす研究だ。ある新聞ではこれを「炭酸飲料でティーンエイジャーが凶暴化する」と報じたが、たぶんその主張は、暴力を振るうと喉が渇くものだという主張と、説得力において大差ない。　あるいはさらにもっ

ともらしく考えるなら、両方に影響するであろう何か共通の要因が見つかるだろう。たとえば、特定の仲間集団の一員であることなどだ。測定対象外でありながら、共通の原因として可能性があるものは、**潜伏因子**と呼ばれている。というのもこれは背後に潜んでいるため、まったく補正されておらず、観察的データから導かれるままの未熟な推論をやり込めてしまおうと待ち構えているからだ。

　因果関係を調べている2つの事象の両方に影響をもたらしている何かほかの要因があるとき、いかに因果の繋がりを信じてしまいやすいのか、ここでもう少し例を挙げる。

- 多くの子供が予防接種を受けてすぐに自閉症だと診断される。予防接種が自閉症の原因だろうか？　違う。これらはだいたい同じ年齢で起きる事象であって、両方が近い時期に起きる場合がある程度存在することは避けられない。
- 各年に亡くなる人の総数のうち、左利きの人の割合は、一般の母集団における左利きの割合よりも少ない。左利きの人は長生きだということなのか？　違う。こうなるのは、現在死が迫っている人たちは、子供のうちに右利きになるように変えさせられた時代に生まれたからだ。だから単に高齢であるほど左利きの割合が少ないというだけのことだ。[10]
- ローマ教皇が亡くなる平均的な年齢は一般的な母集団での平均死亡年齢よりも高い。これは教皇になれば長生きできるようになるという意味だろうか？　違う。教皇は若くして死ななかったグループから選ばれているのだ（さもなければ候補になり得なかった）。[11]

　このように私たちを陥れる間違いが無数にあるのだから、無作為化された試験以外の方法では因果関係は決して結論づけられないと

考えたくなる。ところが、たぶん皮肉と言えようが、その考えかたを打ち消したのは、現代における最初の無作為化臨床試験に貢献した男性だ。

▷ 観察的データから本当に因果を結論できるのか？

英国の優れた応用統計学者、オースティン・ブラッドフォード・ヒルは、世界を変えるほどの 2 つの科学的進歩の最前線にいた。本章で先に述べたストレプトマイシンの臨床試験を計画した人物だ。その試験の結果を受け、その後に続くあらゆる RCT のスタンダードが実質的に規定された。さらに、1950 年代にはリチャード・ドールとともに実験の指揮を執り、最終的に喫煙と肺癌の繋がりを裏づけるに至った。1965 年にヒルは、**曝露**と結果の間に観測される繋がりには因果関係があると結論する前に考慮しなくてはならない規準の列挙に着手した。ここでいう曝露には、環境内の化学物質から喫煙や運動不足などの習慣に至るまで何でも含まれる。

これらの因果関係の規準はその後も大いに議論を呼んだ。以下に示すバージョンはジェレミー・ハウィックらが考えだしたもので、ハウィックらが、直接的証拠、機械論的証拠、並列的証拠と呼ぶものに分けてある[12]。

直接的証拠
1. 影響はかなり大きいもので、交絡因子では理に適った説明ができない。
2. 時間的、または空間的に妥当な近接がある。その近接内で原因は影響に先んじ、影響は理に適った間隔を置いて生じ、また、原因は影響と同じ場所で生じる。
3. 摂取量の反応性と可逆性。曝露が増えるほど影響も強くなる。

そしてその影響が摂取量の減少にしたがって弱くなるならば、証拠はますます強力になりさえする。

機械論的証拠

4. 理に適った作動メカニズムがある。そのメカニズムは生物学的、化学的、あるいは機械論的であり得るもので、「因果関係の連鎖」の外的証拠がある。

並列的証拠

5. 影響はすでにわかっていることに合致する。
6. 影響はその研究が繰り返されたときに見いだせる。
7. 影響は、類似しているがまったく同じではない研究で見いだせる

これらのガイドラインによって、因果関係は、たとえ無作為化試験を行なっていない場合でさえも、逸話的な証拠から判断できるようになるだろう。例を挙げると、口内炎は、たとえば歯痛を抑えるために、アスピリンを口のなかに擦りこむと起きることが観測されてきた。その影響は著しく（ガイドライン1にしたがう）、擦りこんだところで起き（2）、酸性の化合物に対する理に適った反応であり（4）、現在の化学には矛盾せず、胃潰瘍の発生におけるアスピリンの既知の影響に類似していて（5）、多くの患者に繰り返し観測される（6）。だから7つのガイドラインのうち5つは満たされ、残りの2つはまだ調べていない。したがって、これは薬に対する正真正銘の有害反応だと結論づけることが合理的だ。

ブラッドフォード・ヒルの規準は、母集団に対する一般的な科学的結論に適用される。だが個別の事例も私たちの関心の的になり得

る。例を挙げると、裁判所が民事訴訟において、特定の曝露（たとえば、業務上さらされたアスベスト）が特定の個人に由々しき結果（たとえば、原告の誰か 1 人の肺癌）を引き起こしたかどうかを判断しなくてはならない場合などだ。アスベストが癌の原因だったと絶対的な確信を持って認めることはできない。なぜならば、曝露がなければ癌が発生しなかっただろうことを証明できないからだ。しかし裁判所によっては、「蓋然性の均衡（balance of probabilities）」に基づいて、曝露に関連する相対リスクが 2 倍を上回るなら、直接的な因果関係の繋がりが認められることを受け入れてきた。だがどうして 2 なのか？

　おそらく、この結論の背後にある推論は以下のようなものなのだろう。

1. 普通に生活を送っていても、1,000 人に 10 人はジョン・スミスのように肺癌に罹るだろう。もしもアスベストによってリスクが 2 倍を上回るほどに高まるとすると、アスベストにさらされた 1,000 人の男性のうち、25 人が肺癌に罹るだろう。
2. したがってアスベストにさらされて肺癌に罹った人のうち、さらされていなくても肺癌に罹っていたであろう人は半数に満たない。
3. したがってこのグループの肺癌患者のなかで半数を上回る人は、アスベストが原因だったということになるだろう。
4. ジョン・スミスはこうした人たちのグループの一員なのだから、蓋然性の均衡に基づいて、スミスの肺癌の原因はアスベストだ。

この種の議論は、**法廷における疫学**と呼ばれる新しい研究領域に繋がった。この分野では、個々の事象を引き起こしたと考えられる

原因について、母集団から得た証拠を手がかりにして結論を引きだそうとする。実際のところ、補償を求める人たちがいたゆえに、この研究分野の存在がどうしても必要になったのではあるが、因果関係についての統計学的推論にとって、とても困難な分野だ。

　因果関係の適切な扱いというのは、統計学という分野のなかで、なおも変わらず議論の的となっている。関心の対象が薬剤であっても大きな耳であってもだ。それに無作為化せずに確信的な結論を導けることはかなり稀である。1つの想像力豊かなアプローチは、多くの遺伝子が母集団のなかで基本的にランダムに広がっているという事実を利用するものである。つまり、私たちは受胎時に特定のバージョンの遺伝子を無作為に割り当てたようなものなのだ。これは、メンデル無作為化（メンデルランダム化）として知られる。現代の遺伝学の考えかたを発展させたグレゴール・メンデルにちなんで名づけられた。[13]

　潜在的な交絡因子を補正し、曝露による実際の影響の推定値へ近づけるために、このほかにも高度な統計的手法が開発されており、それらは主に回帰分析という重要な考えに基づいている。そしてこのことから、私たちは再び、フランシス・ゴルトンの豊かな想像力に感謝しなくてはならない。

まとめ

○ 統計学的な意味で、因果関係があるとは、介入を行なうと、さまざまな結果が起こる確率が系統的に変動するということだ。

○ 因果関係は統計学的に確立するのは難しいが、優れた計画に基づく無作為化試験は利用可能な最も有益な枠組みだ。

○ 盲検化や治療の意図といった原則のおかげで、大規模な臨床試験を実施すれば、それほど大きくないが重要な影響を見いだせるようになった。

○ 観察的データの場合、曝露と結果の間に見かけ上観測される関係性に、背景要因が影響をもたらしている可能性もある。そうだとすると、それは観測されている交絡因子か、潜伏因子かのどちらかだろう。

○ 統計学的手法はほかの要因を補正するために存在する。とはいえ、因果関係を主張する際の確信度について、判断は必ず求められる。

第 5 章

回帰を使って
関係性をモデリング

▷ **2変数間の関係を表す回帰直線**

前章までの考えかたを使えば、1組の数の集まりを視覚化して要約できる。それに、さまざまな2変数間の関連性に注目することもできる。こうした基本的なテクニックのおかげで私たちは驚くほど進歩を遂げられるのだが、現代のデータは概してなおいっそう複雑であろう。関係性がうかがえる複数の変数がリストアップされることは多いが、私たちはそのうちの1つについて（それは個人の癌のリスクであったり、ある国の将来の人口であったりする）説明したり予測したりすることに特に関心を持っている。本章では、**統計学的モデル**という重要な考えかたに触れる。このモデルは、変数間の関係性を数式で表現したもので、それを使って適切な説明や予測ができる。つまり、数学の発想をいくつか取り入れることは避けられないが、基本の概念は代数学を使わなくても明らかなはずだ。

とはいえ、まずはフランシス・ゴルトンに遡る。ゴルトンはいかにもヴィクトリア時代の紳士らしい科学者で、偏執的なまでの関心をデータ収集に向けており、雄牛の重さに関して群衆の知恵を引きだしたことは1つの例にすぎない。ゴルトンは観測結果を用いて天気を予測し、祈りの効果を評価し、さらには国内のさまざまな地域

の若い女性の相対的な美しさを比較しさえした。ゴルトンは、い
とこのチャールズ・ダーウィンと同じく遺伝に執着し、個人の特徴
が世代間で伝わるときにどのように変わるのかについて詳細な調査
に着手した。ゴルトンは次のような問いに特に関心を抱いていた。

> **両親の身長から、その子供が成長したときの身長を予測するに**
> **はどのようにしたら良いだろうか？**

　1886 年に、ゴルトンは、大勢の両親と大人になったその子供た
ちの身長を報告した。そのデータの大部分に対する要約統計量が表
5.1 に示してある。ゴルトンの標本の身長は現代の大人と同じくら
いだった（2010 年の英国における大人の女性と男性の平均身長は、そ
れぞれ 63 インチ（約 1.60 メートル）、69 インチ（約 1.75 メートル）
と報告されている）。これは、ゴルトンが調べた対象者は栄養状態
が良好で、社会経済的地位が高めだったことを示唆する。

　図 5.1 では、465 人の息子とその父親の身長の散布図を示してい
る。父親と息子の身長には明らかに相関関係があり、ピアソンの相
関係数は 0.39 だ。父親の身長から息子の身長を予測したいと思っ
たならどうだろうか？　まずは予測をするための直線を探すことか
ら始めると良い。というのも、そうすれば父親の身長がどのようで
あっても、息子の身長の予測値が算出できるだろうからだ。すぐ直
観的に思いつくのは、2 つの値が等しくなる対角線を予測に使うこ
とだろう。そうすれば成長した息子は父親と同じ身長になると予測
することになる。ところが、この方法には明らかに改善の余地があ
る。

　どの直線を選んでも、各データ点では**残差**（図 5.1 のプロット上の

----

* ゴルトン曰く「美しさに関してはロンドンが最もレベルが高いことがわかった。アバディーンは最低だっ
た」

	人数	平均値	中央値	標準偏差
母親	197	64.0	64.0	2.4
父親	197	69.3	69.5	2.6
娘	433	64.1	64.0	2.4
息子	465	69.2	69.2	2.6

表 5.1
1886 年にゴルトンが示した、両親とその成長した子供たち 197 組分の身長の記録（単位はインチ）に関する要約統計量。参考までに、64 インチは 1.63 メートル、69 インチは 1.75 メートルだ。データをプロットするまでもなく、平均値と中央値が近いことから、対称的なデータ分布が示唆される。

垂直な破線）が生じる。これは、その直線を使って、父親の身長から息子の身長を予測する場合の誤差の大きさだ。このような残差が小さくなるような線が欲しい。その標準的なテクニックは**最小２乗法**によって当てはまる線、つまり、残差の２乗の和が最小になる線を選ぶというものだ。その直線を求める公式は複雑ではなく（巻末用語集参照）、２人の数学者アドリアン＝マリ・ルジャンドルとカール・フリードリヒ・ガウスが 18 世紀の終わりに作りあげた。この直線は一般的に、父親の身長がわかっているときに、息子の身長として出せる「最良適合（best-fit）」な予測とされている。

　図 5.1 に示した最小２乗法による予測線は、点が集中している真ん中辺りを突きぬけているが、ここは父親と息子の身長の平均値がある場所だ。といっても２つの値が等しくなる対角線を辿っているわけではない。平均よりも背が高い父親に対しては両者が等しい線より明らかに下にあり、平均よりも背が低い父親に対しては両者が

-----

* 残差の２乗の和ではなく、残差の絶対値の和を最小化するように適合する直線を求めることは可能だろうが、現代のコンピュータがなくてはほぼ不可能だろう。

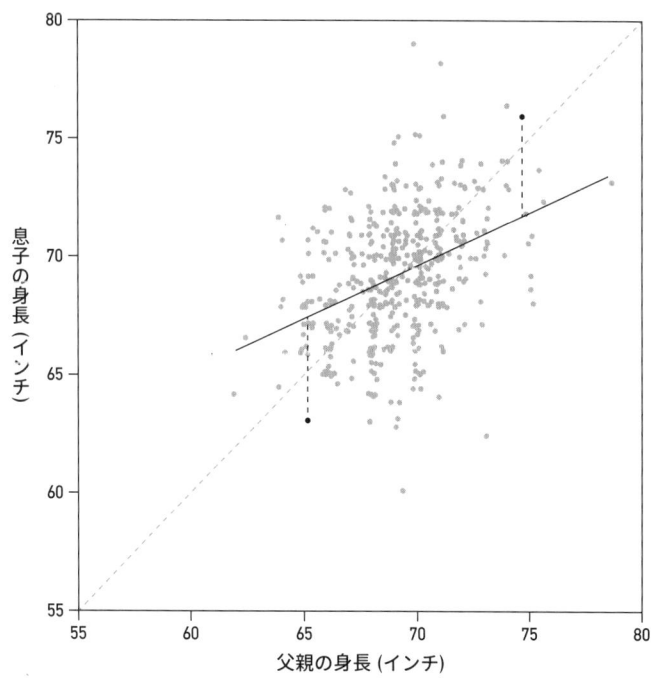

図 5.1
ゴルトンのデータから得られる 465 組の父親と息子の身長の散布図（父親の多くに複数の息子がいるため、繰り返し登場する）。点同士が重ならないように少しずらして表示している。破線で引いた対角線は息子と父親の身長がちょうど等しいところを示す。実線は標準的な「最良適合」直線だ。各点で「残差」（垂直の破線）が生じる。これは父親の身長から息子の身長を予測するために適合した直線を利用した場合の誤差の大きさだ。

等しい線よりも上にある。これはつまり、父親の背が高ければ息子はそれよりも少しだけ背が低くなりがちで、一方、父親の背が低いほうであればその息子は少し背が高くなるかもしれないということなのだ。ゴルトンはこれを「凡庸への回帰」と呼んだが、今では、**平均への回帰**と言われている。この現象は、母親と娘にも当てはまる。母親の背が高いほうであれば娘はそれよりも背が低くなる傾向

にあり、母親の背が低いほうであれば娘の背はそれよりも高くなりがちだ。これは、本章のタイトルに含まれる言葉の由来を説明している。いつしか、データに最良適合する直線や曲線を求めるあらゆるプロセスが「回帰」と呼ばれるようになった。

　基本的な回帰分析では、従属変数が予測したい、あるいは説明したい量であって、普通はグラフの垂直な y 軸に置かれる。これは**応答変数**と呼ばれることもある。一方、独立変数は予測や説明のために使う量であり、普通はグラフの水平な x 軸に置かれ、説明変数と呼ばれることもある。直線の傾きは**回帰係数**とも呼ばれる。

　表 5.2 では親と子供の身長の間の相関関係と、回帰直線の傾きを示している。[*] 直線の傾き、ピアソンの相関係数、変数の標準偏差の間には単純な関係がある。[†] じつのところ、独立変数と従属変数の標準偏差が同じならば、傾きはピアソンの相関係数そのものなのだ。これで表 5.2 に見られる類似性の説明がつく。

　これらの傾きの意味は、研究対象である変数間の関係性について私たちがどのような仮定を置くのかに完全に左右される。相関関係のデータに対し、傾きが示しているのは、独立変数の観測値が単位量だけ違った場合に、従属変数は概してどれほど違う値を取ると考えられるかだ。たとえば、もしもアリスがベティよりも 1 インチ（約 2.5 センチメートル）背が高ければ、アリスの娘が成長したのちの身長は、ベティの娘が成長したのちの身長よりも 0.33 インチ（約 0.8 センチメートル）高いと予測できるだろう。もちろん、この予測が本当の身長差にぴったり一致するとは思わないだろうが、これは手に入るデータから立てられる最善の推測だ。

----

[*] たとえば、次の式から娘の身長を予測できる。すべての娘の身長の平均値 + 0.33 × （母親の身長 − すべての母親の身長の平均値）
[†] 用語集の最小 2 乗法の説明を参照のこと。

	ピアソンの 相関係数	親の身長に子供の身長を 回帰させる直線の傾き
母親と娘	0.31	0.33
父親と息子	0.39	0.45

表 5.2
成長した子供の身長と同性の親の身長の相関係数、および同性の親の身長に子供の身長
を回帰させる直線の傾き。

　ところが、もしも因果関係を仮定したら、傾きはかなり異なる解釈ができる。傾きは、私たちが介入して独立変数の値を単位量だけ大きくした場合に、従属変数に起きるだろうと考えられる変化だ。これは身長の場合では決してあり得ない。なぜならば、少なくとも大人に関しては、身長を実験的手段で変えることができないからだ。統計学者は、たとえ先に概要を述べたブラッドフォード・ヒルの規準があっても、実験が行なわれない限り、たいがいは因果関係のせいにしたがらないが、コンピュータ科学者であるジューディア・パールらは観察的データから因果関係のある回帰モデルを構築するための原理の明示に向けて大きな進歩を遂げた。[2]

▷ 統計モデルの構成要素「シグナルとノイズ」

　先ほど、父親と息子の身長の間に当てはめた回帰直線は統計学的モデルの極めて基本的な例だ。米国の連邦準備制度理事会〔米国の中央銀行〕では、モデルを「単純化された仮定に基づく、世界のある側面の表現」と定義している。実質的には、現実を簡潔化した「模倣」版を作るという目的の下、ある現象が数学的に表現され、たいがいはコンピュータソフトウエアに組み込まれるということだ。[3]

　統計学的モデルには 2 つの主要な成分がある。まずは、決定論的

で予測可能な成分を表現する数学の式だ。たとえば、父親の身長を元にして息子の身長を予測する手段となる、データに適合した直線だ。しかしモデルの決定論的部分が、観測された世界を完璧に表現することはないだろう。図 5.1 で見たように、回帰直線の周辺で人々の身長の値は大きく散らばっている。だから、モデルに基づく予測と実態との差異が、モデルの 2 つめの成分であり、これは**残余誤差**と呼ばれている。統計学的モデリングにおいて「誤差」は間違いを指しているわけではないことを思いだすのは重要だが、観測するものをモデルが正確に表現することはどうしても不可能だ。そこでまとめると、私たちは以下のような想定をすることになる。

観測値＝決定論的モデル＋残余誤差

この式は、次のようなことを示していると解釈できる。すなわち、統計学の世界では、身の回りで目にしたり測定したりするものは、系統立てて数学的に理想化された式に、ランダムに寄与するものの、まだ説明できない何らかのものを加えた総和だと見なせる。これは**シグナルとノイズ**という標準的な考えかただ。

自動速度取締機は事故を減らすか？

　このセクションからは簡潔な教訓が得られる。自分が行動して何かが変わるからというだけで、私たちがその結果に責任があるということにはならない、というものだ。人間にとってこの単純な真実は理解しにくいようだ。私たちはいつだって筋書きを立てて説明をつけたがる。自分がその渦中にいればなおさら熱心にそうしたがる。もちろんその理解が正しいこともある。スイッチをパチッと入れて、

電灯がついたら、普通はあなたがその原因だ。ところが時にはあなたの行動は明らかに結果に対して責任がない。あなたが傘を持って行かなかったときに雨が降っても、雨が降ったことはあなたの落ち度によるものではない（そう思うかもしれないが）。しかし私たちの行動が招く結果は、あまりはっきりしない場合が少なくない。あなたが頭痛に苦しんでいて、アスピリンを飲み、痛みが消えたとしよう。もしもアスピリンを飲んでいなかったら、頭痛は消えなかっただろうなんて、どのようにしてわかるだろうか？

　私たちには、変化があればそれを介入のせいにするという強い心理的傾向がある。この傾向のせいで私たちは前後比較にだまされやすくなっている。そのよく知られた例が自動速度取締機に関係するものだ。自動速度取締機は、最近事故が何件も発生した場所に設置される傾向にある。事故率がその後下がると、この変化は取締機があるおかげだとされる。だが事故率はどのみち下がったのではないだろうか？

　幸運（あるいは不運）の連続も、いつまでも続くわけではなく、最終的に物事は元通りに収まる。これは平均への回帰と考えることもできる。背の高い父親の息子は父親よりも背が低くなりがちであるのとまったく同じだ。しかしこのような幸運、または不運の連続を定常的な状態であると思い込んでしまえば、通常に逆戻りすると、自分たちが行なった何らかの介入のせいだと見誤るだろう。おそらく、以上のことは明白に思えるだろう。しかし、この単純な考えかたには、次のような驚くべき影響がある。

- 負けが続いたサッカーチームの監督が、解雇された。通常の状態に戻っただけなのに、後任者は功績を認められた。
- アクティブファンドマネージャ〔投資先を選別して運用する投資信託の運用責任者〕は、数年にわたって好調を維持した後（そ

しておそらくは高額のボーナスをもらった後）には、手腕に陰り
が見え始める。

- 「『スポーツ・イラストレイテッド』誌の禍」。好成績を収め続
け、著名な雑誌の表紙に取りあげられたアスリートは、その後、
成績が急落するというジンクス。

　スポーツチームが成績順位表のどこに位置するのかには、運がか
なり深く関わっている。したがって、平均への回帰の結果、ある年
に好成績を収めたチームは翌年には順位を下げ、成績が悪かったチー
ムは順位を上げることが予想される。特にチーム同士の戦力が互
角であればなおさらである。逆に、こうした変化のパターンを目に
すれば、平均への回帰が影響しているのではないかと思い、たとえ
ば新しい練習方法の影響についての主張にさして注意を払わなくな
るかもしれない。

　成績順位表でランクづけられるのはスポーツのチームだけではな
い。PISA（生徒の学習到達度調査）における国際教育一覧表（Global
Education Tables）を例として考えよう。この表では、数学に関して
さまざまな国における学校制度の違いを比較している〔同一のテス
トを各国の子供たちに受けさせ、その国別平均点を順位表にしている〕。
2003 年調査から 2012 年調査における成績順位表での位置の変化は、
当初の位置と強い負の相関関係があった。つまり、上位の国々が順
位を落としがちで、下位の国々が順位を上げる傾向が見られたのだ。
相関係数は − 0.60 だった。ある理論によれば、もしも順位づけが
完全に偶然で、唯一効果をもたらすのが平均への回帰だけならば、
相関係数は − 0.71 と予測でき、これは観測されたものとさほど変
わらない。これによって、国ごとの違いは主張されたほどではなか
ったこと、成績順位の変化は教育方針の変化にあまり関係しないこ
とがわかる。

平均への回帰はまた、臨床試験にも効果を及ぼす。前章でわかったのは、新しい薬を適切に評価するために無作為化試験が必要であり、その理由は対照群の人たちでさえ恩恵、いわゆるプラセボ効果を示すからである、ということだ。プラセボ効果は、砂糖でできた（なるべくなら赤色の）錠剤を飲むだけで実際に人々の健康のためになる効果があるという意味だと解釈される場合が多い。ところが、効果のある治療を何も受けていない人に見られる健康増進の大部分は、平均への回帰のせいである可能性もある。なぜならば、患者は症状を呈しているときに臨床試験に登録されるので、その多くがいずれにしても回復したであろうからだ。

　だから交通事故の多発箇所に自動速度取締機を設置したことによる真の影響を知りたいならば、薬の評価に使ったアプローチにしたがい、取締機を無作為に配置するという大胆なステップを踏むべきだ。そのような研究はすでに実施されており、取締機による見かけ上の恩恵のおおよそ3分の2が平均への回帰に由来すると評価されている。[5]

▷ 説明変数が複数ある場合の回帰モデル

　ゴルトンが初期の頃に手掛けた研究以来、回帰という基本的考えかたは多々拡張され、それらは現代のコンピューティングの力を大いに借りている。そうした進展には、たとえば、以下のようなものがある。

- 説明変数がたくさんあるものを扱う。
- 説明変数が数ではなくカテゴリである場合を扱う。
- 関係性が直線ではなく、データパターンに柔軟に合わせられる。
- 応答変数が連続的な変数でないものを扱う。たとえば割合や件

数。

　説明変数が複数ある場合の一例として、息子や娘の身長が父親お
よび母親の身長にどのように関連しているのかに注目できる。この
ときデータ点は 3 次元のなかで分布しており、紙に描きだすのは非
常に難しい。だがそれでも最小 2 乗法の考えかたを利用して子供の
身長について最善の予測をする式を考えだすことはできる。これは
多重線形回帰（重回帰） と呼ばれている[*]。説明変数が 1 つだけの場
合、応答変数との関係性は傾きで要約されたが、傾きは回帰式の係
数と理解することもできる。その考えかたは説明変数が複数の場合
にも一般化できる。

　ゴルトンが何組もの家族について調べた結果を表 5.3 に示す。こ
こで示されている係数をどのように解釈できるだろうか？　まずは、
これらの係数は特定の母親と父親に対して成長した子供の身長を予
測するために使えるであろう式を構成するものである[†]。一方で、
これらの係数はまた、見かけ上の関係性を、第 3 の因子である交絡
因子を考慮して補正するという考えかたを示したものでもある。

　たとえば、表 5.2 で、娘の身長を母親の身長に回帰させたときの
傾きは 0.33 であることがわかった。ここで散布図に当てはまる直
線の傾きは、回帰係数の別名にすぎないことを思いだしてほしい。
表 5.3 では、もしも父親の身長の影響も考慮するなら、この係数は
0.30 に下がることを示している。息子の身長を予測する場合、父
親に対する回帰係数は同様に、表 5.2 の 0.45 から表 5.3 の 0.41 に
下がる。表 5.3 では母親の身長を考慮に入れているからだ。だから、

----

[*] 「線形」とは、この式が複数の説明変数に重みづけした〔係数を乗じた〕ものの和から構成され、それぞれ
　の重みづけは回帰係数によるという事実を示している。またこれを線形モデルと呼ぶ。

[†] 説明変数は、その値から標本の平均値を引くことで標準化された。だから息子の身長を予測するために以下
　の式が使えるだろう。69.2 ＋ 0.33（母親の身長－母親の身長の平均値）＋ 0.41（父親の身長－父親の身長
　の平均値）〔単位はインチ〕。

従属変数	切片 (子供の平均身長)	母親の身長への重回帰の係数	父親の身長への重回帰の係数
娘の身長	64.1	0.30	0.40
息子の身長	69.2	0.33	0.41

表 5.3
成長した子供の身長とその母親および父親の身長を関連づける多重線形回帰の結果〔単位はインチ〕。「切片」は子供の平均身長だ (表 5.1)。重回帰の係数は、親の身長が平均から1インチ違うごとに、成長した子供の身長に予測される違いを示している。

片方の親の身長と成長した子供の身長との関連性は、もう片方の親の影響を考慮すると、わずかに弱くなる。これは背の高い女性ほど背の高い男性と結婚しがちなので、母親と父親の身長はまったくの独立要因とは言えないという事実に起因すると考えられるだろう。総体的に見て、このデータからは、父親の身長が1インチ違ったときの成長した子供の身長の違いは、母親の身長が1インチ違ったときのそれよりもより大きくなることがわかる。重回帰は、研究者がある特定の説明変数に関心を持っている時に、不均衡〔データの偏り〕を考慮するためにほかの変数を「補正する」必要がある場合に使われることが多い。

　スウェーデンで行なわれた脳腫瘍の研究を振り返ってみよう。第4章で、因果関係をマスメディアが不適切に解釈した例として取りあげたものだ。回帰分析では、脳腫瘍になる率を従属変数（応答変数）とし、学歴を関心の対象である独立変数（説明変数）とした。ほかに回帰に用いられた要因は、診断を受けた年齢、暦年、スウェーデンの地域、婚姻関係の有無と収入などで、どれも潜在的な交絡変数だと考えられた。このときの交絡因子の補正は、学歴と脳腫瘍の間にある、できるだけ純粋な関係を引きだそうとして行なわれたものだ。ところが全面的に適切には決してなり得ない。何かほかの

潜伏プロセスが作用しているかもしれないという疑念は必ず残るだろう。たとえば、学歴が高い人ほど健康管理への意識が高く頻繁に診断を受けるといったことだ。

　無作為化試験においては、交絡因子を補正する必要はないはずだ。というのも、無作為に割り当てることで、最も重要な治療法以外のすべての要因は、確実にグループ間で偏りがないはずだからだ。それでも研究者はなお、とにかく回帰分析を行なうことが多い。ひとえに、何らかの偏りが入り込んでしまうのに備えてだ。

▷ 応答変数が比率や時間の場合の回帰モデル

　すべてのデータが身長のように連続的な測定値であるとは限らない。統計学的分析の大半では、従属変数は、起きるか起きないかのどちらかである事象の割合（たとえば手術を受けて生存した人の割合）、事象の数を数えたもの（たとえばある地域で 1 年に発生した癌の件数）、あるいは、事象が起きるまでの時間（たとえば手術後に生き延びている歳月）だろう。各タイプの従属変数には独自の重回帰の形式があり、算出された回帰係数には対応するそれぞれの解釈がある。[6]

　第 2 章で取りあげた子供の心臓手術のデータについて考えよう。同章では、図 2.5（a）で 1991 年から 1995 年までの、各病院において手術後に生存している割合と手術の実施件数を示した。その散布図を図 5.2 として再掲した。ここではブリストル王立小児病院に対応する外れ値のデータ点は使わずに適合させた回帰曲線を記している。

　これらの点に線形回帰の直線を適合させることもできただろうが、そのような直線に単純な外挿法を用いれば、病院が膨大な数の手術を行なっている場合には、その病院での生存率は 100％を超えると推測されることになってしまう。それは不合理だ。このため、割合

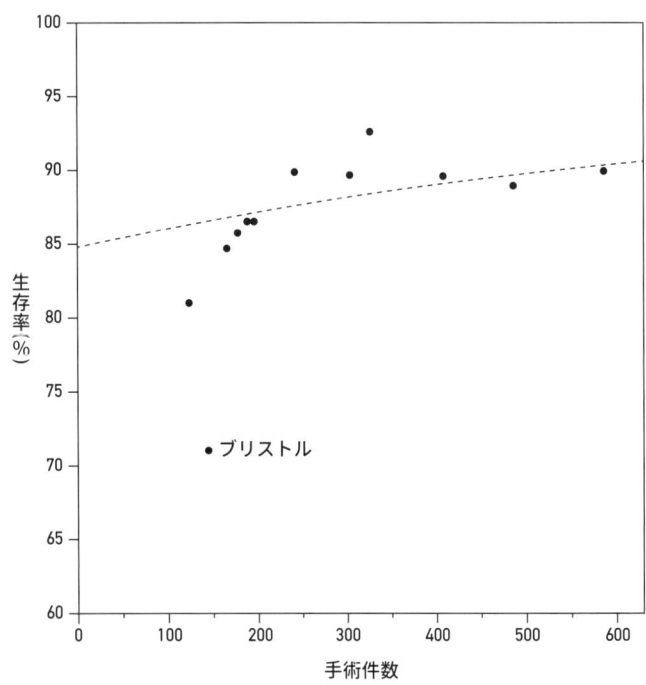

図 5.2
1991 年から 1995 年に英国の病院で行なわれた 1 歳未満の子供の心臓手術のデータに適合させたロジスティック回帰モデル。扱う患者数が多い病院ほど生存率も高い。線は決して 100%には達しない曲線の一部で、ブリストル王立小児病院を表す外れ値であるデータ点を無視して適合している。

を扱う場合向けの回帰の形式が開発された。この方法は**ロジスティック回帰**と呼ばれ、これを使えば 100%を上回ったり 0 %を下回ったりし得ない曲線が必ず求められる。

　ブリストル王立小児病院を考慮に入れなくても、患者数の多い病院ほど生存率は高かった。そしてロジスティック回帰係数（0.001）は、病院が 4 年間に 1 歳未満の患者に対して実施する手術が 100

件増えるたびに、死亡率はおおよそ 10%（相対的に）下がると予測されることを意味する。* もはや何度も繰り返した言い回しだが、もちろん相関関係は因果関係を意味しない。したがって処理量がより多いからパフォーマンスがいっそう上がると結論づけることはできない。先に触れたように、逆の因果関係すらあり得る。病院の評判が良いと患者がますます多く集まるというわけだ。

　この調査結果は 2001 年に発表されたときに物議を醸し、英国のいくつの病院がこうした形の手術をするべきかについての、長きにわたる、そしてなおも決着しない議論の一因となってきた。

▷ 回帰モデル以外にもモデルはある

　本章で概要を述べたテクニックは、1 世紀以上も前に導入されて以来、すばらしく役に立ってきた。とはいえ大量のデータが手に入るようになったこと、コンピュータの処理性能が並々ならぬ向上を遂げたことの双方から、はるかに精密なモデルが開発可能になった。非常に広くとらえると、4 つの重要なモデリング戦略が、さまざまな研究者コミュニティによって選ばれてきた。

- 関連性を表すかなり単純な数学的表現。たとえば本章で説明した線形回帰分析法。これは統計学者に好まれる傾向がある。
- 自然の法則にしたがったプロセスを科学的に理解し、その理解に基づいた複雑な決定論的モデル。たとえば、天気の予測で用いられるようなもの。基礎となるメカニズムを現実に即して表すことを目的としており、また、一般的には応用数学者が開発

---

* このロジスティック回帰係数が意味するのは、患者が死亡するオッズの対数は、1 年に扱う患者が 1 人増えるたびに 0.001 減ると見積もられているということだ。したがって、100 人患者が増えるたびに 0.1 減る。これはおおよそ 10%のリスク低下に相当する。

に携わっている。

- 判断や予測をするために用いられる複雑なアルゴリズム。多数の過去の例を分析して得られたもの（たとえば、ネット上の小売店からあなたが買いたいと思うであろう本を勧めることなど）であり、これらはコンピュータ科学と**機械学習**の世界に由来する。これらは優れた予測を立てるだろうが内部構造はいくらか不可解だという意味で「ブラックボックス」であることが多いだろう。次章参照のこと。
- 因果関係を示す結論に達すると主張する回帰モデル。経済学者が好むようなもの。

　このような分類は大いなる一般論であり、そして幸いにも専門家の間の障壁は取り払われつつある。また、モデリングへのより包括的なアプローチが発展していることが後ほどわかるだろう。とはいえどのような戦略が選ばれても、モデルを構築して利用するときには共通の問題が生じる。

　この問題を表す見事なたとえが、モデルは地図のようなものであって、土地そのものではないというものだ。そして地図のなかには特に優れたものがあることを誰もが知っている。シンプルな地図は都市から都市へと自動車を走らせる場合には十分だが、田園地帯を歩いて行くならもっと詳しいものが必要だ。英国の統計学者ジョージ・ボックスは次のような、簡潔ながら極めて貴重な金言でよく知られている。「すべてのモデルは間違っている。しかし役に立つものもある」。この意味深い発言は、統計学の専門知識を産業プロセスに持ち込むことに人生を費やしたからこそのものだった。そのような人生を送ったおかげでボックスは、モデルの力も、モデルを過信し始めることの危険性もどちらも十分に理解するに至ったのだ。

　しかしこれらの警告はたやすく忘れられてしまう。いったんモデ

ルが受け入れられると、特にそのモデルを生みだし、その限界を理解している人の手を離れた場合には、神のお告げの如く振る舞いだしかねない。2007 年から 2008 年にかけての世界金融危機はかなりの程度、たとえば大量の住宅ローンなどのリスクを判断するために使われた複雑な金融モデルを過剰に信用したせいだとされてきた。これらのモデルは個々の住宅ローン破綻同士にはほどほどの相関関係しかないと想定し、不動産市場が活気づいているうちはそれでうまく働いていた。しかし状況が一変し、いくつもの住宅ローンが破綻し始めると、ローン破綻は一挙に起こる傾向を見せた。モデルは、相関関係に起因するリスクをひどく過小評価しており、そのリスクは想定していたよりもかなり高いものであることが判明したのだ。上級管理職たちは、これらのモデルを構築した際に足掛かりとした根拠の脆さをただただ理解しておらず、モデルは現実世界を単純化したものであるという事実を見失ったのだ。モデルは土地ではなく地図だ。両者を混同した結果、歴史上最悪の世界的経済危機の 1 つが起きたのだ。

- 回帰モデルから、一連の説明変数と応答変数の間の数学的表現が得られる。
- 回帰モデルにおける係数は、説明変数の変化が見られるときに応答変数がどれほど変化すると予想できるのかを示す。
- 平均への回帰が起きるのは、極端な応答が長期的な平均の近くへ戻るときだ。というのも、それまでの極端な動きは、純粋に偶然の働きによるものだったからだ。
- 回帰モデルはさまざまなタイプの応答変数、説明変数、非線形関係を含むことができる。
- モデルを解釈する際には注意が必要だ。モデルが示すことは額面通りに受け取るべきではない。「すべてのモデルは間違っている。しかし役に立つものもある」

第 6 章

アルゴリズム、分析、予測

▷ データから学んで答えを提供するシステム

　本書でこれまで強調してきたのは、私たちが世界を理解するために統計科学がいかに役に立っているかということだ。統計科学は、ベーコンサンドウィッチを食べることの潜在的な危険であれ、親と子供の身長の関係性であれ、解明しようとする対象を知るための助けとなってきた。これは本質的に科学研究であり、現実に何が起きているのかを解き明かし、そして前章で導入した言葉で表すなら、何がモデル化できずに回避しがたいばらつきとして扱うべき残余誤差にすぎないのかを明らかにすることを目的とする。

　しかし統計科学における基本的考えかたの数々は、私たちが科学上の問題ではなく実際上の問題を解決しようとしているときにもやはり効力を発揮する。ノイズのなかにシグナルを見つけたいという基本的な願いは、特に日常生活で直面する判断の役に立つ手法が欲しいだけの場合にも同じように意義があるのだ。本章の背後にあるテーマは、そのような実際的問題は、過去のデータを使ってアルゴリズム、つまり、新しいケースが出てくるたびに自動的に答えを出す機械論的な数式を作りだすことによって、人間の介入なしに、あるいは最小限の介入で取り組むことができるということである。要するに、これは科学というよりはむしろ「テクノロジー」だ。

　そのようなアルゴリズムが行なう一般的なタスクには、次の2つ

がある。

- **分類**（識別、あるいは教師あり学習とも言われる）
    目下どのような状況に直面しているのかを判断すること。た
    とえば、ネット上の顧客の好き嫌い、あるいはロボットの視界
    にあるものが子供なのか犬なのか、などの判断。
- **予測**
    何が起きようとしているのかを告げること。たとえば、来週
    の天候はどうなるだろうか、明日の株価はいくらになるだろう
    か、あの顧客が購入するのはどの製品だろうか、あの子供は私
    たちが乗る自動運転の自動車の前に飛び出してくるだろうか、
    などの予測。

　これらのタスクは、現在に関わるのか、将来に関わるのかという
点において異なっているものの、根底にある本質はどちらも同じだ。
現在の状況に関連性のある一連の観測結果を考慮し、適切な結論へ
と対応づけることだ。このプロセスは**予測分析**と呼ばれてきたが、
私たちは**人工知能（AI）**の領域に足を踏み入れつつある。その領域
では、機械に組み込まれたアルゴリズムを利用して通常は人間が行
なうべきタスクを実行したり、人間に対して専門家レベルの助言を
提示したりする。
　特化型 AI というのは、綿密に規定されたタスクを実行できるシ
ステムを指す。そしてこれまでに、機械学習を基盤とした極めて優
れた例が生まれてきた。機械学習では、過去に起きた例を多数集め
た上で統計解析を行ない、アルゴリズムを開発することになる。顕
著な成功としては、たとえば、電話やタブレットやコンピュータに
組み込まれた音声認識システム、文法はほぼ理解していないものの
膨大な刊行済みのアーカイブを元にテキストの翻訳を学習したグー

グル翻訳のようなプログラム、写真に写った顔や自動運転の自動車の視界にあるほかの自動車などを過去の画像を元にして識別することを「学習」したコンピュータによる画像認識ソフトウエアなどがある。ゲームを行なうシステムにも目覚ましい進歩があった。コンピュータゲームのルールを学習して名人級の腕前を獲得し、チェスや碁で世界チャンピオンを打ち負かしたディープマインドなどだ。片や、IBM のワトソンは一般知識のクイズで競争相手の人間に勝利した。これらのシステムは人間の専門技術や知識をコンピュータプログラムにしようとして始まったのではない。膨大な数の例を読み込むところから始め、そして幼い子供のように試行錯誤を、自分自身を相手にゲームをすることもして繰り返し、学習したのだ。

　だが、ここでも再び強調しなければならないのは、これらは過去のデータを元にして、直面する現実的問題に答えを出す技術的システムであって、世界のしくみを理解しようとする科学的システムではないことだ。つまりこれらのシステムは、ひとえに手近の限られたタスクをいかにうまくこなすかによって判断されるのであり、学習済みのアルゴリズムにしたがっていくらか見識を与えてくれる可能性はあるが、想像力を持っていたり、毎日の生活で超人間的スキルを持っていたりすることは期待されていない。それには汎用型 AI が必要であり、これは本章の内容を超えるものであるし、また少なくとも現状の機械の能力では実現不可能だ。

　1690 年代にエドモンド・ハリーが保険や年金を算出する式を開発してからというもの、統計科学は人間の判断を手助けするアルゴリズムの開発に関わってきた。データサイエンスの現在の発展はその流れを汲んでいるものの、近年変化を遂げたのは、収集されるデータの規模が拡大し、おかげで想像の産物にすぎなかったものが実現したという点だ。いわゆる「ビッグデータ」である。

データは異なる2つの方法で「ビッグ」になり得る。まずは、データベース内の実例の数においてだ。データベース内の実例は個々の人かもしれないし、空の星、学校、自動車の走行記録、ソーシャルメディアへの投稿もあり得る。実例の数はだいたいラベル n で表しており、私が研究を始めた頃は、n が100より大きければ「ビッグ」だったが、今では何百万、あるいは何十億ものデータがあるだろう。

　データが「ビッグ」になり得るもう1つの方法は、各実例について多くの特性、あるいは特徴を測定することだ。この量は p として知られることが多い。おそらくパラメータ（parameter）、つまり母数を意味しているのだろう。私が統計学に携わって日の浅い頃を再び思い返してみると、p は概して10よりも小さかったものだ。たぶん、私たちが知っていたのは個人の病歴のうちの2～3の項目だったのだろう。しかしその後、その個人の多数の遺伝子にアクセスできるようになり、ゲノム研究では、スモール n、ラージ p（small n, large p）の問題、つまり事例の数は相対的に少なく、それについての情報が大量に存在するという問題が生じるようになった。

　そして現在私たちはすでに、ラージ n、ラージ p（large n, large p）問題の時代に足を踏み入れた。膨大な数の事例があり、それぞれが非常にややこしいものであり得る時代なのだ。たとえば、何十億人ものフェイスブックユーザが何を投稿しているか、何に「いいね！」を押しているかをすべて分析してどのような広告やニュースを供給すべきかを判断するアルゴリズムを考えてみてほしい。

　これらは刺激的でかつてない挑戦であり、そのおかげでデータサイエンスに新たな人たちが押し寄せるようになった。ところが、本書の冒頭で述べた警告に再び触れると、こうした桶いっぱいにつまったデータは自らについて語りはしない。何も知らずにアルゴリズムを利用して、隠れた落とし穴にはまってしまうのを回避しようと

思うなら、データを注意深く上手に扱う必要がある。本章では、以前からよくある災難をいくつか取りあげるつもりだが、まずはデータをまとめ上げて何か役立つものにするという根本的問題を考える必要がある。

▷ パターンを見つけるアルゴリズム

　あまりに数の多い事例を扱うための 1 つの戦略は、類似したグループを識別すること、つまりクラスタリング、あるいは**教師なし学習**と呼ばれるプロセスだ。どのようなグループに分類されるべきかについて学習しなくてはならず、それらのグループが存在することをあらかじめ教えられるわけではないところから、こう呼ばれる。きわめて同質性の高いクラスターを見つけることは、それ自体が目的になり得る。たとえば、好き嫌いが似ている人のグループを識別する場合がそうだ。このとき、識別したグループの特徴を明らかにして、名前を付与し、さらに将来起きる事例を分類するためのアルゴリズムを構築できる。こうして識別されたクラスター向けに、そのアルゴリズムを作った人たちの動機に応じて、ふさわしいお勧め映画、広告、政治的プロパガンダなどが提示される。

　分類や予測を行なうアルゴリズムの構築を進める前に、各事例に関する未加工データを処理可能な次元にまで下げる必要もあるかもしれない。これは p があまりに大きすぎるため、つまり各事例に対してあまりに多くの特徴が測定されるからだ。このプロセスは**特徴エンジニアリング**と呼ばれる。では、人間の顔に当てはめられる尺度の数を考えてみよう。それらの尺度を限られた数の重要な特徴にまとめ、顔認識ソフトウエアがそれを元に写真をデータベースと照合できるようにする必要があるだろう。予測したり分類したりするのに見合う価値があるとは言えない尺度は、データ視覚化や回帰

手法を介して識別し切り捨てられる。あるいは、情報の多くを包含する合成尺度を形成し、特徴の数を減らしても良いのだ。

深層学習と呼ばれるもののような、近年開発された極めて複雑なモデルにおいては、データ削減というこの初期段階処理は必要がないかもしれず、未処理データのすべてがたった1つのアルゴリズムで処理できることを示唆している。

▷ 分類と予測を行なうアルゴリズムの種類

分類や予測のアルゴリズムを構築するために今すぐにでも利用できる方法の選択肢は、途方に暮れるほどある。研究者たちはかつて、自分自身の専門性を背景にした手法を押し進めたものだ。たとえば、統計学者は回帰モデルを好み、一方でコンピュータ科学者はルールに基づいた論理や、「ニューラルネットワーク」と呼ばれる人間の認識を真似ようと試みる代替方法を好んだ。これらの手法のいずれも、実装するには特別なスキルやソフトウエアが必要だったが、現在では便利なプログラムができて、メニュー操作でテクニックを選択できるようになり、これによってモデリングの指針よりもパフォーマンスを重視する、あまり党派的でないアプローチを奨励する結果になっている。

アルゴリズムの実用上のパフォーマンスを測定し比較するようになるとすぐに、必然的に人々の競争心は高まって、現在、Kaggle.com(カグルドットコム)のようなプラットフォーム主催でデータサイエンスのコンペが開かれるようになった。コンペ参加者がダウンロードするデータセットは営利組織、もしくは学術組織が提供する。挑戦する問題は、たとえば、録音された音声から鯨の声を聞き分ける、天文学データから暗黒物質を説明する、病院の入院患者数を予測するといったことなどだ。どの場合でも、コンペ参加者には

自分でアルゴリズムを構築する基盤となる学習用データセットと、そしてのちにそのパフォーマンスを判断することになる検証用データセットが提供される。特に人気のあるコンペは、何千ものチームが競い合うもので、次のような問題に対応するアルゴリズムを作ることだ。

タイタニック号沈没でどの乗客が助かったかを予測できるだろうか?

1912 年 4 月 14 日の夜、タイタニック号は処女航海中に氷山に衝突し、翌 15 日にかけてゆっくりと海に沈んでいった。船上の 2,200 人を上回る乗客と乗員のうち、救命ボートに乗り込んで助かったのはわずか 700 人ほどだった。そしてその後の研究や小説の記述では、救命ボートに乗って助かるかどうかは、乗船券の等級に決定的に左右されていたという事実に焦点が当てられている。

　生存率を予測するアルゴリズムは一見したところ、標準的な PPDAC サイクルとしては問題（Problem）の選びかたが特殊だと思えるかもしれない。というのもこの状況が再び起きることは考えにくく、だから将来に向けた価値はないだろうからだ。しかしある特定の人物に関する事柄が、私がこの問題に取り組む動機となった。1912 年、フランシス・ウィリアム・サマートンはイングランドのデヴォン州北部のイルフラクームという、私が生まれ育った地の近くを発った。米国に行き、財をなすためだ。サマートンは妻と幼い娘を残し、真新しいタイタニック号に乗船するため、8 ポンド 1 シリングの 3 等の乗船券を買った。サマートンがニューヨークに着くことはなく、その墓はイルフラクームの教会墓地にある（図 6.1）。正確に予測できるアルゴリズムがあれば、フランシス・サマートンは本来なら助かる見込みが大きかったのに不運のために助からな

ったのか、あるいは助かる見込みは元々ほんのわずかだったのかがわかるだろう。

　計画（Plan）は、誰が助かるのかを予測するアルゴリズムを構築するために、手に入るデータを蓄積して、幅広くさまざまなテクニックを試すというものだ。これは予測の問題というよりも分類の問題だと考えられる。なぜならば事象はすでに起きているからだ。データ（Data）はタイタニック号の1,309人の乗客に関して公に手に入る情報で構成される。考え得る**予測変数**には、姓名、敬称、性別、年齢、旅の等級（1等、2等、3等）、乗船券に支払った金額、家族の同行の有無、乗船場所（サウサンプトン、シェルブール、クイーンズタウン）、さらには一部の船室番号に関する限られたデータなどがある。応答変数は乗客が助かった（1）か、助からなかった（0）かだ。

　分析（Analysis）では、データを分けて、アルゴリズムを構築するための学習用データセットと、それとは別にパフォーマンスを評価するためだけに用いる検証用データセットとを作ることが極めて重要だ。アルゴリズムの準備ができる前に検証用データセットを見るのは重大な不正行為になるだろう。Kaggleのコンペと同じように、学習用データセットとして乗客から無作為に抽出した897人分の事例からなる標本を考え、残りの412人分で検証用データセットを構成することにしよう。

　これは本物ゆえにかなり乱雑なデータセットであり、少々前処理を行なう必要がある。18人の乗客は運賃データが欠けているので、それぞれの旅客等級の中位の料金を払ったものと仮定した。家族の人数を要約する1つの変数を設け、そこにきょうだいと親の人数の和を入れた。敬称は簡潔化する必要があった。「マドモアゼル」と「ミズ」は「ミス」に、「マダム」は「ミセス」に割り当て直した。さらにその他さまざまな敬称はすべて「稀少な敬称」として符号化

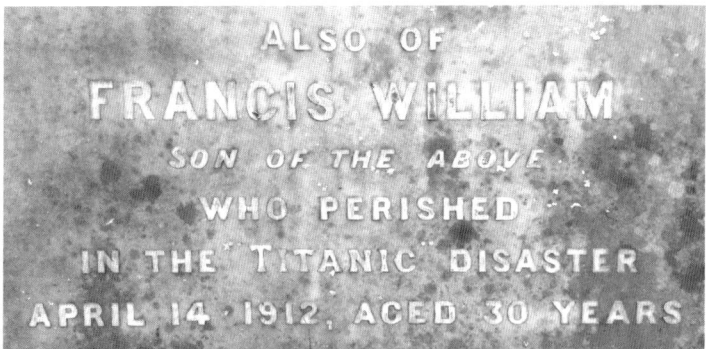

図 6.1
イルフラクームの教会墓地にあるフランシス・ウィリアム・サマートンの墓。そこにはこう
記されている。「またその息子 フランシス・ウィリアム　1912 年 4 月 14 日、タイタニック
号の悲劇において 30 歳で死去」

した。*

　このようなデータの符号化のスキルが要求されることは別にしても、分析のためにデータの準備を整えるだけで、少なからぬ判断力と背景知識が求められるであろうことは明らかなはずだ。たとえば、入手可能な何らかの船室情報を使って船上での位置づけを判断するのもそうだ。私ならきっとこれをうまくやれたに違いない。

　図 6.2 では、学習用データセットに含まれる 897 人の乗客を元に、さまざまなカテゴリにおいて、助かった乗客の割合を示している。これらの特徴はどれも、それ単独で予測を立てることが可能だ。たとえば、等級のより高い乗船客、女性、子供、あるいは、高めの乗船券を買った人、家族の人数が多くも少なくもない人、ミセスやミスやマスター（男児や青年男性）という敬称の人の生存率は高かった。これらはすべて、すでに考えてきたことに合致する。

　一方で、これらの特徴は独立ではない。等級の高い客ほど、おそらくは高い乗船券を買っただろうし、いっそう貧しい移住者に比べれば連れている子供も少ないと考えられるだろう。多くの男性は 1 人で旅をしていた。そして具体的な符号化が重要になるだろう。年齢をカテゴリ変数と見なして図 6.2 で示した階層区分にまとめるべきか、それとも連続変数と考えるべきなのか？　コンペに挑戦する人は長く時間をかけてこれらの特徴を詳しく見て、符号化し最大限の情報を抽出した。だが今はそうせずに、すぐに予測に進もう。

　「誰も助からなかった」という（明らかに正しくない）予測をしたと考えよう。すると乗客の 61％が死亡したのだから、学習用データセットにおいて 61％は正しいと考えてよいだろう。もしも、「女性は全員助かり、男性は全員助からない」というあと少し複雑なルールを使うなら、学習用データセットの 78％の分類は正しいとい

うことになるだろう。これらの単純なルールは、もっと精密なアルゴリズムから得られる何らかの改善点を測定するための適切なベースラインとして役に立つ。

▷ 分類ツリーを使って判定する場合

　分類ツリーはひょっとすると最も単純な形のアルゴリズムかもしれない。というのも、ツリーはイエスかノーかで答える一連の問いからできていて、各問いへの答えが次に尋ねられるべき問いを決定し、やがて結論に達するようになっているからだ。図 6.3 ではタイタニック号のデータに対する分類ツリーを示している。このツリーでは、乗客は枝の末端で、同じ末端にたどりついた乗客の多数派と同じ結果が割り振られる。選ばれた要因、そして最後の結論は簡単にわかる。たとえば、フランシス・サマートンは、データベース内でミスターという敬称を与えられている。だからまずは左手の枝に進むだろう。この枝の先には学習用データセットの 58% が含まれていて、そのうちの 16% が助かっている。したがって、限られた情報に基づき、サマートンの助かる見込みは 16% だったと評価して良いだろう。この単純なアルゴリズムによって、生存率が 50% を上回る 2 つのグループが識別できる。まずは、1 等、あるいは 2 等の女性と子供だ（ただし、稀少な敬称を持っていない限り）。そのうちの 93% は助かる。次に、3 等の女性と子供で家族の人数が少ない場合だ。このグループは 60% が助かる。

　このようなツリーが実際にどのように構築されるのかを知る前に、コンペでどんな尺度でパフォーマンスを評価するのかを決める必要がある。

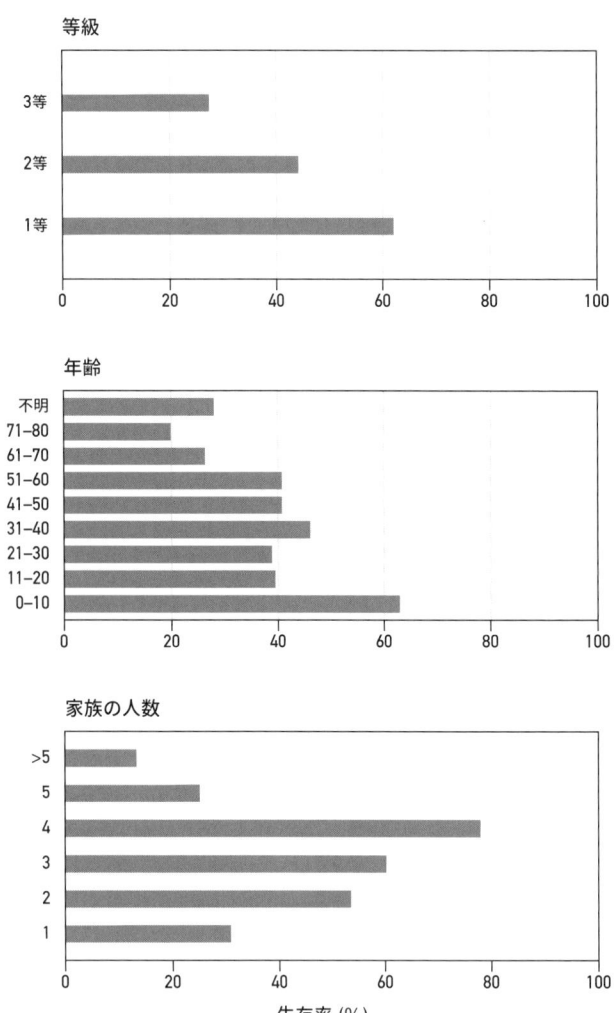

図 6.2
タイタニック号の 897 人の乗客からなる学習用データセットに対する生存率の要約。さまざまなカテゴリにおいて助かった人のパーセンテージを示している。

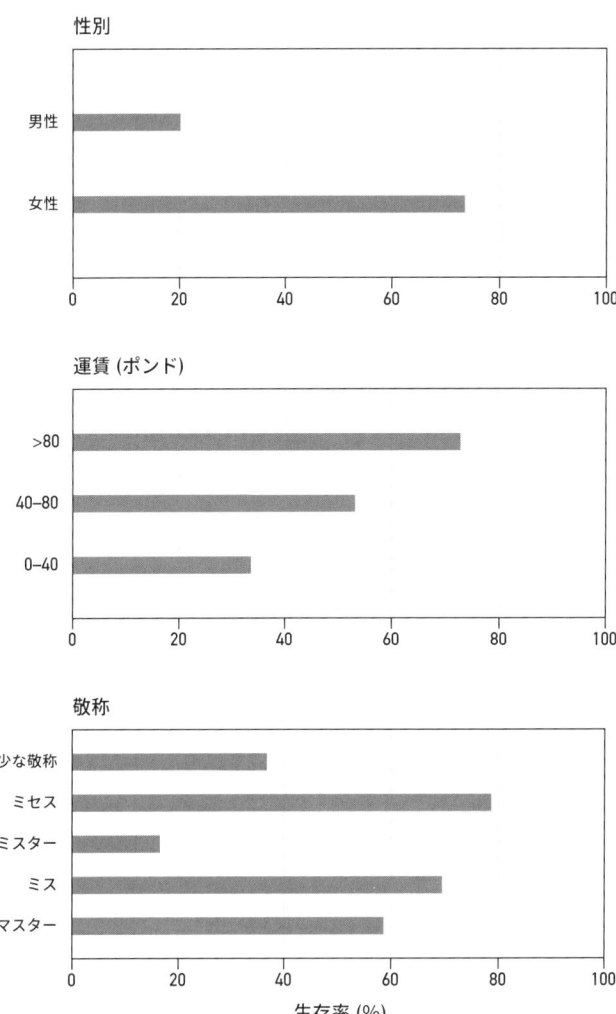

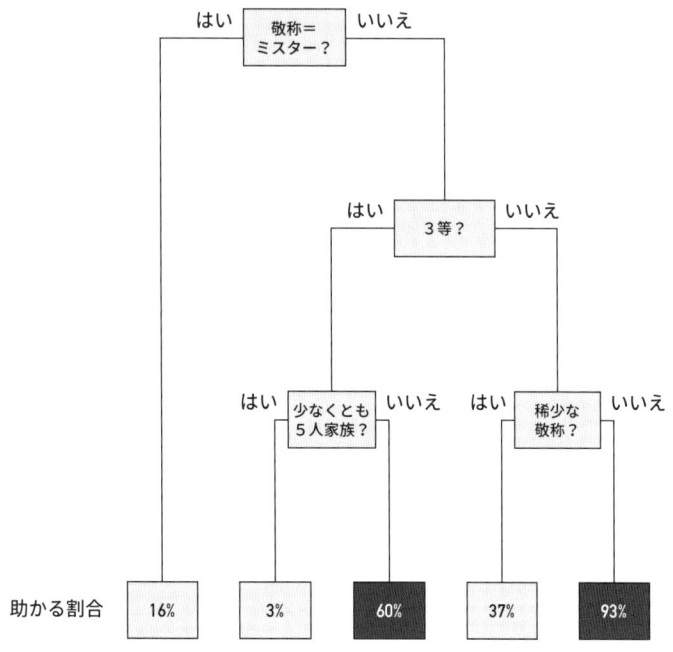

図 6.3
タイタニック号のデータに対する分類ツリー。ここで乗客は、一連の質問を経て枝の末端に導かれる。その分類された先で、学習用データセットに含まれる同類の人たちの助かった割合が 50% を上回っていれば、その乗客は助かると予測される。これらの生存割合は、ツリーの末端に示してある。助かると予測されるのは、家族が比較的少人数の 3 等の女性と子供、それから稀少な敬称を持っていないという仮定の下で、1 等と 2 等のすべての女性と子供だけだ。

▷ アルゴリズムのパフォーマンスを評価する方法

どのアルゴリズムが最も正確であるかを競うのであれば、誰かが「正確」の意味を決めなくてはならない。Kaggle のタイタニック号問題の場合は、「正確性」とは単純に、検証用データセット内で正

しく分類された乗客のパーセンテージのことだ。コンペの挑戦者は
アルゴリズムを構築すると、公開検証用データセット内の応答変数
に対する予測をアップロードし、Kaggle はそのアルゴリズムの正
確性を非公開検証用データセットを使って測定する[*]。私たちの場
合には、検証用データセット全体に対する結果を提示する（私たち
の検証データセットは、Kaggle の検証用データセットと同じではない
ことを強調しておく）。

　図 6.3 に示してある分類ツリーは、このツリーを構築するのに使
った学習用データセットに当てはめると 82%の正確性〔正確に分類
された割合〕を有する。このアルゴリズムを検証用データセットに
当てはめてみると正確性はわずかに下がり、81%となる。このア
ルゴリズムによって生じたさまざまなタイプのエラーの数を表 6.1
に示してある。これを**誤差行列（エラーマトリックス）**と呼ぶ。あ
るいは混同行列（コンフュージョンマトリックス）と呼ぶこともある。
生存者を見つけようとしている場合、予測が正しく予測通りに生存
した人のパーセンテージをアルゴリズムの**感度**と呼ぶ。一方で、生
存できなかった人を見つけようとしている場合、予測が正しく予測
通りに生存しなかった人のパーセンテージを**特異度**と呼ぶ。これら
の用語は医療における診断検査に由来する。

　総体的な正確性は簡潔に表現できるとはいえ、これはパフォーマ
ンスを測る尺度として非常に不十分であり、ある予測を立てる際の
確信の度合いを無視している。分類ツリーの枝の末端を見ればパー
センテージが書かれていることから、学習用データセットは完璧に
分別されているわけではなく、すべての枝に助かる人も助からない

---

* Kaggle では、コンペの終了（タイタニック号のデータの場合、2020 年）まで誰も何のフィードバックも受
け取れないということにならないように、検証用データセットを公開セットと非公開セットに分けている。
挑戦者たちの公開セットに対する正確性スコアはスコアボード上で公開され、これにより誰でも暫定ランキ
ングを見ることができる。一方で、非公開セットに対するパフォーマンスはコンペが終わってから挑戦者の
最終ランキングを評価するために実際に用いるものだ。

人もいることがわかる。粗削りな割り当てルールでは単に多数決で結果を選ぶだけだが、そうではなくて新しいデータセット内の新たな事例に対しては、学習用データセット内でその事例が該当する生存者の割合を、生存確率として割り当てられる。たとえば、敬称が「ミスター」である人に対して、助からないだろうという単純なカテゴリ予測ではなく、16%という生存確率を与えるのだ。

ただ分類するだけではなく、確率（あるいは何らかの数字）を与えるアルゴリズム同士の比較には、**受信者操作特性（ROC）曲線**を使うことが多い。この曲線は、元々第二次世界大戦中にレーダー信号を解析するために開発された。ここで重要なのは、人々が生き残るかどうかを判定する閾値を、私たちはさまざまに変えられるということである。表6.1は、誰かが「生存者」であると予測する閾値として50%を採用した場合の、学習用データセットでの特異度と感度がそれぞれ0.84、0.78となるという結果を示している。しかし、人の生存を予測する閾値としてもっと高い確率、たとえば70%を要求することもできただろうし、その場合には特異度と感度はそれぞれ0.98、0.50となっただろう。このより厳しい閾値を使うと、本当の生存者の半数しか見極められないが、助からない人について助かるだろうと誤って主張することは非常に少なくなる。生存者を予測するために採用できるすべての閾値を考えれば、特異度と感度が取り得る値の曲線が描かれる。ROC曲線を描くとき、特異度の軸は1から0へと減らしていくのが慣例であるのに注意すること。

図6.4で、学習用データセット、検証用データセットに対するROC曲線を示す。無作為に数を割り当てるようなまったく役に立たないアルゴリズムのROC曲線は対角線になるだろう。一方で、最善のアルゴリズムのROC曲線は左上の隅のほうに近づくものになるだろう。ROC曲線を比較する標準的な方法は、曲線より下、横軸までの面積を測定することだ。役に立たないアルゴリズムの場

	学習用データセット			検証用データセット		
	助からないと予測された人	助かると予測された人		助からないと予測された人	助かると予測された人	
助からなかった人	475	93	568	228	45	273
助かった人	71	258	329	35	104	139
	546	351	897	263	149	412

正確性
$=(475+258)/897=82\%$

正確性
$=(228+104)/412=81\%$

感度
$=258/329=78\%$

感度
$=104/139=75\%$

特異度
$=475/568=84\%$

特異度
$=228/273=84\%$

表 6.1
学習用データセット、検証用データセットに対する分類ツリーの誤差行列。正確性（％　正しく分類された割合）、感度（％　生存者が正しく分類された割合）、特異度（％　非生存者が正しく分類された割合）を示している。

合には 0.5、全員を正しく予測する完璧なアルゴリズムの場合には 1 になるだろう。タイタニック号問題の検証用データセットに対して、ROC 曲線下の面積は 0.82 だ。この面積には、要を得たエレガントな意味があることがわかる。真の生存者と真の非生存者を無作為に選んでこのアルゴリズムにかけると、真の生存者に真の非生存者よりも高い生存確率を与える確率は 82％である、ということだ。面積が 0.8 を超えるなら、その識別力はかなり優れている。

　ROC 曲線よりも下の面積は、アルゴリズムが生存者と非生存者をどれほどうまく分けるのかの尺度の 1 つだ。しかしそれが示す確率がどのくらい優れているのかは測定しない。ここで、確率論的な

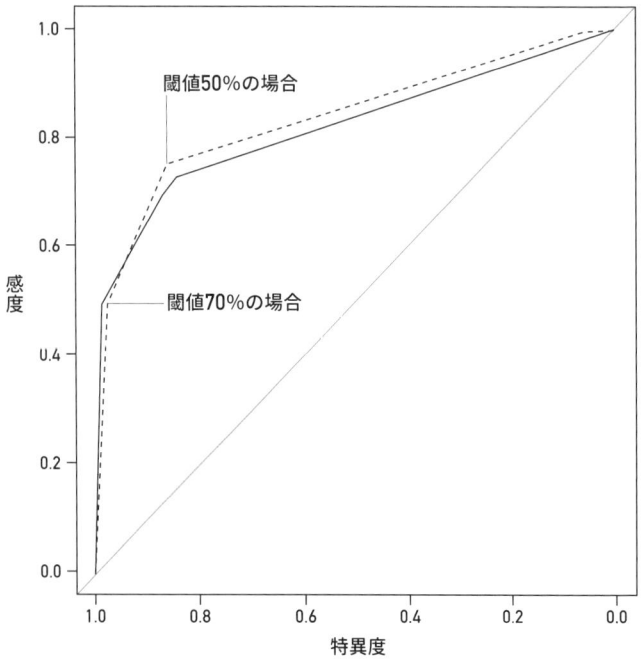

図 6.4
図 6.3 の分類ツリーを学習用データセット（破線）と検証用データセット（実線）に適用
した場合の ROC 曲線。「感度」は生存者が正しく分類された割合。「特異度」とは、助
からない人として正しく分類されていた非生存者の割合。曲線より下の面積は学習用デー
タセットと検証用データセットに対し、それぞれ 0.84 と 0.82 だ。

予測にとりわけ馴染みがある人たちを挙げるなら気象予報士だ。

「降水確率」の予測がどれほど優れているのかはどうやってわ
かるのだろう？

明日、特定の時間に特定の場所で、雨が降るかどうかを予測した

いとしよう。基本的アルゴリズムは単にイエスかノーかの答えを生みだすだけで、正しいか間違いかで終わるだろう。もっと精密なモデルは雨が降る確率を出すだろうし、おかげでいっそうきめ細かい判断が可能になる。もしアルゴリズムによって雨の見込みは50%だとわかれば、あなたの行動は、5％だとわかった場合の行動と大きく異なるだろう。

　実際、天気予報は、天候が現在の状態からどう発達するのかを示す詳細な数式を含む、極めて複雑な数々のコンピュータモデル〔コンピュータシミュレーション〕に基づいている。そしてモデルを実行するたびに、特定の場所での特定の時間における、イエスかノーかの決定論的な雨の予報を生みだす。だから**確率論的予報**を出すためには、初期状態に微小な変更を加えながらモデルを多数回繰り返し、実行する必要がある。すると、さまざまな「可能性のある将来」のリストが作りだされ、そのなかには雨が降るものも、降らないものもある。予報士はこのようにしてモデルの「アンサンブル」をたとえば50回行ない、特定の場所で特定の時間に考え得る将来のうち5つで雨が降れば、10%という「降水確率」を出す。

　だがこのように算出された確率がどのくらい正しいのかを私たちはどう確認すれば良いだろうか？　分類ツリーの場合のように、単純に誤差行列を作ることはできない。なぜならば、そのアルゴリズムは雨が降るかどうかを断定的に宣言するわけでは決してないからだ。ROC曲線を描くことはできるが、それでは、雨が降る日は降らない日よりも降水確率の予測値が高いかどうかが調べられるだけだ。認識すべき重要な事柄は、**キャリブレーション（較正）**〔測定値が正しい値を示すよう目盛や測定器などを調整すること〕が必要だということだ。つまり、予報士が雨の見込みは70%だと言う日をすべて調べれば、本当にそれらの日のおおよそ70%で雨が降っているべきだという意味である。このことは気象予報士にとって非常に重

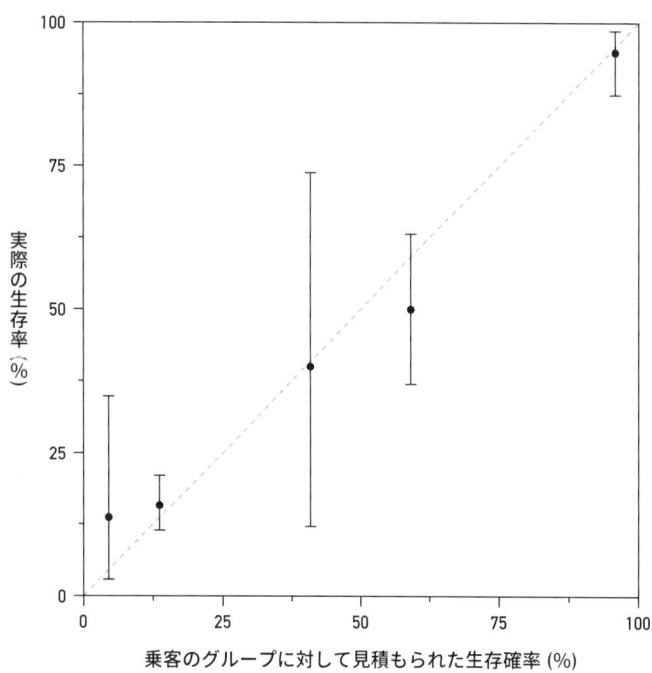

図 6.5
タイタニック号沈没からの生存確率を提示する単純な分類ツリーに対するキャリブレーションプロット。y 軸に実際の生存割合を、x 軸に予測された割合をプロットしている。対角線上に点が並ぶことが望ましく、その場合には確率は信頼性が高くて、アルゴリズムの導きだした通りであることになる。

要だ。確率とは文字通りの意味であるべきで、確信の度合いは大きすぎても小さすぎてもいけないのだ。

　表明された確率がどれほど信頼できるのかは、キャリブレーションプロットに基づいてわかる。たとえば特定の発生確率を与えられた事象を集め、そのような事象で実際に起きたものの割合を計算してみれば良い。

　図 6.5 では検証用データセットに適用された単純な分類ツリーに
対するキャリブレーションプロットを示している。対角線の近くに
点が並ぶことが望ましい。対角線は、予測した確率と観測したパー
センテージとが合致するところだからだ。垂直方向の棒線が示すの
は、信頼できる予測確率を与えられたら、事例の 95％で実際の割
合が位置すると予測できる範囲だ。もしも図 6.5 のように、これら
の範囲に対角線が含まれるなら、このアルゴリズムはうまくキャリ
ブレートされていると考えて良い。

▷ 確率的予測の優秀さを測る合成尺度

　ROC 曲線はアルゴリズムがどれほどグループをうまく分けてい
るのかを評価し、キャリブレーションプロットは確率が文字通りの
意味であるかどうかを確かめるのだが、両方の側面を合わせ、アル
ゴリズムの比較に利用できる 1 つの数とするような簡潔な合成尺度
を見いだせれば言うことはないだろう。幸いにも、かつて 1950 年
代に気象予報士は、ほかならぬその方法を考えだした。

　特定の場所での明日の正午の気温のように、数で示される量を予
測しようとしているなら、その正確性は一般的に誤差、つまり観測
された気温と予測された気温の相違によって要約されるだろう。数
日間にわたる誤差を要約するのは通常、**平均 2 乗誤差（MSE）**だ。
これは誤差の 2 乗の平均値であり、先に回帰分析で利用されるのを
見た最小 2 乗法という規準と類似している。

　確率においてもこれを利用するためのうまい抜け道は、量を予測
するときと同じ平均 2 乗誤差の規準を用いながら、「雨が降る」と
いう将来の観測結果は値 1 を取るものとして、「雨が降らない」と
いう将来の観測結果は 0 を取るものとして扱うところだ。表 6.2 で
は、架空の予報システムに対してこれがどのように有効かを示して

いる。月曜日に雨が降る確率は 0.1 となっているが、結果として雨は降っていない（正しい応答は 0）。だから誤差は $0 - 0.1 = -0.1$ だ。これを 2 乗すると 0.01 だ。このようにして 1 週間続く。するとこうして 2 乗した誤差の平均値 B = 0.11 が、予報士の正確性（の欠如）の尺度になる。平均 2 乗誤差は、1950 年にこの手法について述べた気象学者のグレン・ブライアにちなみ、**ブライアスコア**と呼ばれている。

　あいにくブライアスコアは単独では理解しにくい。だからその予報士が優れているのか、そうでないのかの感触を掴むのは難しい。したがって、過去の気候記録〔ここで言う気候とは、地域の長期的な気象の平均状態のこと〕から得られる参考スコアと比較するのが一番良い。この「気候に基づく」予報では、現在の状態には目もくれず気候記録のなかで雨が降った日数の割合をこの日の降水確率として提示するだけだ。スキルがなくてもこの予報は誰にでもできる。たとえば表 6.2 では、気候に基づく予報を当該週の各日に雨が降る確率を 20％ と見積もるという意味だととらえる。こうすると、「気候に対するブライアスコア〔Brier score for climate〕」（以下、BC と呼ぶ）は 0.28 となる。

　まずまずの予報アルゴリズムはどれも、気候だけに基づいた予測よりは良い成果を出すはずであって、表 6.2 にあるように私たちの予報システムの場合、$BC - B = 0.28 - 0.11 = 0.17$ だけスコアが改善した。次に気象予報士は「スキルスコア」を新たに設ける。これは参考スコアと比較した誤差減少の比率を表す。この事例におけ

----

* 「誤差の絶対値」を使ってみたいと興味をそそられるかもしれない。そうすれば、ある事象に 10％ の確率を与えた場合、その事象が起きなければ、0.01 という誤差の 2 乗ではなくて、0.1 の失点になるということだ。見たところ当たり障りのなさそうなこの選択がとても大きな誤りになるかもしれない。あるごく基本的な理論によると、この「絶対値」ペナルティのせいで、人はたとえ心のなかでは雨の確率が 10％ だと思っているとしても、予測される失点を最小化するためにはあえて自信過剰となり、雨の見込みは「0％」だと述べることが合理的になってしまうのだ。

	月曜日	火曜日	水曜日	木曜日	金曜日	平均2乗誤差（ブライアスコア）
「降水確率」	0.1	0.2	0.5	0.6	0.3	
実際に降ったか？	降らなかった	降らなかった	降った	降った	降らなかった	
正しい応答	0	0	1	1	0	
誤差	-0.1	-0.2	0.5	0.4	-0.3	
2乗誤差	0.01	0.04	0.25	0.16	0.09	B=0.55/5 =0.11
気候記録を基にした確率	0.2	0.2	0.2	0.2	0.2	
気候記録の誤差	-0.2	-0.2	0.8	0.8	-0.2	
気候記録の2乗誤差	0.04	0.04	0.64	0.64	0.04	BC=1.4/5 =0.28

表 6.2
特定の地域で翌日の正午に雨が降るか否かという、架空の「降水確率」予報。観測結果も、1＝雨が降った、0＝降らなかった、として示している。「誤差」は予測した結果と観測した結果の差異であり、平均2乗誤差はブライアスコア（B）だ。気候に基づくブライアスコア（BC）は、1年のこの時期における雨の割合の単純な長期的平均値を確率論的予報として利用することに基づいている。この場合、確率論的予報はすべての日で20％と想定している。

るスキルスコアは 0.61[*] になる。つまり私たちのアルゴリズムは、気候データのみを使う未熟な予報士に比べて61％優れているという意味だ。

　私たちが目標とするのは100％の技術であることは明らかだが、しかしこれを達成するには私たちの予測のブライアスコアが0にま

-----

[*] スキルスコアは (BC − B)/BC ＝ 1 − B/BC ＝ 1 − 0.11/0.28 ＝ 0.61 となる。

で減少しなくてはならないし、そのためには雨が降るか否かを完全に予測できなくてはならない。これは予報士にかなりのことを期待しているもので、実際の雨の予報のスキルスコアは、現在のところ、翌日の予報では 0.4、1 週間先の予報に関しては 0.2[2] だ。当然ながら、この上なく無精な予報はただ、何でも今日起きたことを、明日も起きると予報するものだ。これは過去のデータセット（今日）に完全に合致するものの、将来を殊更にうまく予測するわけではない。

タイタニック号の問題に関して、全員に 39％ の生存確率を与えるだけの素朴なアルゴリズムを考えよう。この 39％ という確率は、学習用データセットにおける全体的な生存者の割合だ。これは個人的データを一切使わない予想である。天気の予測に現在の状況に基づいた情報を使わず、気候記録を利用するのと本質的には同等だ。この「スキル不要」ルールに対するブライアスコアは 0.232 だ。

それに反して、単純な分類ツリーに対するブライアスコアは 0.139 であり、これは前述の素朴な予測に比べて 40％ も低く、したがって顕著なスキルであることを示している。この 0.139 というブライアスコアを別の方法で理解するなら、これは、すべての生存者に 63％ の助かる見込みを与え、すべての非生存者に 63％ の助からない見込みを与えたときに得られるスコアとまったく同じだということだ。

もう少し複雑にしたいくつかのモデルを使って、このスコアを改善できるかどうかをこれから見ていくが、まずはモデルが複雑すぎ・るべきではないという警告を発しておかなくてはならない。

▷ 過剰適合とは何か、それを抑える方法は？

図 6.3 で示した単純な分類ツリーで立ち止まる必要はない。新しい枝を付け加えてますます複雑なツリーを作り続けられるし、そう

すれば、独特の傾向への理解をさらに深めるにつれて学習用データセットをいっそう正しく分類できるようになるだろう。

　図6.6では、そのような、大きくなってたくさんの詳細要因を含んだツリーを示している。これは学習用データセットに関して83％の正確性を持ち、もっと小さいツリーよりは優れている。しかしこのアルゴリズムを検証用データセットに適用すると、その正確性は81％に下がる。小さなツリーと同じだ。そしてブライアスコアは0.150であり、単純なツリーの0.139よりも明らかに悪い。図6.6のツリーはかなりの程度、学習用データセットに合わせたので、予測能力が悪化し始めたのだ。

　これは**過剰適合**と言われていて、アルゴリズム構築ではとりわけ肝要なトピックの1つだ。アルゴリズムを複雑にしすぎると、当然、シグナルよりもノイズに適合し始める。ランドール・マンロー（『xkcd』というウェブコミックサイトで知られる漫画家）がうまく過剰適合を説明する作品を描いている。内容は、米国の歴代大統領たちに当てはまるもっともらしい「法則」を見つけても、結局、その法則はそれぞれ、その後の選挙で成り立たなくなる、というものだ[3]。たとえば以下の通りだ。

- 「共和党の候補は下院選挙か上院選挙に勝利しなければ勝てない」。1952年にアイゼンハワーが初めてそれを覆した。
- 「カトリック教徒は勝てない」。1960年にケネディが初めてそれを覆した。
- 「離婚経験のある人は大統領に選ばれない」。1980年にレーガンが初めてそれを覆した。

また次のような明らかに細かすぎるルールもある。

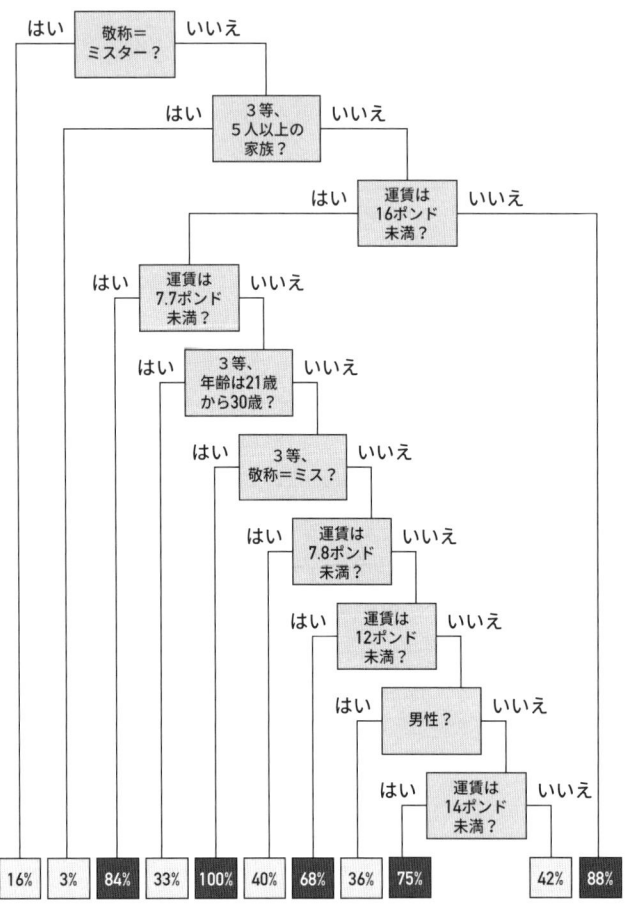

図 6.6
タイタニック号のデータに過剰適合した分類ツリー。図 6.3 で示したように、各枝の末端にあるパーセンテージは学習用データセット内での助かった乗客の割合であり、このパーセンテージが 50%を上回っていると、その末端にたどりついた乗客は助かると予測される。かなり特殊な問いが続いていることから、このツリーが学習用データセット内の個々の事例に適合しすぎているのは明らかだ。

- 「従軍経験がない民主党の現職は、ファーストネームをスクラブルというボードゲームに当てはめたとき、自分より多くの得点が得られる人に勝利できない」。1996 年にビル・クリントン（Bill はスクラブルで 6 点）が、ボブ・ドール（Bob は 7 点）を破って初めてそれを覆した。

　私たちは、バイアス〔ここでは、予測値と真の値の「偏り誤差」のこと。予測モデルの不正確さが原因で真の値との間に系統的に偏りが生じる〕がないように、かつ、手に入るすべての情報を考慮しようとする。しかし、そのような心得は立派だが見当違いの努力を払おうとして、局所的な状況にあまりに合わせすぎると過剰適合してしまう。普通、バイアスを持たないという目的は称賛されるものだが、これほど細かく区別をするというのは、各区分に適用できるデータはあまりなくて、したがって信頼性が下がることを意味する。だから過剰適合は、バイアスがなくなる方向に繋がるものの、評価における不確定性やバリアンス〔ここでは、予測と真の値の「ばらつき誤差」のこと。予測モデルが学習用データに内包されるノイズを反映してしまうことで、予測がばらつき、一貫性がなくなる〕がいっそう増すという代償が伴う。だからこそ、過剰適合を防止することはときに、**バイアス‐バリアンストレードオフ**と言われる。

　このとらえがたい考えかたを説明するには、人の生涯に関わる情報を蓄積した巨大なデータベースを思い浮かべてみると良い。たとえばあなたが 80 歳を迎える見込みなど、将来の健康状態を予測するために用いられるデータベースだ。おそらく、現在の年齢や社会経済的地位が自分と同じ人たちに注目し、その人たちに何が起きたのかを見ることができる。そうした人たちが 1 万人いて、もしも 8,000 人が 80 歳に達したなら、あなたのような人が 80 歳を迎える見込みは 80％と見積もれる。しかも、大勢の人たちに基づいてい

るのだから、その数字には強く自信を持って良い。

　ところがこの評価では、データベース内の事例とあなたをマッチングさせるために2つの特徴を使っているだけで、予測の精度をより上げる可能性のある、より多くの個人の特性を無視している。たとえば、現在の健康状態や習慣には一切注意を払っていない。別の方法を1つ挙げるなら、体重、身長、血圧、コレステロール、運動量、喫煙、飲酒などが同じで、あなたともっと密接に一致する人を見つけるという戦略がある。データベースからほぼ完全に一致する2人だけに絞り込むまで、あなたの個人的特徴をどんどんマッチングさせていくとしよう。そのうち1人は80歳になるまで生きたが、もう1人はその前に亡くなったとする。このときあなたが80歳を迎える見込みは50%だと評価するだろうか？　その50%という数字はある意味でバイアスはごく少ない。というのも、かなりあなたに近いからだ。ところがそれは2人の人を元にしているだけなので、信頼性のある評価ではない（すなわち、バリアンスが大きい）。

　私たちは直観的に、これら両極端の間に適切な中庸があると感じる。その均衡を見いだすことは、難しいが重要だ。過剰適合を回避するためのテクニックの例を挙げると正則化がある。正則化では、モデルの複雑化を進めつつも、バリアンスの影響をゼロに近づけて抑えるのだ。しかしおそらく、バリアンスの影響を抑える方法として何よりよく知られているのは、アルゴリズムを構築する際に、**交差検証**という単純ながら効果的な考えかたを用いるというものかもしれない。

　どんな予測であっても、アルゴリズムの学習では用いていない独立した検証用データセットで検証しなくてはならないが、それはアルゴリズムの構築プロセスが終わって初めて行なわれる。そのため、そのときに過剰適合が明らかになることがあっても、もはやアルゴリズムを改善できるわけではない。ところが、たとえば学習用デー

タセットの 10％を取り除いて、残りの 90％を元にしてアルゴリズ
ムを構築し、取り除いた 10％で検証を行なうことで、独立した検
証用データセットを持っている振りができる。これを交差検証とい
い、順次 10％ずつ取り去って、この手続きを 10 回繰り返すといっ
た具合に系統立てて実行できる。10 分割交差検証という手法だ。

　本章で取りあげるすべてのアルゴリズムには、主に最終的なアル
ゴリズムの複雑さを制御することを目的とした、調整可能なパラメ
ータがいくつかある。たとえば、分類ツリーを構築する標準的手続
きでは、まず多くの枝を持つ非常に深いツリーを故意に過剰適合さ
せて構築する。それからツリーを剪定し、いっそう簡潔でいっそう
ロバストなものにしていく。この剪定が複雑性パラメータによって
制御されるのだ。

　この複雑性パラメータを交差検証プロセスで決めることができる。
10 回分の交差検証の各標本に対して、1 つの複雑性パラメータを
用いて分類ツリーを 10 回構築する。これをさまざまなレンジのパ
ラメータで行なう。パラメータの各値に対して、10 回分の分割交
差検証の検証用データセットでテストを行なえば、それらから平均
的な予測パフォーマンスを計算することができる。この平均的パフ
ォーマンスは複雑性パラメータを上げるにつれて、ある点までは向
上する傾向を示すだろうが、その後はツリーが複雑になるにつれて
悪化するだろう。複雑性パラメータの最適値は、分類ツリーが最善
の交差検証パフォーマンスを示すときの値だ。このとき、この複雑
性パラメータの値を元にして、完全な学習用データセットを使った
分類ツリーを構築すれば良い。これが完成版だ。

　10 分割交差検証は、図 6.3 に示した分類ツリーの複雑性パラメ
ータを決定するのに利用した。また、以下で考慮するすべてのモデ
ルにおける調整パラメータも、10 分割交差検証で決定した。

▷ 回帰モデルも予測に使うことができる

　第5章で、回帰モデルの考えかたは、結果を予測するために簡単な式を作ることであるということを見た。タイタニック号データの応答変数は、助かるか否かを示すイエスかノーかであるので、ロジスティック回帰を使うのが適切だ。図5.2における子供の心臓手術データの際とまったく同様だ。

　表6.3では、ロジスティック回帰に適合させた結果を示している。これは「ブースティング」、つまり困難な事例であればあるほど注意を向けるように設計した反復手続きを利用して学習したものだ。この手続きでは、学習用データセット内のある個人が、ある回の反復で誤って分類された場合に、次の反復ではより大きく重みづけをして学習する。反復回数は10分割交差検証によって決めた。

　表6.3にある係数から、特定の乗客の特徴に対する係数を足し合わせて生存スコアの合計を出すことができる。たとえば、フランシス・サマートンの場合は、3.20から始め、3等であるゆえに2.30を引き、敬称が「ミスター」であるゆえに3.86を引く一方で、3等の男性なので1.43を加えて戻すことになるだろう。ほかの家族は同行せず1人だったので0.38を引き、合計スコアは－1.91になる。これを言い換えれば、助かる確率は13％だということになる。単純な分類ツリーによって与えられる16％よりはわずかに低い。[*]

　このモデルのシステムは「線形」だが、**交互作用**が考慮されていたことに注意してほしい。交互作用は本質的に非常に複雑な、複数の特徴が連合して起こるものだ。たとえば、3等であることと男性であることの交互作用による正のスコアのおかげで、すでに考慮した3等で「ミスター」であるゆえの極端な負のスコアが相殺される。

---

[*] 合計スコア S を生存確率 p に変換するためには、式 $p = 1/(1+e^{-S})$ を使う。ただし e はネイピア数。これはロジスティック回帰方程式 $\log p/(1-p) = S$ の逆関数だ。

特性	スコア
当初のスコア	3.20
3 等	-2.30
「ミスター」	-3.86
3 等の男性	+1.43
稀少な敬称	-2.73
2 等で年齢は 51 歳から 60 歳	-3.62
自分自身も含めて家族 1 人当たり	-0.38

表 6.3
タイタニック号の生存者データに対するロジスティック回帰において、それぞれの特徴に適用される係数。負の係数は助かる見込みを下げ、正の係数は見込みを上げる。

ここでは私たちは予測パフォーマンスに注目している〔科学的説明を探究しているわけではない〕のだが、こうした係数は確かに、異なる複数の特徴の重要度について、解釈をある程度示してくれる。

　大規模で複雑な問題を扱うために、多くのさらに精密な回帰アプローチが利用できる。たとえば非線形モデルやラッソ（LASSO）と呼ばれているプロセスだ。このプロセスでは、係数の評価と関連する予測変数の選択を同時に行ない、選ばれた変数の係数は基本的にゼロとされる。

▷ より複雑なテクニックなら能力は向上するか？

　分類ツリーと回帰モデルは、元となるモデリング指針がいくらか異なっている。ツリーでは、事例のグループとそれに似た予測される結果とを同一視する単純なルールを構築することが目的だ。一方

で、回帰モデルは、具体的な特徴に与えられる重みに目を向けるもので、ある事例に対してほかにどんな特徴が観測されようと関係ない。

　機械学習の世界では、分類ツリーと回帰を利用しているが、ほかにも選び得るさらに複雑なアルゴリズム開発手法を幅広く展開してきた。たとえば、次のようなものだ。

- ランダムフォレストは、多くのツリーから構成される。それぞれのツリーが１つずつ分類を生みだし、最終的な分類は多数決によって、つまりバギングとして知られるプロセスによって判断する。
- サポートベクターマシンは、さまざまな結果を最もうまく分離するように、特徴の線形結合を見いだそうと試みる。
- ニューラルネットワークは、ノード〔ネットワークの結節点〕のレイヤ（層）から構成される。各ノードは前のレイヤに重みづけによって依存する。これは、一連のロジスティック回帰が互いに積み重ねられているようなものだ。重みは最適化手続きによって学習され、ランダムフォレストのように、多数のニューラルネットワークを構築して、結果の平均を取ることもできる。レイヤの多いニューラルネットワークは、深層学習モデル（ディープラーニング）として知られるようになった。グーグルの開発したインセプション（Inception）という画像認識システムは、レイヤが20を超え、評価パラメータは30万を上回ると言われている。
- K最近傍法では、学習用データセット内で距離が近い事例に最も多く当てはまる結果にしたがって分類を行なう。

　これらの手法のいくつかをタイタニック号データに適用した結果を表6.4に示している。調整パラメータは、10分割交差検証と

ROC を最適化規準として用いて選択した。

　「すべての女性は助かり、すべての男性は助からない」という単純すぎるルールの正確性〔前述のように、正確に分類された割合のこと〕は高く、もっと複雑なアルゴリズムを出し抜くか、そのすぐ後に追随するほどであり、それは、単純な「正確性」はパフォーマンスの尺度として不適切であることを実証している。ランダムフォレストは、最善の識別力を生みだし、それは ROC 曲線より下の面積に表れるが、おそらくは驚くべきことに、単純な分類ツリーから生まれる確率のブライアスコアが最も良いのだ。したがって明確な勝利を得るアルゴリズムはない。のちに第 10 章で、これらの規準のどれに対しても厳密な意味での勝者がいると自信を持って主張できるかどうかを確かめたい。というのも、勝者がつける差はとても小さくて、偶然によって説明できそうだからだ。たとえば、たまたま名簿のなかの誰が最終的に検証用データセットや学習用データセットに入ることになったか、といった巡りあわせに左右されそうなのだ。

　これは、Kaggle コンペで勝利するアルゴリズムは、勝利に決定的に必要なわずかな差をつけるために非常に複雑化する傾向にあるという一般的な懸念を映しだしている。主な問題点は、これらのアルゴリズムが不可解なブラックボックスになりがちであることだ。つまりアルゴリズムは何とかして予測を捻りだすものの、内部で何が起きているのかを解明するのはほぼ不可能だ。これには 3 つの否定的側面がある。1 つめは極端に複雑であるために実装や機能向上に大変な労力が必要であることだ。ネットフリックスは予測レコメンドシステムの精度向上に対して 100 万ドルの賞金を出したが、勝利を収めたシステムがあまりに複雑すぎてネットフリックスは最終的にそれを利用しなかった。2 つめの否定的特徴は、どのようにその結論に至ったのか、あるいはその結論にどのような確信を持て

手法	正確性 （大きいと 優れている）	ROC 曲線より 下の面積（大き いと優れている）	ブライアスコア （小さいと 優れている）
助かる見込みは 誰もが 39%	0.639	0.500	0.232
すべての女性は助かり、 すべての男性は助からない	0.786	0.578	0.214
単純な分類ツリー	**0.806**	0.819	**0.139**
分類ツリー（過剰適合）	**0.806**	0.810	0.150
ロジスティック回帰	0.789	0.824	0.146
ランダムフォレスト	0.799	**0.850**	0.148
サポートベクターマシン （SVM）	0.782	0.825	0.153
ニューラルネットワーク	0.794	0.828	0.146
平均化した ニューラルネットワーク	0.794	0.837	0.142
K 最近傍法	0.774	0.812	0.180

表 6.4
タイタニック号の検証用データセットに対するさまざまなアルゴリズムのパフォーマンス。
太字は最も優れた結果を示している。複雑なアルゴリズムは、ROC 曲線より下の面積を
最大化するように最適化されている。

ばいいのかがわからないことだ。私たちにできるのはただ、取り入
れるか、取り入れないかしかないのである。アルゴリズムが単純で
あるほど、その真意はわかりやすい。3 つめは、アルゴリズムがど
のようにして答えを導きだしているのかがわからなければ、それを

精査してコミュニティの一部のメンバーに対する暗黙の、しかし系統的なバイアスがあるかどうかを調べることができない。この後、さらに詳しく述べる点だ。

　こうしたことはすべて、定量的なパフォーマンス尺度はアルゴリズムに対する唯一の規準ではないことや、また、いったんパフォーマンスが「十分に望ましい」ものとなったら、簡潔さを維持するために、それ以上の小幅なパフォーマンス増加は犠牲にすることが合理的である可能性を示している。

タイタニック号に乗船していた人で最も幸運だったのは誰か？

　生存者のうち、すべてのアルゴリズムにおけるブライアスコア〔予測された確率と真の値との乖離の大きさの尺度〕の平均が最も高かった人は、誰よりも意外な生存者だと考えて良いだろう。それがカール・ダールだ。ノルウェー出身でオーストラリア在住のダールは45歳の建具工で、3等の乗客として1人で旅をしており、フランシス・サマートンと同じ運賃を払っていた。2つのアルゴリズムはダールに生存の見込み0％を与えさえした。どうもダールは凍てつくような海に飛び込み、15番救命ボートに這いあがったようだ。ボートに乗っていた者のなかにはそれを押し戻そうとした人もいたようだが。たぶん、ダールは力ずくで居座ったのだろう。

　これはイルフラクームからやってきたフランシス・サマートンとは際立って対照的だ。サマートンの死は一般的なパターンに沿ったものだったことは、これまで見てきた通りだ。妻のハンナ・サマートンにしてみれば、夫がアメリカで成功を収めるどころか、自分の手元に残されたのはフランシスが乗船券を買うのに支払った額よりも少ない、わずか5ポンドだけだった。

▷ アルゴリズムを実社会で運用する際の課題

アルゴリズムは驚くようなパフォーマンスを見せることがある。しかし社会におけるその役割が増すにつれて、潜在的問題に注目が集まるようになった。4つの主要な懸念が認識されている。

- **ロバストネスの欠如**
  アルゴリズムは関連性から導きだされるものであり、その根底にあるプロセスを理解しているわけではないので、変化に過剰に敏感になり得る。たとえ私たちが科学的真実ではなくて正確性に関心を寄せているにすぎないとしても、PPDACサイクルの基本的原理や、標本から得られたデータを元に目的母集団について言及するまでの段階を思いだす必要はなおもある。予測分析の場合、その目的母集団は将来の事例から構成されており、もしもすべてが同じままであるなら、過去のデータに関して構築されたアルゴリズムはうまく機能するはずだ。ところが、世界は常に現状維持を続けるわけではない。2007年から2008年にかけての金融世界の変動におけるアルゴリズムの失敗について、本書ではすでに注目した。さらにその他の顕著な例として、ユーザが入力した検索語のパターンに基づいてインフルエンザの流行を予測しようというグーグルの試みが挙げられる。これは当初、うまく行ったものの、2013年にインフルエンザの罹患率をかなり過剰に予測し始めた。1つの説明として、グーグルが検索エンジンに導入した変更により、インフルエンザを指す検索語が増えた可能性がある。
- **統計的なばらつきを考慮しない**
  限られたデータに基づく自動ランキングは当てにならないだろ

う。米国の教師は単年度の生徒の成績によってランクづけされ、ペナルティを科せられてきたが、30人以下のクラス規模では、教師の付加価値を評価するための信頼に足る根拠にはならない。これは、教師が年に1度の評価で信じられないほど目覚ましい変化を見せることから明らかだ。たとえば、ヴァージニア州では、教師の4分の1が、1から100というスケールのなかで、年ごとに40ポイント以上の変動を示した。[*]

■ **暗黙のバイアス**

繰り返しになるが、アルゴリズムは関連性に基づいて構築されるため、通常であれば手元のタスクと無関係だと考えられる特徴を使ってしまう可能性がある。視覚アルゴリズムに学習させて、ハスキー犬の写真とシェパードの写真を見分けられるようにしたところ、とても望ましい成果を上げていたものの、ペットとして飼育されているハスキーの識別には失敗した。その見かけ上高かった判別スキルは、背景に雪が確認できるかどうかに基づいていたことがわかった。[4] 決して見過ごせない例として、美人を識別するものながら黒い肌は好まないアルゴリズムや、黒人をゴリラだと認識するアルゴリズムがある。信用格付けや保険金を判断するものなど、人々の生活に大きく影響し得るアルゴリズムでは予測因子として人種を使うことは禁じられるだろうが、地域を明らかにするために郵便番号を利用しても良い。だが郵便番号は、人種の代用データとして有力だ〔黒人同士、白人同士など似た背景を持つ人々は同じ地域に暮らす傾向が強い〕。

■ **透明性の欠如**

アルゴリズムのなかには純粋に複雑であるゆえに理解しがたい

---

[*] キャシー・オニールの著書、『Weapons of Math Destruction』より。同書では、アルゴリズムの誤使用の例を数多く示している。[邦訳 『あなたを支配し、社会を破壊する、AI・ビッグデータの罠』キャシー・オニール著、久保尚子訳、インターシフト、2018年]

ものがあるかもしれない。しかし回帰に基づいた単純なアルゴリズムであっても、おそらくは営利目的の製品で企業秘密であるなどの理由から、その構造が公開されていなければ、まったく不可解なものになる。これはたとえば、ノースポイント社の「代替的罰則のための犯罪者更生管理プロファイリング（Correctional Offender Management Profiling for Alternative Sanctions（COMPAS））」、あるいは MMR の「サービス水準目録改訂版（Level of Service Inventory - Revised（LSI-R））」など、いわゆる再犯防止アルゴリズムに対する主な不満の１つだ⁵。これらのアルゴリズムから、保護観察の判断や量刑の指針となるリスクスコアやカテゴリが作られるものの、数々の要因に重みづけする方法は不明である。さらに、育ちや過去の犯罪仲間についての情報が集められるので、判断を下す根拠として、個人の犯罪歴だけではなく、将来の犯罪性との関連が示唆されている背景要因も取り入れている。たとえ犯罪の根底にある一般的要因が貧困や欠乏であっても考慮されるということだ。もちろん、正確な予測さえできればいいというのであれば、何でもありだし、たとえ人種を含むとしても、どんな要因も利用できるだろう。しかし、公平であり公正であるためには、これらのアルゴリズムは管理され、透明性があり、異議申し立てができるものであるべきだと、多くの人が主張している。

　企業秘密であるアルゴリズムに対してさえ、さまざまな入力をしてみることができるとすれば、ある程度の説明は可能だ。ネット上で保険契約をする際に、掛け金の見積額を計算する際の数式は明らかにされないが、結局は一定の法的規制に準じる。たとえば、英国で自動車保険を見積もる際には申込者の性別を考慮できないし、生命保険では人種やハンティントン病を除く遺伝情報は使えない。し

かしそれでも、系統的に偽りの情報を入力して見積もりがどのように変わるのかを知ることで、さまざまな要因の影響がわかる。つまり、このようにすると、アルゴリズムに対してある程度のリバースエンジニアリングができ、掛け金を何から導きだしているのかが理解できるのだ。

人の生活に影響をもたらすアルゴリズムに関する説明責任への要求は増している。さらに、結論に対するわかりやすい説明を求める要件が法律に盛り込まれつつある。こうした要求は複雑なブラックボックスに歯止めをかけ、さらに、証拠の各項目の影響を明確にする（どちらかと言えば昔ながらの）回帰に基づくアルゴリズムを好む傾向へと繋がるだろう。

アルゴリズムの影の側面に注目してきたわけだが、締めくくりの例として、ひたすら有益で力を与えてくれるような例を取り上げるのが妥当だろう。

乳癌手術後の補助治療（アジュバント療法）に期待される恩恵とは何か？

新たに乳癌だと診断された女性はほぼ全員が何らかの手術を受けるだろうが、手術には限界がある。そこで重要になるのが、手術後に再発し、その後、乳癌で死亡する見込みを下げるための補助治療の選択という問題だ。このとき補助治療の選択肢としては、放射線治療、ホルモン治療、化学療法、その他の薬などがあるだろう。PPDACサイクルのなかで、これが問題（Problem）にあたる。

英国の研究者が採用した計画（Plan）は、英国の癌登録から得た、過去の女性乳癌罹患者の症例、5,700件のデータ（Data）を使って、補助治療の選択に有益なアルゴリズムを開発するというものだ。分析（Analysis）は、アルゴリズムの構築だった。そのアルゴリズム

にしたがえば、女性自身やその女性の腫瘍に関する詳細情報に基づいて、その人が手術後10年に至るまで生存する見込みや、異なるさまざまな治療によってその見込みがどう変動するのかが計算できるであろうものだ。ところが、過去にこうした治療を受けた女性の結果を分析するには注意が必要だ。女性たちがこれらの治療を施された理由は不明であって、データベース内に見られる明らかな治療の効果は使えない。そこで代わりに生存期間を結果とする回帰モデルを適合させる。ただしその治療法の効果である生存期間は、大規模な臨床試験のレビューから見積もられたものを用いるしかない。この補助療法選択のアルゴリズムは誰でも入手可能で、その識別力とキャリブレーション（較正）の検証は2万7,000人の女性から構成される独立したデータセットで行なわれた。[6]

　こうしてできたコンピュータソフトウエアは、プリディクト2.1（Predict2.1）と呼ばれ、その推定結果は、同じような状況の女性たちがさまざまな補助治療を受けた場合の5年後と10年後の予測生存率という表現で伝達（Communicated）される。架空の女性に対する結果を表6.5に示す。

　プリディクト2.1は完璧ではないので、表6.5の数字はある個人に対するおおよそのガイドとして使えるだけだ。その数字は、アルゴリズムに含まれる特徴に合致する女性に起きるだろうと予想されるものであって、特定の女性に対しては、追加的な要因を考慮すべきだ。にもかかわらず、プリディクト2.1は1か月に何万もの事例を対象にして日常的に使われている。患者への治療の選択肢を策定する多領域の医師による症例検討会（MDT）においても、当該の女性に対して情報を伝える際にも、使われるのだ。治療の選択に完全に関与することを望む女性たちのための「共有されたケア（シェアード・ケア）」として知られるプロセスでは、このソフトウエアは通常なら臨床医だけが入手できる情報を提供することができ、彼女

治療法	補助治療による 追加的恩恵	総合的生存率
手術のみ	−	64%
＋ホルモン治療	7%	70%
＋化学療法	6%	76%
＋トラスツズマブ（ハーセプチン）	3%	79%
癌に罹っていない女性		87%

表 6.5
プリディクト 2.1 のアルゴリズムによる、乳癌の 65 歳の女性が手術後 10 年間生存する割合の予測。スクリーニングで2センチメートルのグレード2の腫瘍が見つかり、2か所のリンパ節で転移陽性、ER や HER2 や Ki-67 のステータスがすべて陽性の場合だ。さまざまな補助治療によって累積する、期待される恩恵を示しているが、これらの治療によって有害な影響が出るかもしれない。「癌に罹っていない女性」の生存率は、女性の年齢を考慮した達成可能な最善の割合を示している。

たちが自分の人生をより大きくコントロールする力を与えることができる。アルゴリズムは私企業の企業秘密ではないし、ソフトウエアはオープンソースでシステムは常にアップグレードされ、治療法の有害な影響を含めて、さらなる情報を新たに提供している。

▷ 人工知能は統計学的手法を超えるか？

人工知能（AI）という考えかたは、1950 年代に初めて使われてからというもの、大げさに煽られ熱狂的に受け入れられてから酷評の谷間に落とされるという周期を繰り返してきた。私は 1980 年代に、AI におけるコンピュータ援用診断と不確実性の処理に取り組んでいた。この頃、AI に関する論評の多くが、確率論と統計学に基づいたアプローチ、専門的判断「ルール」を包含することに基づ

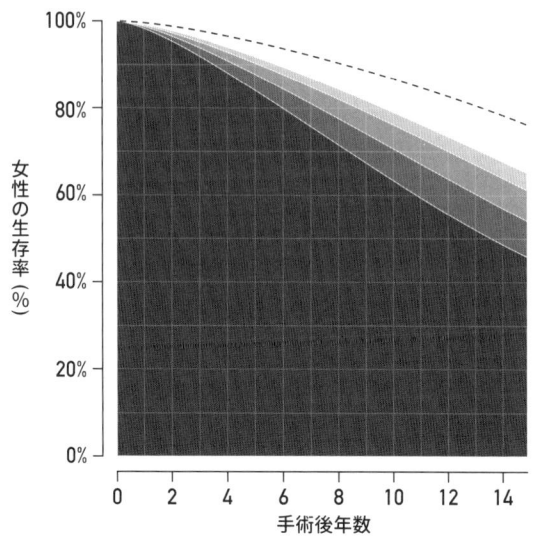

図 6.7
プリディクト 2.1 から得た、手術後 15 年までの生存曲線。表 6.5 の説明文で挙げた特徴を持つ女性に対して、さらなる治療による累積追加生存率を示している。破線より上の面積は、他の原因で死亡した乳癌女性の割合を示している。

いたアプローチ、あるいは、ニューラルネットワークを通じて認識能力を模倣しようとするアプローチの間の競争という観点から組み立てられていた。この分野はいよいよ成熟し、大げさに語られることがまったくなくなったわけではないものの、基盤となる指針への

いっそう実用的で普遍的なアプローチを手に入れた。

　AIとは、機械によって発揮される知性からなるものであり、それなりに広範な考えかたである。本章で取りあげるアルゴリズムという限定された問題よりもはるかに大きなテーマであり、統計解析はAIシステムを構築するためのひとつの要素にすぎない。しかし視覚、会話、ゲームなどにおける最近のアルゴリズムの驚くべき功績が示しているように、統計的学習は「特化型」AIの躍進のなかで主要な役割を果たしている。先の乳癌に関するソフトウエア、プリディクトのようなシステムは、以前は統計に基づいた意思決定支援システムと考えられていたのだが、現在ではAIと呼ぶのが妥当かもしれない。*

　これまでに挙げた困難の多くはつまるところ、関連性をモデリングするだけで、因果関係のある根源的なプロセスという発想を持たないアルゴリズムの問題だ。AIにおける因果推論への注目の高まりに大きく関与してきたジューディア・パールは、これらのモデルでは「私たちはXを観察したが、次に何を観察すると予想されるか」というタイプの質問に答えることしかできないと主張している。一方で、汎用型AIには、実際の世界のしくみについての因果モデルが必要であり、そのモデルによってAIは、介入の影響や反事実的条件文について、人間レベルの問い（「Xをしたらどうだろうか？」、あるいは「Xをしていなかったらどうだろうか？」など）にも答えられるようになるだろう。

　AIがその能力を持つようになるのは、まだ先のことだ。

　本書では、統計学が以前から抱える問題点である、小さな標本、系統的バイアス（統計学的意味での）、新しい状況への一般化可能性

----

* そう呼ぶ理由は、おそらくそのほうが資金提供を受けやすいというだけのことだろう……。

の欠如を強調してきた。アルゴリズムにとっての困難を列挙してみるとわかるのは、大量のデータを持つと標本サイズに対する懸念は薄れるかもしれないが、残りの問題点はますます悪化する傾向にあること、そして私たちはアルゴリズムの推論を説明するという新しい問題に直面することだ。

大量のデータを手にすれば、ロバストで信頼できる結論を導く上での困難を増やすだけだ。アルゴリズム構築には、基本的謙虚さが極めて重大だ。

> **まとめ**
>
> ○ データから構築したアルゴリズムは、技術的応用としての分類や予測のために利用できる。
>
> ○ アルゴリズムが学習用データセットに過剰適合しないように、つまり本質的にシグナルではなくノイズに適合してしまわないように監視することは重要だ。
>
> ○ アルゴリズムの評価は、分類の正確性、グループ間の識別能力、総合的な予測の正確性によって行なうことができる。
>
> ○ 複雑なアルゴリズムは透明性に欠ける可能性があるので、理解しやすさを保つためには正確性を少々犠牲にすることに価値があるかもしれない。
>
> ○ アルゴリズムや人工知能の利用には、多くの課題がある。また、機械学習という手法の力と限界の双方に対する理解は重要だ。

第 7 章

標本調査の結果に、
どれほど確信が持てるか？
推定値と区間

▷ **失業者数の調査はどのように行なわれているか？**

| 英国には失業者が何人いるだろうか？

　2018 年 1 月、BBC ニュースのウェブサイトで、前年 11 月まで
の 3 か月間に「英国の失業者数は 3,000 人減って 144 万人になっ
た」と発表された。この減少の理由は議論の対象となったものの、
この数字が本当に正しいのかどうかという疑問の声は一切上がらな
かった。しかし英国統計局のウェブサイトを入念に見てみると、こ
の合計数の**許容誤差**は± 7 万 7,000 であることがわかった。言い換
えれば、本当の変動は 8 万人の減少から 7 万 4,000 人の増加までの
どこかだったのだろう。そう、ジャーナリストや政治家は、発表さ
れたこの 3,000 人の減少を、国全体に対する確固たる不変の計算結
果だったと思い込んでいるようだが、実際には、おおよそ 10 万人
を対象にした調査に基づく不正確な推定値だった。[*] 同様にして、
米国労働統計局が、2017 年 12 月から 2018 年 1 月までに民間の失
業者は季節要因を考慮しても 10 万 8,000 人増加したと報告したと

----

[*] 私は以前、ジャーナリストたちに、このことを記事内で明示すべきだと提案したが、まったく理解を得られ
　なかった。

き、それは約 6 万世帯からなる標本に基づいており、許容誤差は±30 万人だった（このこともかなりわかりにくい）[*1]。

　不確実性を認めることは重要だ。推定は誰でもできるが、その考え得る誤差を現実に即して評価できるようになることが、統計科学の非常に大切な要素だ。たとえそれには厄介な概念が必要だとしても。

　私たちは、正確なデータを、おそらくは適切に設計された調査を通じて収集しており、さらにその調査結果を研究対象母集団へと一般化したいと考えているとしよう。もしも、私たちが注意深く、たとえば無作為に抽出した標本を使って内在するバイアスを回避していたら、標本から算出できる要約統計量は、研究対象母集団の対応する値に非常に近くなると予想されるべきである。

　この重要なポイントは、詳しく述べる価値がある。適切に管理された研究では、標本平均が母集団平均に近く、標本の四分位範囲が母集団の四分位範囲に近いことなどが推測できる。第 3 章で出生体重データを例として母集団の要約という考えかたを理解した。同章で、標本平均は統計量の 1 つであり、母集団平均は母数の 1 つであると述べた。より専門的な統計学の書籍などでは、これら 2 つの数値には一般的に、それぞれローマ文字、ギリシャ文字を割り当てて区別する。混乱を回避しようという思惑通りにはなかなかいかないものではあるが。たとえば、m で標本平均（mean）を表すことが多く、一方、ギリシャ文字の μ（ミュー）は母集団平均を表す。そして s は一般的に標本の標準偏差（standard deviation）を示し、σ（シグマ）は母集団の標準偏差を表す。

　要約統計量を伝えるだけの場合も多く、状況によってはそれで十

----

[*] 給料支払台帳データから得られる失業者数の変動は、雇用者からの報告に基づいており、いくらか正確性が高い。許容誤差はおおよそ± 10 万だ。

分だろう。たとえば、英国や米国の失業者の数値は失業者として公式に登録された人たちをすべて数えたものに基づいているわけではなく、その代わりに大規模な調査を土台にしていることをほとんどの人が知らないというのは先に触れた通りだ。その調査から、標本の７％が失業者だと判明したら、官公庁やマスメディアはたいがい、７％が推定値にすぎないと認めることはせず、この値をまるで母集団全体の７％が失業しているという単純な事実であるかのように報じる。もっと明確に言えば、標本平均と母集団平均を混同しているのだ。

　もしも国内で起きていることのおおまかなイメージをとらえたいだけで、調査は規模が大きく信頼できるなら、それで問題はないかもしれない。しかし、はるかに極端な例を考慮するべく、わずか100人に失業中かどうかを尋ねたところ、７人が失業していると答えたことがわかったとしよう。推定値は７％になるだろうが、信頼性が高いとはおそらく思えないだろうし、この値が母集団全体を説明しているかのように扱われていることをあまり喜ばしくは感じないだろう。調査の規模が1,000人だったらどうだろう？　10万人だったら？　調査の規模が十分に大きければ、標本の推定値は十分に優れた要約であるという事実を安心して受け入れられるようになるだろう。標本の大きさは推定値への信頼感に影響するはずだし、まさに標本の大きさによってどれほどの違いが生じるのかを知ることは、厳密な意味での統計学的推論のために基本的な必要事項だ。

▷ 性的パートナー数調査の統計量の許容誤差

　第2章で取りあげた Natsal 調査をもう1度考えよう。この調査では回答者にそれまで生きてきたなかで性的パートナーが何人いたのかを尋ねた。35歳から44歳という年齢帯の1,125人の女性と

806人の男性が回答者だった。だからこれは、大規模な調査であり、その結果から、表2.2に示した標本の要約統計量が算出された。たとえば、報告されたパートナー数の中央値は、男性の場合には8人、女性の場合には5人となった。前に述べた通り、この調査は妥当な無作為標本抽出スキームに基づいていたので、研究対象母集団が目的母集団（この場合には英国のすべての大人）に匹敵するという仮定の合理性は高い。肝心なのは、これらの統計量は、もしも国中の全員に尋ねることができたなら得ていたであろうものにどれほど近いのか、ということだ。

　統計量の正確性が標本の大きさにいかに依存するのかを説明するため、当面、調査に参加した男性が実際、私たちの関心の対象である母集団を代表していることにしておこう。図7.1の一番下のグラフは報告したパートナー数が50人以下であった760人の男性の分布を示している。説明の便宜上、ここで、760人の男性からなるこの「母集団」から個々人の標本を次々と採り、10人、50人、および200人に達した時点で止める。これらの標本のデータ分布は図7.1に示してある。標本数が小さいほうが「凹凸がより激しい」ことは明らかだ。というのも、1つのデータ点の影響を受けやすいからだ。続けて徐々に標本数を大きくした場合の要約統計量は表7.1に示してあり、それによると標本数10人からなる1つめのものはかなり少ないパートナー数（平均8.3人）だったが、標本数が大きくなるにつれて統計量が760人の男性グループの統計量にだんだん近づいていくので、着実に押し流されることがわかる。

　では、目下の実際の問題に戻ろう。35歳から44歳までの男性という研究対象母集団全体におけるパートナー数の平均値と中央値については、図7.1に示した実際の男性の標本に基づいて、何か言えるだろうか？　これらの母集団の母数を、表7.1に示した各グループの標本統計量から推定することは可能であり、より大きな標本に

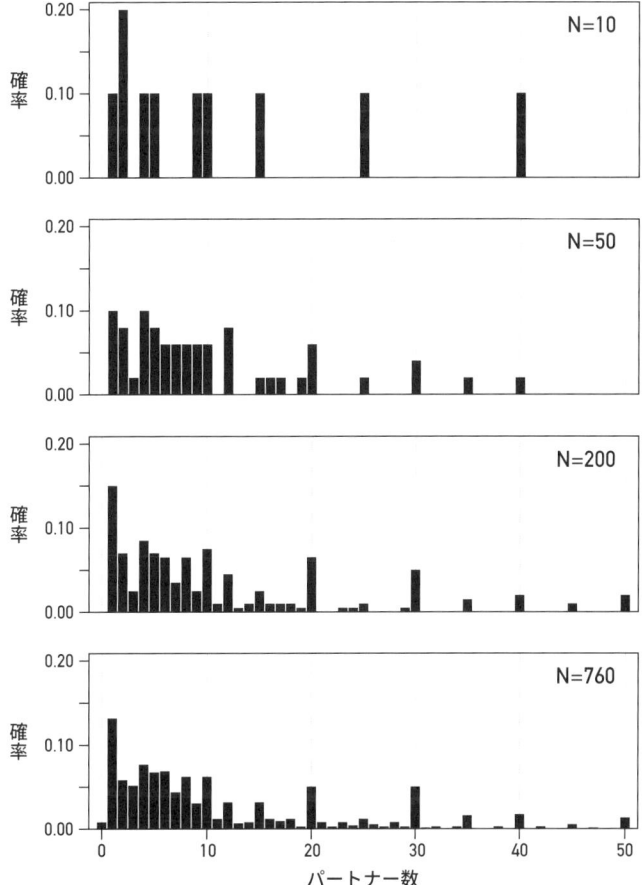

図 7.1
一番下のグラフでは調査に参加した 760 人の男性全員の回答の分布を示している。この
グループから次々と無作為に 1 人ずつ標本抽出し、標本の大きさが 10、50、200 となっ
た時点で抽出を中断し、上の 3 つのグラフに示す分布を作成した。標本が小さいほどより
ばらついたパターンを示しているが、分布の形は徐々に 760 人の男性からなるグループ全
体のものに近づいている。50 人を上回るパートナー数は示していない。

標本の大きさ	パートナー数の平均値	パートナー数の中央値
10	8.3	9
50	10.5	7.5
200	12.2	8
760	11.4	7

表 7.1
Natsal-3 において 35 歳から 44 歳の男性が報告した、それまでの人生における性的パートナー数の要約統計量。無作為抽出により 10、50、200 と順次大きくしていった標本についてと、760 人全員に関する完全なデータに対して。

基づくほどその推定値はいくらか「優れている」と見なすことができるだろう。たとえば、パートナー数の平均値の推定値は 11.4 へと収束しつつあり、標本が十分に大きければ、正しい答えにおそらく望むままに近づけると推定できる。

いよいよ決定的なステップにやってきた。私たちはこれらの統計量がどのくらい正確なのかを解明するために、仮に（想像力を駆使して）標本抽出プロセスを何度も繰り返すとしたら、その統計量がどのくらい変動するのかを考える必要がある。言い換えると、国民から 760 人の男性の標本を繰り返し抽出したら、算出した統計量はどれほど変化するのだろうか？

こうした推定値がどれほど変わるのかがわかれば、私たちの出した実際の推定値がどれくらい正確だったのかを知るのに役に立つだろう。ところがあいにく、推定値の正確な変動を明らかにするには、母集団の詳細が正確にわからなくてはならない。だが、それこそが私たちにとってわからないことなのだ。

この堂々巡りを解決する方法は 2 つある。1 つめは母集団分布の

形についていくつかの数学的仮定をし、精密な確率論を利用して推定値に考えられる変動を解明し、そこから、たとえば標本の平均値は母集団の平均値からどれくらい離れていると推測できるのかを明らかにするというものだ。これは昔からある手法で、統計学の教科書で教えられている。これがいかに役に立つのかは第9章で確かめたい。

　一方、ほかに選び得るアプローチもある。母集団はおおむね標本のように見えるはずだという理に適った仮定に基づくものだ。母集団から新しい標本を繰り返し抽出することはできないので、その代わりに標本から、新たに標本を繰り返し抽出しようというわけだ！

　この考えかたは、図7.2の一番上のグラフに示した、先ほどの50人の標本を例として説明できる。この標本の平均値は10.5だ。この50個のデータ点を持つ標本からデータ点を50回、次から次へと無作為に抽出するとしよう。1個抽出するごとにそのデータ点は復元する〔元に戻して、次の抽出にも使えるようにする〕。こうして2番めのグラフに示したデータ分布を得る。その平均値は8.4だ。[*]
この分布は、元の標本と同じ値を持つデータ点を含むことしかできないものの、各値をいくつ含むのかが違い、ゆえに分布の形はわずかに異なり、分布から求められる平均もわずかに異なるであろうことに注意してほしい。また、これは繰り返し可能で、図7.2ではそのような再標本を3通り示しており、平均値はそれぞれ8.4、9.7、9.8だ。

　したがって、この復元抽出による再標本のプロセスを通じて、私たちの推定値がどのくらいばらつくのかがわかるようになる。この

----

[*] 50個のボールが入った袋を考えよう。各ボールには先の50人の標本から取った1つのデータ点としてラベルがつけられている。たとえば「25」というラベルがついたボールは1つで、「30」というラベルがついたボールは2つある、というように。袋から無作為に1個のボールを取りだし、その値を記録する。それからそのボールを復元し（袋のなかに戻し）、袋のなかのボールの数が50個に戻るようにする。この、選ぶ、記録する、復元するというプロセスを合計50回繰り返し、「ブート1」などのデータ点の分布を作る。

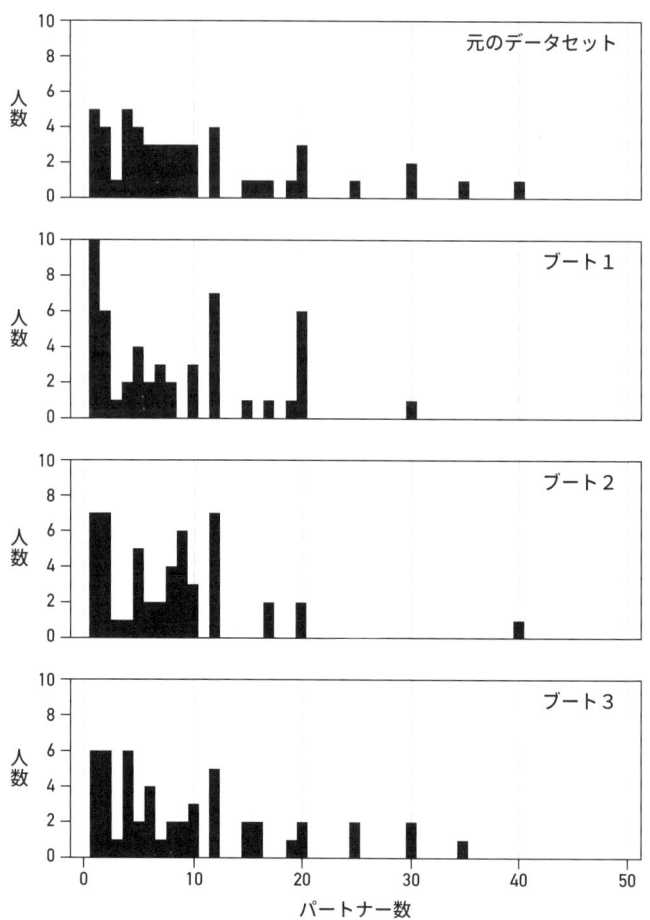

図 7.2
50 個の観測値を持つ標本をオリジナル（元のデータセット）として最上段に、3つの「ブートストラップ」再標本をその下に示している。各再標本は、元のデータセットから無作為に観測結果を 50 回標本抽出したものに基づいている。ただし抽出のたびにデータ点は復元した。たとえば、25 人のパートナーという観測結果は元のデータセット内に1件見られる。このデータ点は1回めと2回めのブートストラップ標本には抽出されなかったが、3回めのブートストラップ標本では2度抽出された。

プロセスをデータの**ブートストラップ法**と呼ぶ。これは自分のブーツのつまみ革を引っ張って自分自身を引きあげる魔法のことだが、母集団分布の形に対して一切の仮定をせずに、推定値のばらつきについて知ることができるというこの手法の能力をよく表している。

　もしもこの再標本をたとえば 1,000 回繰り返すなら、平均値について考えられる推定値を 1,000 通り得る。これらは図 7.3 の 2 番めのグラフでヒストグラムとして示してある。それ以外のグラフでは図 7.1 で示したほかの標本に対して行なったブートストラップ法の結果を表しており、各ヒストグラムからは元の標本の平均値付近でブートストラップ推定値が広がりを持っていることがわかる。このようなものを推定値の**標本分布**〔sampling distribution、統計量の分布のこと。標本の分布 = sample distribution とは異なるものであることに注意〕と呼ぶ。データの標本抽出を繰り返すことで生じる推定値のばらつきを映しているからだ。

　図 7.3 には明らかな特徴がいくつか表れている。1 つめの、そしておそらく最も顕著な特徴は、元の標本の歪みの痕跡がほとんどすべて消えているということだ。再標本したデータに基づく推定値の分布は、元のデータの平均値付近でほぼ対称だ。ここに、中心極限定理と呼ばれるものの片鱗が見られる。その定理では、標本平均の分布は、元のデータ分布の形にほぼ関係なく、標本が大きくなるにつれて正規分布の形に近づくと述べている。これは格別な成果なので、第 9 章でさらに深く掘りさげるつもりだ。

　重要なことは、こうしたブートストラップ法で得られた分布によって、表 7.1 に示した推定値に関する不確実性を定量化できるということだ。たとえば、ブートストラップ再標本の平均値のうち、中心付近の 95％を含むような値の範囲を見つけ、これを元の推定値に対する 95％不確定区間と呼ぶことができる。あるいは、許容誤差と呼ばれることもある。これらは表 7.2 に示してある。ブートス

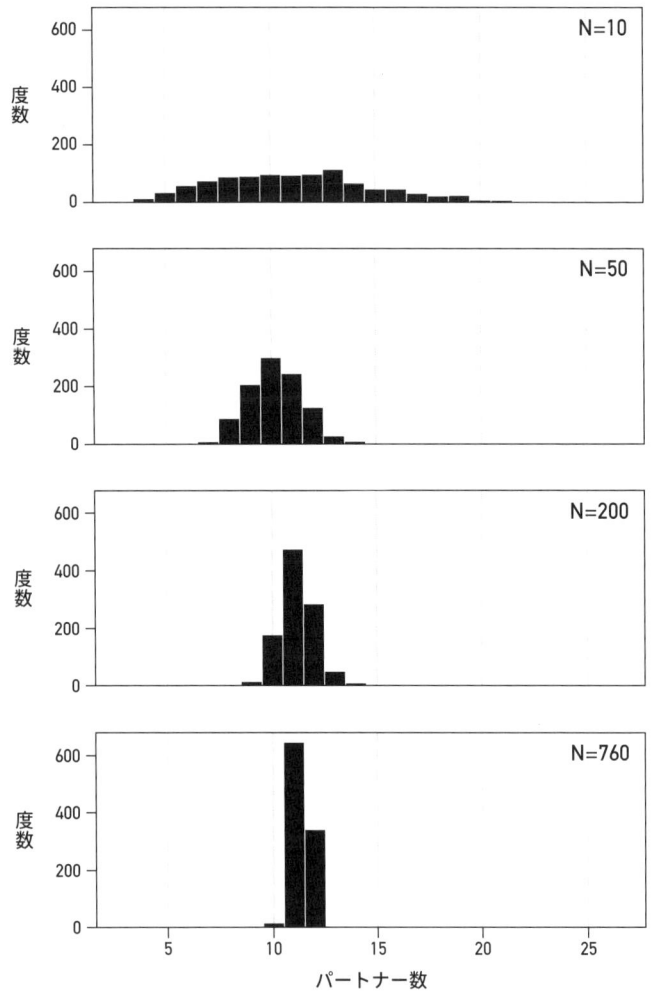

図 7.3

1,000 回分のブートストラップ再標本の標本平均の分布。図 7.1 で示したような、大きさが 10、50、200、760 のブートストラップ再標本を各 1,000 回行ない、それぞれの標本平均の度数分布を示している。ブートストラップ再標本の標本平均の変動は、標本が大きくなるにつれて小さくなる。

標本の大きさ	パートナー数の 平均値	95%ブートストラップ 不確定区間
10	8.3	5.3 から 11.5
50	10.5	7.7 から 13.8
200	12.2	10.5 から 13.8
760	11.4	10.5 から 12.2

表 7.2
Natsal-3 で 35 歳から 44 歳の男性が報告した、それまでの人生での性的パートナー数の標本平均。大きさが 10、50、200 のネスト化した無作為抽出標本〔小さいほうの標本が大きいほうの標本の一部として含まれているということ〕、そして 760 人の男性に関する完全なデータに対して。および、95%ブートストラップ不確定区間（許容誤差とも言われる）。

トラップ分布の対称性は、不確定区間が元の推定値の付近ではおおよそ対称的であることを意味している。

　図 7.3 の重要な特徴の 2 つめは、標本数が増えるにつれて、ブートストラップ分布が狭まっていくということだ。これを受けて 95％不確定区間は着々と狭くなっていく。

　このセクションでは、以下に示すような難しいながら重要な考えかたを紹介した。

- 標本ごとに統計量はばらつく
- 母集団の形について仮定をしたくない場合に、データにブートストラップ法を行なう
- 統計量の分布の形は、個々のデータ点が抽出された元の分布の形に依存しないという事実

かなり驚くべきことに、これはどれも、無作為に観測結果を引き

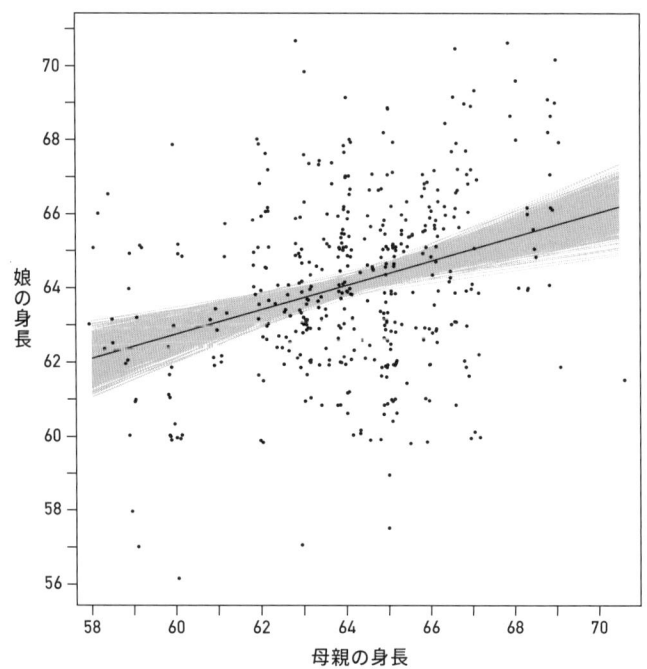

図 7.4
ゴルトンが集めた母親と娘の身長データを元に 20 回のブートストラップ再標本を行なって適合させた回帰直線を、元のデータに重ね合わせた。標本が大きいために、傾きのばらつきは比較的小さいことがわかる。

だすという考えかたを除いて、何ら数学的処理を行なわずに済んだ。

いよいよ、同様のブートストラップ戦略がさらに複雑な状況に当てはめられることをお見せする。

第 5 章で、ゴルトンの身長データに回帰直線を適合させ、推定される傾きが 0.33 の回帰直線に基づいて、たとえば母親の身長から娘の身長を予測できるようにした（表 5.2）。しかしその適合させた

直線の位置について、どのくらいの確信を持てるだろうか？　ブートストラップ法のおかげで、根底にある母集団に対して数学的な仮定を一切せずにこの問いに答える直観的な方法がわかる。

図 7.4 に示した 433 組の娘と母親にブートストラップ法を適用するために、433 通りの再標本をデータから復元抽出し、最小 2 乗法によって直線を適合させる（「最良適合」する直線を求める）。これを望むまま何度も繰り返す。例として、図 7.4 では、線の散らばりを示すために、再標本による直線の適合をほんの 20 回だけ行なった結果を示している。元のデータセットが大きいゆえに、適合させた線には比較的ばらつきが少ないことは明らかだ。さらに 1,000 回のブートストラップ再標本に基づけば、傾きの 95% 不確定区間は0.22 から 0.44 となる。

ブートストラップ法は、直観的でコンピュータ集約的に、私たちの推定値における不確実性を評価する方法を提供する。強力な仮定をする必要も、確率論を使う必要もない。しかしそのテクニックは、たとえば 10 万人に対する失業調査の許容誤差を求めることには適していないようだ。ブートストラップ法は簡潔で、すばらしく、並外れて効果的な考えかただが、大量のデータをブートストラップ法で処理するのはあまりに手際が良くない。特に不確定区間の幅に関する式を生みだせる便利な理論が存在する場合にはそうだ。第 9 章でその理論を説明するがその前に、まずは非常に魅力的ではありながら困難な確率論に向き合わなくてはならない。

- 不確定区間は統計量を伝達するために重要な役割を持つ。
- 標本のブートストラップ法は、元のデータを復元抽出によって再標本することで、同じ大きさの新たなデータセットを作り実現できるもの。
- ブートストラップ再標本から算出される標本統計量は、データセットが大きいほど正規分布に近づく。元のデータ分布の形には関わらない。
- ブートストラップ法に基づいて不確定区間を求める場合は、現代のコンピュータパワーを活用することで、母集団の数学的形式についての仮定を必要としないし、複雑な確率論も要らない。

第 **8** 章

確率とは何か？

不確実性と変動性を伝える手段

▷ 確率理論は比較的新しく、実際に難解

　1650年代のフランスで、自称シュヴァリエ・ド・メレは賭け事に絡む問題を抱えていた。その問題とは、賭け事をやりすぎていたことではなく（実際、やりすぎてはいたのだが）、自分が挑戦する2つのゲームのうち、どちらのほうが勝利の見込みが高いのかを知りたいと考えたのだ。

- **ゲーム1**
  公正なサイコロを最大で4回振って、6が出れば勝ち。
- **ゲーム2**
  公正なサイコロ2個を最大で24回振って、2個揃って6が出れば勝ち。
  どちらを選ぶと有利だったか？

　シュヴァリエ・ド・メレは、経験則に基づいた統計学的な原理にしたがい、両方のゲームを何度もやってみて、どれくらい勝利するのかを調べてみようと決めた。これにはかなり多くの時間と労力が必要だった。だがもしもシュヴァリエ・ド・メレ（本名アントワーヌ・ゴンボー）が、コンピュータがあって確率論は存在しないという奇妙な異世界にいたのなら、自分が勝利するデータを集めるため

に時間を浪費したりはしなかっただろう。何千回ものゲームをひたすらシミュレーションすれば良かったのだから。

　図8.1は、そのようなシミュレーションの結果を示し、シュヴァリエが「プレイする」回数を重ねるにつれて、各ゲームで勝利する回数の全体的な割合がどう変わるのかを明らかにしている。しばらくはゲーム2のほうがより有利な賭けに見えるが、それぞれが約400ゲームを超えた辺りから、ゲーム1のほうがいっそう有利であることが明らかになってくる。そして（とても）長い目で見ると、ゲーム1では52％ほどの割合で勝つことが期待できるが、ゲーム2の場合にはそれが49％に留まった。

　シュヴァリエは驚くほど、かなり頻繁にゲームをしたので、同じ結論に達した。つまり、ゲーム1のほうがわずかばかり、有利な賭けだというのだ。これはシュヴァリエ自身が試みた勝率の（誤った）計算に反していた。*　そこでシュヴァリエは、メルセンヌがパリで主催する一流のサロンに助力を求めたのだ。幸い、哲学者のブレーズ・パスカルもサロンのメンバーであり、今度はパスカルが、シュヴァリエの提示した問題について、自身の友人であるピエール・ド・フェルマー（有名な「最終定理」を考案した人物）に手紙をしたためた。パスカルとフェルマーはともに、確率論における第一歩を踏みだしたのだ。

　数千年もの間、人間は、骰子（サイコロ）を投げたときにどの面が上に向くのかをめぐって賭け事をしてきたという事実にもかかわらず、確率を形式的に理論づけるという発想は比較的最近のものだ。1650年代

----

* シュヴァリエは、ゲーム1に対し、4回振ると各回に1/6の見込みがあるということは、勝利の見込みは合わせて4×1/6となり2/3であろうと考えた。同様に、ゲーム2に対しては24回投げてそれぞれ1/36の見込みがあることから、24/36 = 2/3の見込みとなり、ゲーム1と同じだろうと考えた。これらはいまだに学生たちがよく犯す誤りだ。これが正しくなり得ないことを示すために、単純に次のように考えてみよう。もしもゲーム1で12回サイコロを振ったら、勝利する見込みは12×1/6 = 2になるのだろうか？　正しい推論は巻末の原注1で示している。

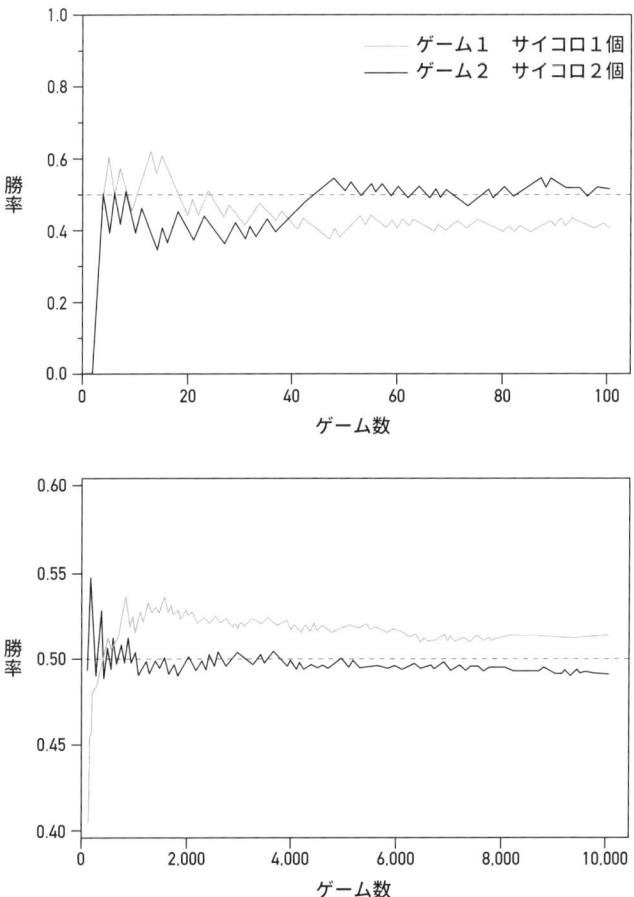

図 8.1

2通りのゲームを1万回繰り返した場合のコンピュータシミュレーション。ゲーム1では、1個の公正なサイコロを最大で4回振って6が出れば、勝ち。ゲーム2では、2個の公正なサイコロを最大で24回振って6が2個揃って出れば、勝ち。それぞれのゲームの初めの100回までは（上の図）、ゲーム2で勝つ見込みのほうが高いように見えるが、何千回とゲームを繰り返すと（下の図）、ゲーム1のほうが少しばかり有利な策になることが明らかになる。

にパスカルとフェルマーが研究を行なってから、数学的な本質部分はその後の50年間ですっかり整頓され、確率の考えかたは現在、物理学、保険、年金、金融取引、予報、そして言うまでもなく賭け事に応用されている。しかし、統計学を行なうのに確率の理論が必要なのはなぜなのだろうか？

母集団分布からデータ点が「無作為に選択される」という概念はすでに理解した。第3章で登場した、赤ん坊の出生体重が低い友人が、本書に確率を初めて導入するきっかけだった。私たちは母集団の誰もが、標本の一部として等しく選ばれやすいことを仮定しなくてはならない。ギャラップが、スープをよく掻き混ぜてから味見をすることにたとえたのを思いだしてほしい。さらに、世界の未知の側面について、たとえば予測や予報を行なうといった、統計に基づく推論をしたいと思えば、結論にはいつもある程度の不確定性が伴うだろうことがすでにわかっている。

前章では、ブートストラップ法を用いて、標本抽出プロセスを幾度も繰り返すと要約統計量にどれくらいのばらつきが出ると考えられるのかを知る方法を理解した。また、ここから得たばらつきの大きさを利用して、母集団の真の、しかし未知である特性についての不確定性を表現した。これもまた「無作為に選ぶ」という考えかたが必要なだけであり、その考えかたは、小さな子供でも公正な選択を意味するものとして容易に理解できる。

伝統的に、統計学の課程は確率の話から始まるものだ。私自身がケンブリッジ大学で教鞭を執っていたときも、必ず確率から始めていた。ところが、このようなやや数学的な始めかたは、前章までに紹介した確率を必要としない重要な考えかたのすべてを理解する妨げになり得る。本書はそれとは対照的なやりかたを採ることで、統計学教育の新たな波と呼べるものの一翼を担う。この方法なら、統計学的推論の基盤となる正式な確率論はうんと後になってようやく

登場する。コンピュータシミュレーションは、可能性のある将来の
事象を追究するのにも、過去から蓄積されてきたデータにブートス
トラップ法を適用するのにも、どちらにも非常に強力なツールであ
ることはすでにわかった。とはいえ、統計学的分析を実行するには
不器用で、力任せな方法だ。私たちはこれまでずっと正式な確率論
を回避してきたのではあるが、今述べたようなわけでそろそろ「不
確実性を伝える手段」を提供する際に、確率論が担う重要な役割に
正面から向き合わなくてはならない。

　しかし、ここ 350 年にわたって発展してきたこのすばらしい理
論を使う気になれないのはなぜか？　確率は難しくて直観的ではな
い考えかただと思われがちなのはどうしてか、と私はたびたび尋ね
られる。そういうときはこう答える。私自身、この分野を研究し教
えてきた 40 年を経て最終的に、それは確率が本当に難しくて直観
的ではない考えかたにほかならないからだという結論に達した、と。
私は、確率が得体の知れないものだと思っている人に共感する。統
計学者として数十年を過ごしてさえ、基本的で学校で出るような確
率を使う問題を投げかけられると、その場から立ち去って、ペンと
紙を手にとって静かに座り、いくつかのさまざまな方法で試してみ
て、ようやくこれが正解であってほしいと思うものをお伝えする、
というふうにしかできない。

　私のお気に入りの問題解決テクニックから話そう。これを使えば
きまりの悪い思いをせずに済んだであろう国会議員たちがいた。

▷ 期待度数で考えると確率は理解しやすくなる

　2012 年、ロンドンで 97 人の国会議員が次の問いへの答えを求め
られた。「もしも硬貨を 2 回投げたら、2 回とも表になる可能性は
いくらか？」　すると 97 人中 60 人、つまり大多数は正しい答えを

出せなかった。どうすればこの政治家たちはもっとましな結果を出せたのだろう?

　おそらくこの政治家たちは確率の法則を習ったはずだが、多くの人が忘れてしまっている。しかし、そうであっても、もっと直観的な発想を使って考える方法がある。その発想を使えば確率をめぐる推論の立てかたがうまくなることが、多くの心理学実験で明らかになっているのだ。

　それが「期待度数」という考えかただ。2枚の硬貨の問題に直面したら、あなたはこう自問する。「もしもこの実験を数回行なったら、どうなると予想するか?」　まず1枚の硬貨を投げ、それからもう1枚投げるということを、合計で4回行なったとしよう。政治家だって少し考えれば、図8.2に示す結果が予想されるとの結論に至るのではないだろうか。

　だからあなたは、4回に1回は、2回とも表が出ると考えるだろう。したがって、推論すると、個々の試みで2回とも表になる確率は4分の1、つまり1/4だ。これは幸いにも、正しい答えだ。

　この期待度数のツリーは、各「分枝」にそれが起こる状況の比を割り振ると「確率ツリー」〔日本の学校教育では確率の「樹形図」と呼ばれる〕に変換できる(図8.3)。するとツリーの1本の「枝」全体、たとえば表に続けて表が出るまでの全体の確率は、その枝を辿って分枝上の分数を掛け合わせると得られる。だから1/2 × 1/2 = 1/4だ。

　確率ツリーはごく一般的で効率的な方法として、学校で確率を教える際に用いられている。実際、2枚の硬貨を投げるというこの簡潔な事例を使って、確率のルールがすっかり理解できる。なぜならば確率ツリーから以下のことがわかるからだ。

----
* ネタバレ注意。答えは 1/4、もしくは 25%、もしくは 0.25 だ。

1投め　　　　　　　　　2投め

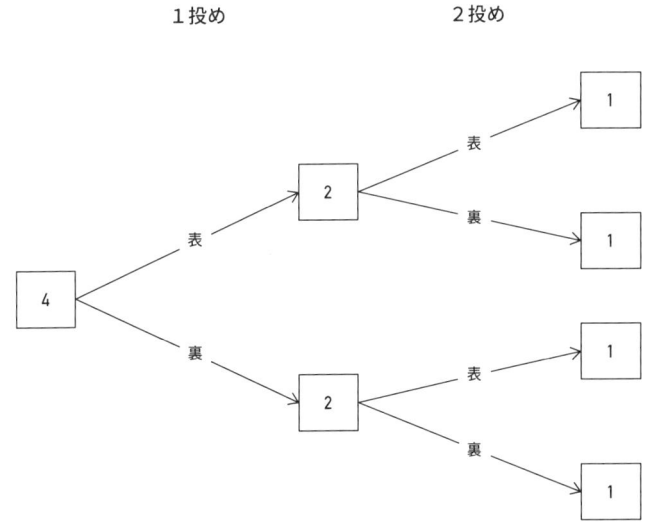

図 8.2
2回の硬貨投げを4回繰り返す場合の期待度数ツリー。たとえば、1投めとして考え得る
4通りのうちの2つは表だと推定できる。そしてその2つに対し、2投めでは表と裏がそ
れぞれ考えられる。

1．1つの事象の確率の値は、0から1の間の数だ

不可能な事象（たとえば、表も裏も出ない）は0、確実な事象
（考えられる4通りの組み合わせのどれかが出る）は1だ。

2．余事象の確率

1つの事象が起きる確率は、1からそれが起きない確率を引
いたもの。たとえば、「少なくとも1枚が裏」である確率は、
1から「2枚とも表」である確率を引いたもの。つまり、1
− 1/4 ＝ 3/4 となる。

3．加法（OR）定理

互いに排反な事象（それらの事象は同時には起き得ないことを

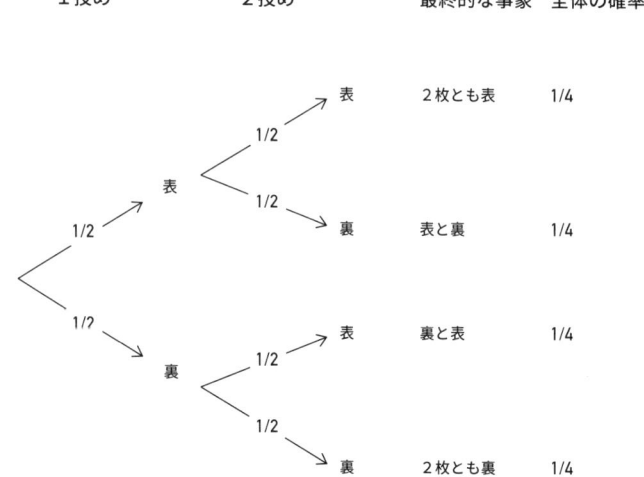

1投め	2投め	最終的な事象	全体の確率

表　2枚とも表　1/4

1/2

表

1/2

1/2　裏　表と裏　1/4

1/2

1/2　表　裏と表　1/4

裏

1/2

1/2　裏　2枚とも裏　1/4

図 8.3
2枚の硬貨を投げる場合の確率ツリー。それぞれの「分枝」にはそれが起きる場合の分数が示してある。ツリーの1本の「枝」全体に対する確率は、枝を辿って分枝上の分数を掛け合わせると得られる。

意味する）の確率を加えると全体の確率になる。たとえば、「少なくとも1枚が表」である確率は 3/4 だ。なぜならばその事象は「2枚とも表」か「表＋裏」か「裏＋表」からなり、それぞれの確率は 1/4 だからだ。

4．**乗法（AND）定理**
　　独立事象（1つの事象が他の事象に影響を与えないことを意味する）の確率を掛け合わせるとそれらが連続して起きる場合の全体の確率になる。例を挙げると、表かつ表の確率は 1/2 × 1/2 ＝ 1/4 だ。

これらの基本的ルールのおかげで、私たちはシュヴァリエ・ド・

メレの賭け事問題を解決できるし、シュヴァリエがゲーム1で勝利する確率は実際は52%、ゲーム2で勝利する確率は49%であることがわかる[1]。

　私たちはそれでもなお強力な仮定をしている。この単純な硬貨投げの例においてさえだ。ここで仮定しているのは次のようなことだ。硬貨は公正で偏りはない。適正に投げられるので、結果は予測可能ではない。硬貨の縁では立たない。1投め終了後、小惑星が衝突しないなど。これらの仮定は、（ことによれば小惑星は除いて）すべて重要な考慮事項であり、私たちの用いる確率は必ず条件付きであることを強調している。ある事象についての無条件確率などというものはないというわけだ。確率に影響し得る仮定やその他の要因は必ずある。そして以下で検討するように、何に対して条件をつけているのかに注意しなくてはならない。

▷ 確率がほかの事象に依存する条件付き確率

乳癌のスクリーニングを行なう際に、マンモグラフィーはおおよそ90%の精度を持つ。癌に罹っている女性の90%、癌に罹っていない女性の90%が正しく分類されるであろうという意味においてだ。スクリーニングを受けた女性の1%が実際に乳癌に罹っているとしよう。無作為に選ばれた女性のマンモグラムが陽性と判定される確率はいくらだろうか？　さらに陽性と判定された場合に、本当に癌である見込みはどれほどか？

　2枚の硬貨の事例では、事象は独立で、2回めに表が出る確率は、1回めに何が出るかに依存しない。学校で独立でない事象、**従属事象**について勉強するときにはたいがいやや退屈な問い、たとえば引きだしからさまざまな色の靴下を続けて取りだすことに絡めたもの

が投げかけられる。だが、上記のマンモグラフィーの例は実生活との関係がいくらか深い。

　この種の問題は知能検査ではお馴染みで、解きやすくはない。しかし期待度数の考えかたを使うと、驚くほどわかりやすくなる。カギを握る発想は、大勢の女性、たとえば図8.4に示したような1,000人の女性からなるグループに何が起きると予測できるのかを考察するということだ。

　1,000人の女性のうち。10人（1％）は実際に乳癌に罹っている。その10人のうち9人（90％）は陽性の結果を受け取る。一方、癌ではない990人の女性のうち99人（10％）はマンモグラフィーの結果が誤って陽性と出る。この人たちを合わせると、合計9 + 99 = 108人はマンモグラムから陽性だと判定される。だから無作為に抽出された女性が陽性の結果を受け取る確率は108/1,000、つまりおおよそ11％だ。ところがこの108人のうち、本当に癌に罹っているのは9人だけであり、陽性と判定された女性が実際に癌である確率はわずか9 /108 ＝ 8 ％だ。

　この条件付き確率の練習問題は、非常に反直観的な結果を理解する役に立つ。この検査が持つ「90％の精度」にもかかわらず、マンモグラムで陽性になった女性の大多数は乳癌ではない。癌である人が検査で陽性になる確率と、検査で陽性になった人が癌である確率は、混同しやすいのだ。

　この種の混同は**検察官の誤謬**と呼ばれ、大変よく知られている。そう呼ばれるのはDNAが絡む裁判事例でよく見られるからだ。科学捜査の専門家が、たとえば「もしも被告人が無罪なら、犯行現場で見つかったDNAと被告人のDNAが合致するであろう見込みはたった10億分の1だ」と主張するかもしれない。しかしこれは「DNAによる証拠が被告人と一致する場合、被告人が無罪である見込みはわずか10億分の1だ」という意味だと間違って解釈され

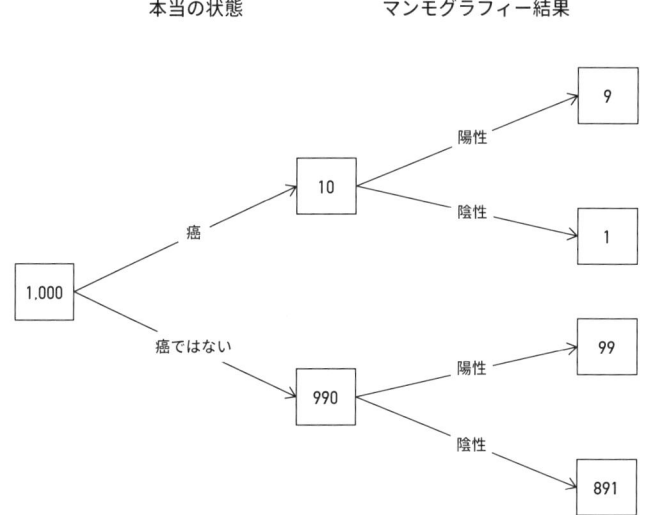

図 8.4
乳癌のスクリーニングを受ける 1,000 人の女性に起きると考えられるであろうことを示す期待度数ツリー。女性の 1％が乳癌に罹っていること、マンモグラフィーは癌に罹っている女性の 90％を正しく分類し、癌に罹っていない女性の 90％を正しく分類することを仮定する。全体で 9 ＋ 99 ＝ 108 人はマンモグラムが陽性と判定され、そのうち 9 人が本当に癌に罹っていると考えられる

る*。

　これは犯しやすい誤りだが、その論理には、「あなたがローマ教皇なら、カトリック教徒だ」というステートメントを「あなたがカトリック教徒なら、ローマ教皇だ」というステートメントに変えてしまうのと同じくらいの欠陥がある。このたとえなら不備はいくらか見つけやすい。

---

* これは「転置条件の法則（転置条件の誤謬）」とも呼ばれる。じつに理解しがたく聞こえるが、単に、Ḃ を前提とした A の確率は Ȧ を前提とした B の確率と混同されるという意味にすぎない。

▷ いずれにしても「確率」とは何か？

学校で距離、重さ、時間に関する数学的処理を習う。これらは定規や量りや時計で測定できる。では確率はどのように測定するのか？　確率計測器などない。まるで確率はある「仮想的な」量であるかのようだ。確率には数字を与えられるものの、直接それを測定することは決してできないのだから。

なおさら厄介なのが、次のようなかなりはっきりした問いだ。ともかくも、確率とは何を意味するのか？　正しい定義とは？　細かいことに拘りすぎているように思えるかもしれないが、確率の哲学は、それ自体が話題として魅惑的でもあり、統計学を実際に応用するに際して主要な役割を果たしもする。

この件に関しては、「専門家」たちも問題なく見解の一致に達しているだろうなどと考えてはならない。専門家は確率の数学的手続きでは意見が一致するだろうが、哲学者や統計学者は、そのとらえどころのない数字が実際に何を意味しているのかについてありとあらゆる異なった考えかたを見いだしてきたし、それらをめぐって激しく論争してきた。よく知られた提言として以下のようなものがある。

- **古典的確率**
  これは学校で習うものだ。硬貨、サイコロ、トランプなどの対称性を基盤としている。そして「その事象を生じる結果の数を、考え得る結果の総数で割った比。結果はすべて同様に確からしいと仮定する」のように定義できる。たとえば、偏りのないサイコロを投げて「1」が出る確率は1/6だ。サイコロには面が6つあるからだ。ところがこの定義がやや堂々巡りなのは、「同様に確からしい」の定義が必要だからだ。

- **「数えあげ」確率**[*]

　３つの白い靴下〔片足分。以下同様〕と４つの黒い靴下が引き
だしに入っていて、無作為に靴下を取りだすとしよう。白い靴
下が出てくる確率はいくらか？　それは 3 / 7 であり、機会を
数えあげると得られる。多くの人は学校でこのような問題に悩
まされた経験があるだろう。これは、本質的には先に述べた古
典的考えかたの拡張であり、物理的な対象物の集合から「無作
為に選ぶ」という発想を必要とする。私たちは、データ点を母
集団から無作為に選ばれたものとして説明するときに、すでに
この考えかたを幅広く使っている。

- **「長期的頻度」確率**

これは同一の実験を無限に繰り返したときに、ある事象が起き
る割合に基づいている。まさに、シュヴァリエのゲームをシミ
ュレーションしたときと同じだ。これは無限に繰り返される事
象に対しては（少なくとも理論上は）合理的だろうが、競馬や
明日の天候のような１回限りの状況についてはどうだろうか？
じつのところ、現実的な状況のほとんどは、原理的にさえ、無
限に繰り返すことはない。

- **傾向、もしくは「偶然」**

状況には事象を生みだす客観的傾向があるという考えかただ。
これは一見、魅力的だ。もしもあなたが全知の存在なら、自分
の乗るバスがもうすぐやって来ることや、今日自動車にはねら
れる特別の確率があることがわかるかもしれないのだから。し
かし、私たち人間が、この極めて形而上学的な「本当の偶然」
を推定する根拠にはならないようだ。

---

[*] フィリップ・ダヴィッドがこの用語を考案したらしく、私はダヴィッドに感謝している。

■ 主観的、あるいは「個人的」確率

この確率は、特定の人が現在の知識に基づいて、特定の場合について判断するものであり、おおまかには、その人が合理的だと思う（少額の賭け金による）賭け事のオッズという観点から説明される。つまり、私が3個のボールを使うジャグリングを5分間続けられれば1ポンドをもらえることになった場合に、私が進んでその賭けに（払い戻し不能の）60ペンスの賭け金を差し出すとすれば、その事象が起きると私自身が推定する確率は0.6ということになる。

さまざまな「専門家」には、これらの取り得る選択肢のなかでその人自身の好みがあるのだが、個人的に私は最後の解釈、主観的確率を好む。つまり私は、数で表せるどんな確率でも本質的には、現在の状況における既知の事柄に応じて構成されていると考えるのだ。確かに、確率は本当に「存在する」わけでは決してない（原子より小さいレベルでは存在しているかもしれないが〔量子力学のこと〕）。主観確率のアプローチは、統計的推論の**ベイズ統計学**派にとっての基盤をなしている。このことは第11章で詳しく追究する。

とはいえ、数で表せる確率は客観的には存在しないという、私の（かなり物議を醸す）立場にあなたが同意する必要は、幸いにもない。硬貨やほかの無作為化の道具は客観的に無作為だと仮定してもかまわない。それらの道具が生みだすデータは極めて予測困難であって、「客観的」確率から生じると私たちが考えるであろうものとの区別がつかないという意味でだ。だから私たちは通常、観測が無作為であるかのように振る舞う。たとえそれは厳密に言って正しいわけではないとわかっていても。そのとりわけ極端な例が、疑似乱数生成器だ。これはじつのところ、論理的で完全に予測できる計算に基づいている。無作為性などまったく備えていないのに、そのメカニズ

ムがとても複雑で、実際面では本当に無作為な一連の数字、たとえば亜原子粒子を発生源として得られる一連の数字との区別がつかない。*

　本当はそうでないとわかっているのに、あたかもそれが真実であるかのように振る舞うというこのいささか奇妙な能力は、通常、危険なほど非合理的であると考えられるだろう。ところが、データを統計学的に分析するための土台として確率を使うときには、この能力は重宝するのだ。

　いよいよ、確率論と、データと、関心の対象である目的母集団について何であれ知ることとの一般的な結びつきを明確にするという、とても重要ながら難しい段階にたどりついた。

　確率論は当然のこととして、これから状況 1 と呼ぶものに関わる。

　　状況 1　　データ点が、無作為化する何らかの道具から生成されると考えられるとき。たとえば、サイコロを振ったり、硬貨を投げたり、あるいは、疑似乱数生成器を利用して、個人をある治療法に無作為に割り当てて、各個人の治療結果を記録する場合など。

しかし、実際に私たちは状況 2 に直面するかもしれない。

　　状況 2　　以前から存在するデータ点が無作為化の道具によって選ばれるとき。たとえば調査に参加する人を選ぶ場合など。

---

* これは、疑似乱数生成器が適正に設計されていること、さらにはそれらの乱数の使用目的が統計学的モデリングやそれに類するものであることを仮定している。暗号に応用するには適正さに欠く。暗号に応用した場合、予測可能性を利用して暗号が破られてしまうだろう。

そしてたいていの場合、私たちが手にするデータは状況３から生じる。

> 状況３　無作為性はまったくないものの、データ点は事実上、何らかの無作為なプロセスで生成されたかのように私たちが見なすとき。たとえば友人の赤ん坊の出生体重を解釈する場合。

こうした区別を明確にせずに解説される場合が多い。確率は一般的に無作為化の道具〔サイコロや硬貨投げなどの例〕を使って教えられる（状況１）し、統計学は「無作為標本抽出」という考えかたを通じて教えられる（状況２）ものの、じつのところ統計学の応用の大多数では無作為化の道具や無作為標本抽出などをまったく伴わない（状況３）。

それでも、まずは状況１と状況２を考えよう。私たちは無作為化の道具を使う直前に、観測される可能性のある結果のセットとそれぞれの確率を知っていると仮定する。例を挙げると、硬貨投げなら表か裏になり得るし、それぞれの確率は１／２だ。こうした考え得る結果のそれぞれを、１つの量と結びつけると（たとえば、硬貨投げの場合なら裏を０、表を１とする）、確率分布にしたがう**確率変数**と呼ぶものが得られる。状況１の場合、無作為化の道具のおかげで確実に、その分布から観測結果が無作為に得られる。そして観測されたら無作為性は消え、可能性があったすべての未来は、実際の観測結果へと収束する[*]。同様にして、状況２の場合、すでにある人々のリストから無作為に個人を抽出して、たとえばその人の収入を測定したら、本質的に収入に関する母集団分布から無作為に１つの観測結果を引きだしたことになる。

----
[*] これは量子力学における状況と類似していると考えられる。量子力学では、たとえば電子の現在の状態は波動関数として定義され、その関数は実際に電子が観測されると１つの状態へと収束するのだ。

したがって、無作為化の道具があれば確率には確かに意味がある。しかしたいがいの場合、私たちはそのときに手に入るすべての測定結果をただ考慮するだけだ。その測定結果は非公式に集められたものかもしれないし、あるいは第 3 章で見たように、考え得る観測結果を網羅しているものかもしれない。さまざまな病院における子供の心臓手術の生存率や、英国の子供たちに対するすべての試験結果について考えてみよう。そのどちらも、入手可能なすべてのデータから構成し、無作為標本抽出は行なっていない。

第 3 章で、隠喩的母集団という考えかたについて話した。隠喩的母集団は、起こり得たかもしれないものの多くは起きなかった、可能性のある事象からなる母集団だ。いよいよ、一見すると不合理に思えるステップへ進む心の準備をする必要がある。私たちは、データがこのような隠喩的母集団から無作為化のメカニズムによって生成されたかのように振る舞う必要がある。たとえそうでないとよくわかっていてもだ。

▷ 数学的確率分布に驚くほどしたがう現実の事象

> 1日にイングランドとウェールズで7件以上の別個の殺人事件が
> 判明することは、どれほど頻繁にあると予測されるか？

たとえば航空機墜落や自然災害がいくつも重なるように、極端な事象が短い期間に続けて起きると、それらにある意味での結びつきを感じるというのは自然な傾向である。このとき、まさにそのような事象がどのくらい珍しいのかを明らかにすることが重要になるが、次の例は、そのような判断を下す方法を示している。

1日で少なくとも 7 件の殺人事件が起きるという「クラスター」はどれほど稀なのかを評価するために、2013 年 4 月から 2016 年

３月までの３年（1,095 日）間のデータを調べることができる。その期間にイングランドとウェールズでは 1,545 件の殺人事件が起き、平均値は１日当たり 1,545/1,095 ＝ 1.41 件だ。*この期間中、７件以上の事件が起きた日はなかったものの、だからといってそのようなことは起き得ないと結論づけるのは短絡的である。もしも１日当たりの殺人事件数の合理的な確率分布を作れるなら、先に提示した問いにも答えられる。

とはいえ、確率分布を作ることを正当とする根拠は何なのか？ 国内で日々記録される殺人事件数は単なる事実だ。標本抽出したわけではなく、それぞれの不幸な事象を生みだす明白なランダム要素があるわけでもない。ただとても複雑で予測できない世界があるだけだ。それでも、幸運や運命の背後にある私たちの個人的な哲学が何であろうと、こうした事象が確率に動かされた無作為なプロセスから生まれたものであるかのように振る舞えば有益であることがわかる。

大勢の人からなる母集団の各人に対して、毎日の始まりに殺人事件の被害者になる確率がほんの少し与えられるのだと仮定するとわかりやすいかもしれない。この種のデータは**ポアソン分布**で再現することができる。ポアソン分布とは元々、1830 年代にフランスのシメオン・ドニ・ポアソンが年間の不当な有罪判決のパターンを表すために考案したものだ。それ以来、サッカーチームが１試合で記録したゴール数や各週の宝くじの当選券枚数から、各年に愛馬に蹴られて命を落とすプロイセンの将校の数に至るまで、あらゆるものをモデル化するために用いられてきた。こうした状況のそれぞれにおいて、事象が起きる機会は何度もあるものの、それぞれが起きる見込みは非常に低い。このような事象に対して、ポアソン分布は極

---

* １件の「殺人事件」とは、同じ人（あるいは複数人のグループ）が、１人以上の関連性のある殺人を犯した疑いをかけられていること。したがって銃乱射やテロ攻撃は１件と数えられるだろう。

めて汎用性が高い。

　第 3 章の正規分布（ガウス分布）には 2 つの母数、つまり母集団平均と標準偏差が必要だったが、ポアソン分布はその平均のみに依存する。今見ている例で言えば、各日に予測される殺人事件数だ。それをこの 3 年間での各日の平均事件数である 1.41 と仮定する。とはいえ、ポアソン分布が合理的な仮定なのか否かを入念にチェックすべきだ。仮定として合理的であれば、各日の殺人事件数は、平均値が 1.41 であるポアソン分布から無作為に取りだした観測結果であるかのように振る舞うことが理に適う。

　たとえば、この平均値がわかるだけで、ポアソン分布の式、あるいは標準的なソフトウエアを利用して、1 日にちょうど 5 件の殺人事件が発生する可能性は 0.01134 であることが算出できる。つまり、1,095 日間のなかで 1,095 × 0.01134 ＝ 12.4 日はぴったり 5 件の殺人事件が起きると推測できるだろう。何と、3 年間で 5 件の殺人事件が起きた実際の日数は……13 だった。

　図 8.5 では、ポアソン分布という仮定に基づいた日々の殺人事件数の期待分布と、1,095 日にわたる実際の経験データ分布を比較している。両者は実際、非常に似通っている。そして第 10 章でポアソン分布という仮定が正当であるかどうかを正式に検証する方法を示すつもりだ。

　このセクションの冒頭で示した問いへの答えとして、ポアソン分布から 1 日に 7 件以上の殺人事件が起きる確率を計算できる。その確率は 0.07％となり、そのような事象が起きるのは平均して 1,533 日に 1 日、おおまかに言って 4 年に 1 度であると予測して良いことを意味する。この事象はごく普通の日常のなかではかなり起きにくいことだが、起き得ないわけではないと結論できる。

　このように数学的な確率分布が経験データに適合することは気味が悪いくらいにすばらしいと言って良い。こうした悲劇的事象の 1

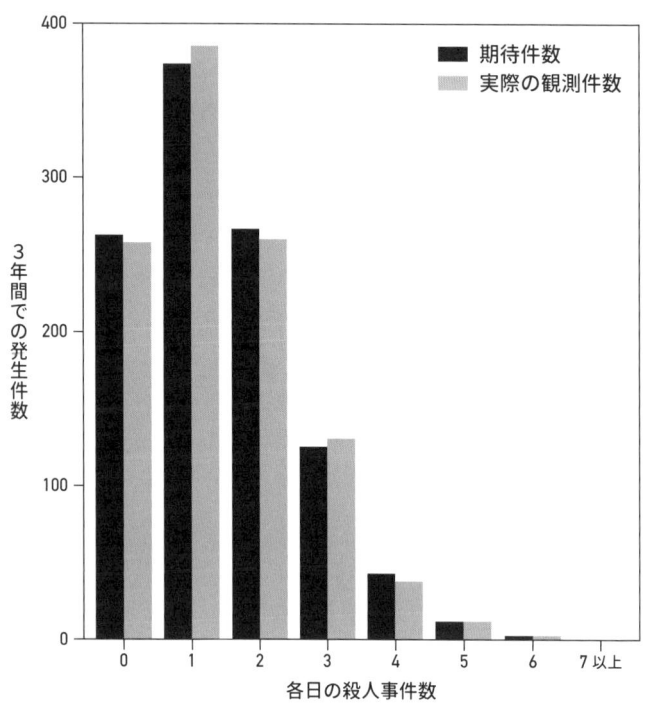

図 8.5
イングランドとウェールズで、2013 年から 2016 年の間に記録された殺人事件について、
1日当たりの観測件数と（ポアソン分布という仮定の下での）期待件数。[3]

つひとつの背景には固有の経緯があるとしても、事象のほとんどは
予測不可能であり、データは本当に既知の無作為なメカニズムによ
って生じたかのように振る舞う。考え得る１つの見方は、ほかの人
が殺される可能性があったかもしれないが、殺されはしなかったと
いうものだ。つまり、私たちの目に見えているのは、数多くの起こ
り得た世界のなかの、１つなのだ。複数の硬貨を投げると、考え得
る多くの結果列のうち１つを観測するというのとまったく同じだ。

　アドルフ・ケトレーは 1800 年代中盤のベルギーで、天文学者、統計学者、社会学者として活動した人物であり、また、個々には予測できない事象から構成されるパターン全般は、思いがけず予測可能であることに初めて注意を向けた人の 1 人として名を連ねている。ケトレーは、第 3 章で取りあげた出生体重の分布のように、自然現象に正規分布が生じることに興味を惹かれ、「平均人（*l'homme moyen*）」という考えかたを生みだした。それは、こうしたすべての特徴が平均値である人だ。ケトレーが「社会物理学」という発想を打ち出したのは、社会に関する統計の規則正しさには、ほとんど機械的な基礎プロセスが反映されているように思えたからだ。ランダムな気体分子が合わさって予測可能な物理的性質を呈するように、たとえば、何百万もの人たちの人生は予測できない動きを見せても、それらが合わさった結果として出る国内の自殺率は毎年ほぼ変わらない。

　幸いにも、事象が実際に、純粋な無作為性（それがどんなものであれ）によって引き起こされていると信じる必要はない。要するに、「偶然」という仮定を置くことで、世のなかに不可避的に存在する予測不可能性、あるいはときに自然変動〔自然なばらつき〕と呼ばれるものをすべて包含しているのだ。したがって私たちは、「純粋な」無作為性（亜原子粒子、硬貨、サイコロなどに起きる）に対しても、「自然な」回避できない変動性・ばらつき（出生体重、手術後の生存率、試験結果、殺人事件、その他の完全には予測しきれないすべての現象）に対しても、確率が適切な数学的基盤を形成しているということに確証を得た。

　次章では、いよいよ人間の理解力の歴史上、本当に驚くべき発展、すなわち、確率のこうした 2 つの側面をどのように結びつけ、形式的な統計学的推論の厳密な基盤を提供できるのかについて述べる。

第 9 章
確率と統計をまとめる

警告。これはおそらく本書のなかで最も困難な章だ。

しかしこの重要なトピックに根気よく取り組めば、統計学的推論に関する有益な見識が得られるだろう。

▷ 不確定区間を確率理論を使って推定する

> **100 人からなる無作為抽出標本のなかに、20 人の左利きがいた。母集団のなかで左利きの人たちの占める割合について、ここから何が言えるだろうか?**

前章で、確率変数の考えかたに触れた。確率変数は、母数〔母集団の統計量〕で記述される確率分布から抽出された 1 つのデータ点だ。しかし、たった 1 つのデータ点に関心を向けることはあまりない。普通は、大量のデータを手に入れ、平均値や中央値などの統計量を確定するという方法によってそのデータを要約する。本章で踏みだす基本的ステップは、そのような統計量自体を、その統計量〔母数〕を持つ分布から取った確率変数と見なす、というものだ。

これは大きな前進であり、統計学を学ぶ何世代もの学生たちを奮起させてきただけでなく、これらの統計量がどの分布から得られると仮定すべきなのかを解明しようとしてきた何世代にもわたる統計学者たちにも刺激を与え続けてきた。ここで、第 7 章でのブートストラップ法の議論を踏まえると、シミュレーションに基づいてブー

トストラップのアプローチを使えば不確定区間などのことがわかるのに、従来のような数学的処理のすべてはなぜ必要なのかという問いはもっともだと言えよう。たとえば、本章の冒頭で掲げた問いに答えるには、20人の左利きと80人の右利きからなる観測データを考察し、このデータセットを元にして、復元抽出による100個の観測値の再標本を繰り返し行ない、左利きの人が占める割合の観測値の分布を調べれば良いだろう。

　しかしそのシミュレーションは、効率が良くないし、無駄に時間がかかる。データセットが大きい場合にはなおのことだ。さらに、もっとややこしい状況の場合には、何をシミュレーションすべきなのかを把握するのも簡単ではない。それに対し、確率論から得られる式を使えば、洞察が得られるし、便利でもある。さらに、個別のシミュレーションに依存しないゆえに必ず同じ答えに行きつく。ところが逆に、この理論は仮定に頼っているため、代数的論理の見事さにだまされて正当性に欠く結論を受け入れてしまわないように、私たちは注意するべきだ。これについては後ほど詳しく追究するつもりだが、正規分布やポアソン分布の有益性はこれまでに十分理解したので、それらとは異なる重要な確率分布を導入することとしよう。

　ちょうど20%が左利き、80%が右利きである母集団から大きさの異なる標本をいくつか抽出し、左利きの割合として取り得るさまざまな値に対して、それを観測する確率を算出するとしよう。言うまでもなく、これはあべこべだ。というのも、私たちは既知の標本に基づいて未知の母集団について突きとめたいと考えているのだから。とはいえ、その結論を手にするには、まずはある既知の母集団がどのようにしてさまざまな標本を生みだすのかを調べなければならない。

　最も簡単な場合は、1 人からなる標本だ。このとき、観測される割合は、右利きの人を選んだか、左利きの人を選んだかによって、0 か 1 のどちらかでなくてはならない。そしてこの 2 つの事象が起きる確率はそれぞれ 0.8、0.2 だ。結果の確率分布は図 9.1（a）に示してある。

　2 人を無作為に抽出するとき、左利きの人の占める割合は、0（2 人とも右利き）、0.5（片方が右利き）、1（2 人とも左利き）のいずれかだ。これらの事象は、それぞれ確率 0.64、0.32、0.04 で起きるだろう。[*] この確率分布は図 9.1（b）に示してある。同様に、私たちは確率論を使って 5 人、10 人、100 人、そして 1,000 人からなる標本で、左利きの割合の観測値の確率分布を調べることができる。すべて図 9.1 に示してある。これらの分布は**二項分布**と呼ばれるものに基づいており、それによって私たちは、たとえば 100 人の標本の場合に左利きの人が少なくとも 30% 含まれる確率（裾の面積として知られている）を得ることもできる。

　確率変数の平均値は**期待値**とも呼ばれ、図 9.1 に示したすべての標本では 0.2 あるいは 20% という割合が期待値となる。どの分布も平均値が 0.2 だからだ。それぞれの標準偏差は、基礎割合（この場合には 0.2）と標本の大きさに依存する式から得られる。統計量の標準偏差は一般的に**標準誤差**と呼ばれ、統計量の出所である母集団分布の標準偏差とは区別されることに注意。

　図 9.1 には示唆的な特徴がいくつか見られる。1 つめとして、確率分布は標本が大きくなるにつれ、秩序だった対称的な正規形に近づく。ブートストラップ法によるシミュレーションで観測したのとまったく同じだ。2 つめに、標本が大きくなるにつれて分布の幅が

----

* この場合の分布を得るために、2 人が左利きである確率を $0.2 \times 0.2 = 0.04$ と計算することができる。2 人が右利きである確率は $0.8 \times 0.8 = 0.64$ であり、それぞれ 1 人である確率は $1 - 0.04 - 0.64 = 0.32$ に違いない。

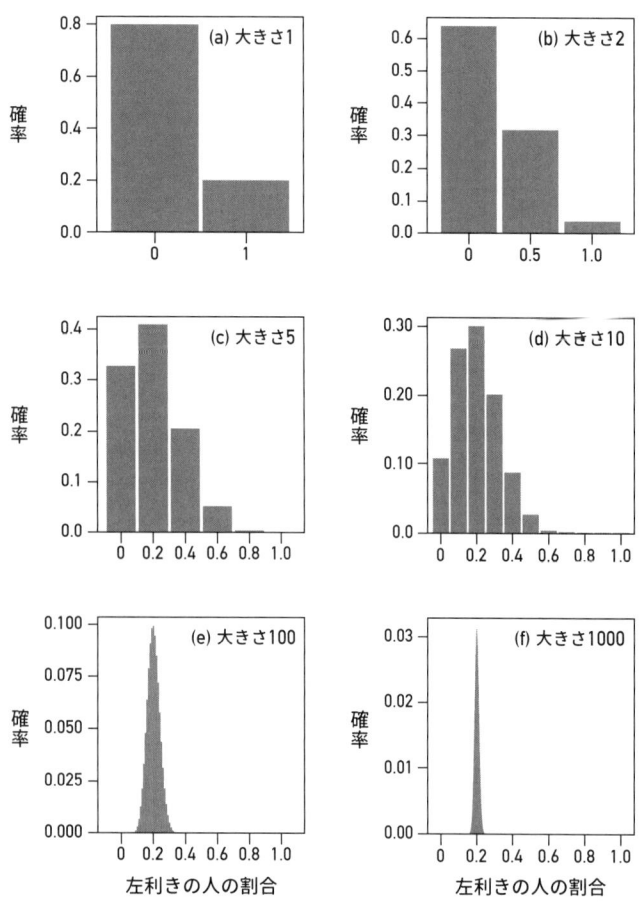

図 9.1

1人、2人、5人、10人、100人、1,000人からなる無作為抽出標本において左利きの人が占める割合の観測値の確率分布。ここでは、母集団で左利きの人が占める真の基礎割合を 0.2 としている。標本内に左利きの人が少なくとも 30%含まれる確率は、0.3 およびその右側にあるバーが示す確率をすべて加えれば得られる。

狭くなる。次の例は、この2つの知識を単純に応用して、統計的な
主張が合理的か否かを迅速に識別できるようになる方法を示すもの
だ。

英国のいくつかの地域では、大腸癌による死亡率が他の地域の 3倍だというのは本当か?

　権威あるBBCニュースが、2011年9月にウェブサイト上に掲載
した見出しは、こう警告を発していた。「大腸癌による死亡率　英
国内で3倍もの差」。記事は続けて、英国内では地域によって大腸
癌による死亡率がまったく異なっていることを説明し、それに加え
てあるコメンテーターは、「地域の国民保健サービス（NHS）当局
が、担当地域の情報を調査し、それに基づいてサービスの交付にど
のような変更が可能なのかを周知することが極めて重要だ」と提言
していた。

　3倍の違いというのは並外れて規模が大きいように聞こえる。し
かし、ブロガーのポール・バーデンはこの記事に接したとき、「国
内の異なる地域にいる人たちが、大腸癌で死亡するリスクに関して、
本当にこんな大きくて深刻な違いに直面しているのだろうか？　ど
うしてこのような相違が生じるのだろう？」といぶかしく思った。
ポールはそれがとても信じがたいものだと考え、精査しようと決意
した。素晴らしいことに、データはオンラインで自由に入手でき、
ポールが調べてみると、そのデータはBBCの記事の主張をまさに
立証していた。2008年には年間の大腸癌による死亡率に3倍を上
回る差があったのだ。ランカシャー州ロッセンデールでの10万人
当たり9人から、グラスゴー市の住民10万人当たり31人にまで
及んでいた[1]。

　ところがこれで精査は終了ではなかった。次にポールは死亡率を

各地区（ディストリクト）の人口に対してプロットした。それが図9.2に示した図だ。（極端な例であるグラスゴー市を除いたすべての）点は漏斗のような形を作っており、そのなかで、地区間の相違は明らかに人口が少なくなるにつれて広がっていた。ここにポールは、**管理限界**を描き加えた。この管理限界が示すのは、観測した死亡率間の相違が、ひとえに大腸癌での年間死者数に自然かつ回避できないばらつきがあるからであり、地区が異なるゆえに経験する基礎リスクに何らかの系統的変化があるからではないのであれば、点がプロットされると考えられるであろう範囲だ。管理限界は、1つの仮定の下で得られる。各地域での大腸癌による死者数とは、二項分布から得られる観測値であり、その二項分布の標本数は当該地域の大人が構成する母集団の人数と同じ、分布の元になる確率は特定の人が大腸癌で死ぬであろう年間の基礎確率0.000176である、という仮定だ。これは国全体での平均的な個人のリスクだ。ここでの管理限界は、それぞれ確率分布の95%、および99.8%を含むように設定されている。この種のグラフは、**ファンネルプロット**と呼ばれ、多数の保健衛生当局や研究機関を調査する際に広く利用されている。というのも、疑わしい順位表〔第1章参照〕など作らずに外れ値の検証ができるからだ。

　データは管理限界内にかなりうまく落ち着く。これはつまり、地区間の差異が、本質的に偶然のばらつきだけによると期待できるであろうものだということだ。狭い地区ほど事例が少なく、だから偶然の果たす役割の影響を余計に受けやすく、したがって、極端な値が多くなりがちなのだ。ロッセンデールにおける死亡率はわずか7人の死者に基づいており、その死亡率はほんの数件多く症例が発生しただけで大幅に変わり得るだろう。ゆえにBBCは大げさな見出しを出したものの、そこに重要でニュース性のある話題はない。たとえ異なる地区での基礎リスクがぴったり同じであったとしても、

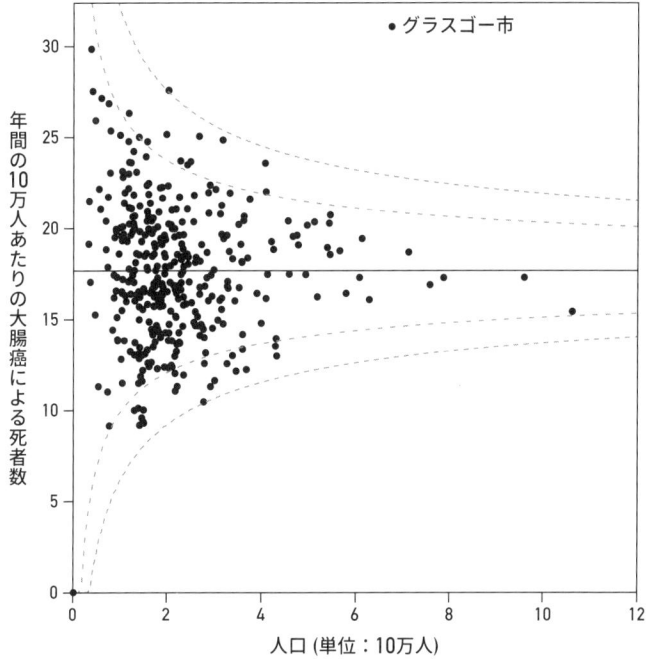

図 9.2
英国での 380 の地区における人口 10 万人当たりの大腸癌による年間死者数（ウェールズを除く）。地区の人口に対してプロットした。2 組の破線は、もしもリスク間に現実的な差異がないならば、95%、および 99.8%の地区が入ると予想できる領域を示している。これらは、基礎分布として仮定した二項分布から得たものだ。グラスゴー市だけが基礎リスクが平均値とは異なることの証拠を示している。データに対するこのような見方を「ファンネルプロット」と呼ぶ。

観測された死亡率における 3 倍のばらつきは予測範囲内なのである。

　この単純な例には学ぶべき重要な事柄がある。オープンデータ、データサイエンス、データジャーナリズムの時代においてさえ、数の見かけ上のパターンに惑わされることのないように、基本的な統計学的原理が私たちにはなおも必要だ。

この図から、特に注目すべき唯一の観測値はグラスゴー市の外れ値のデータ点であることがわかる。大腸癌というのは特にスコットランド人に見られる現象なのだろうか？　このデータ点は本当に正しいのか？　さらに新しい 2009 年から 2011 年にかけてのデータから、大腸癌による死者数は、グラスゴーおよびグラスゴーに繋がる地域からなるグレーターグラスゴーでは 10 万人当たり 20.5 人、スコットランド全体では 19.6 人、イングランドでは 16.4 人だった。これらの事柄は、先のグラスゴー市の値に対して疑いを投げかけもするし、スコットランドはイングランドよりも死亡率が高いことを示しもする。概して、1 つの問題解決サイクルから出た結論は、さらに多くの疑問を生み、こうしてサイクルが再び始まるのだ。

▷ 無秩序から秩序が生まれる中心極限定理

　個々のデータ点は幅広くさまざまな母集団分布から抽出され得る。母集団分布の中にはかなり歪んで、収入や性的パートナーの場合のように長く裾を引いているものもあるかもしれない。しかしもはや私たちは、個々のデータ点ではなく、統計量の分布を考察対象にするという決定的な方針転換をしており、その統計量は一般に、何らかの代表値になるだろう。第 7 章ですでに、ブートストラップ再標本の標本平均の分布は、元々のデータ分布の形が何であれ、行儀の良い対称的な形になっていくことに触れた。だからいよいよその先の、さらに奥深くとてもすばらしい発想に移ることができる。それは今から 300 年ほど前に確立したものだ。

　左利きの例から、標本が大きくなるにつれて、観測される割合のばらつきは小さくなることがわかる。したがって図 9.2 のファンネルは、標本が大きくなるにつれて、平均値付近で徐々に狭くなる。これが昔から知られている**大数の法則**だ。18 世紀の初頭にこの法

則を確立したのは、スイスの数学者ヤーコプ・ベルヌーイだ。1 回硬貨を投げて、表が出れば値 1、裏が出れば値 0 とすることをベルヌーイ試行と呼び、その分布が**ベルヌーイ分布**だ。偏りのない硬貨を繰り返し投げ、ベルヌーイ試行を実行し続けると、各結果の割合は、表が 50％、裏が 50％にどんどん近づいていくだろう。表の出る割合の観測値が真の基礎確率に収束するということだ。もちろん、試行を繰り返すなかで初めのうちは、その比が 50 対 50 からいくらか離れているかもしれない。たとえば表が続いた後、その比率が相殺されるように、今度は何とかして裏が「出るはずだ」と信じたい気持ちに駆られる。これは「ギャンブラーの誤謬」と呼ばれ、（個人的経験から言えば）なかなか乗り越えにくい心理的バイアスだ。しかし硬貨は何も覚えていない。理解すべきは、硬貨が過去の偏りを埋め合わせることは不可能だが、次々と新たにそれまでとは独立に投げ続ければ過去の偏りが自然に打ち消されるという点だ。

　第 3 章で、お馴染みの「鐘形曲線」を紹介した。これは正規分布、あるいはガウス分布としても知られている。同章で、この曲線が米国の母集団における出生体重の分布をうまく表していたことを明らかにし、その理由は、出生体重がたくさんの要因に依存しており、どの要因も影響力は小さく、その小さな作用を加え合わせていくと正規分布になることだと説明した。

　これが、**中心極限定理**と呼ばれるものの背後にある推論の筋道だ。この定理は、1733 年にフランスの数学者、アブラーム・ド・モアブルが二項分布のある特定の場合について初めて証明した。しかし標本が大きくなるにつれて正規曲線に近づくのは二項分布に限ったことではない。実質的に、元の各測定結果を標本抽出する源である母集団分布の形がどんなものであっても、標本が大きければ、その平均値は正規曲線から得られると考えてよいということが注目すべ

き事実なのだ。その正規曲線の平均値は元の分布の平均値と等し
いだろうし、また、標準偏差は元の母集団分布の標準偏差と明白な
関係性があって、すでに述べたように標準誤差と呼ばれることが多
い。

フランシス・ゴルトンは、群衆の知恵や相関関係や回帰をはじめ、ほとんどすべての事柄を研究対象としたが、それとは別に、正規分布（当時は「誤差の頻度の法則」として知られていた）が見かけ上無秩序なものから整然と現れるというのは本当に驚嘆すべきことだと考えた。

「誤差の頻度の法則」が描きだす宇宙秩序ほどすばらしく、想像力を揺さぶるものなど知らないと言って良い。ギリシャ人たちがそれを知っていたのならば、人格化し、崇めたであろう。この法則は、極めて荒々しい混乱のさなか、静かに君臨し、完全な自己抑制のなかにいる。無秩序な群衆が膨れあがるほど、そして見かけ上の混乱状態が広がるにつれ、その支配力はいっそう盤石なものになる。これは無秩序を支配する最高の法則なのだ。混乱状態の構成要素からなる大きな標本を手に取り、その大きさの順に整頓したなら必ず、まさかと思うような、なおかつ何より美しい形の規則性が、初めからずっと隠れていたことが明らかになる。

ゴルトンは正しかった。これは本当に並外れた自然の法則なのだ。

---

* これには重要な例外もある。一部の分布にはとても長く「重い」裾があるので、期待値や標準偏差が存在せ
ず、それゆえに平均は収束しない。
† すべての観測値が独立で、かつ同じ母集団分布から得られたと仮定できるなら、その平均値の標準誤差はまさ
に、母集団分布の標準偏差を標本数の2乗根で割ったものだ。

▷ 確率論で観測値から不確定区間を求めるには？

　ここで述べている理論はすべて、既知の母集団から得たデータに基づく統計量の分布に関してさまざまな事柄を証明するのに都合が良い。だがそれは、私たちがもっぱら関心を持っていることではない。プロセスを逆向きにする方法を見いださなくてはならないのだ。既知の母集団を元にしてあり得る標本について何かを判断するに至るのではなく、その逆に、1 つの標本を元に、あり得る母集団について何かを述べるに至る必要がある。これは第 3 章で概要を説明した帰納的推論のプロセスだ。

　私が硬貨を 1 枚持っていて、それが表になる確率をあなたに尋ねるとしよう。あなたは得意げに「50 対 50」とか、あるいは似たようなことを答える。それから私は硬貨を投げ、あなたも私も結果を見ないうちに隠し、表である確率をあなたに再び尋ねる。あなたが私の経験上よく見る人であればたぶん、一呼吸置いてから、かなり渋々「50 対 50」と答える。そして私は硬貨をすばやく確認する。あなたには見せない。そして同じ問いを繰り返す。またもあなたは、たいがいの人と同じであれば、結局はもぐもぐと「50 対 50」だと言う。

　このちょっとした試行から、2 つのタイプの不確実性の重要な相違が明らかになる。硬貨を投げる前の**偶然的不確実性**（予測できない事象の「見込み」）と硬貨を投げた後の**認識論的不確実性**（確定しているものの未知である事象について個人の無知の程度を表すもの）だ。同様の違いは、（結果が偶然に依存する）宝くじの券と（結果がすでに決まっているものの、あなたにはそれが何かがわからない）スクラッチカードの間にも見られる。

　私たちが統計量を利用するのは、世のなかの何かの数量について認識論的不確実性があるときだ。たとえば、母集団のなかで自らを

信心深いと考える人の正しい割合がわからないときに調査を実施したり、薬の本当の平均的効果がわからないときに医薬試験を行なったりする。これまで見てきたように、確定はしているものの未知である量は、母数（パラメータ）と呼ばれ、ギリシャ文字で表されることが多い。

　私が行なった硬貨投げの例とまったく同じように、これらの実験に着手する前には、結果がどうなるだろうかという偶然的不確実性がある。なぜならば個々人を無作為に標本抽出したり、患者を薬かダミーの錠剤かに無作為に割り当てたりするからだ。それから研究を実施してデータを得た後には、この確率モデルを使って目下の認識論的不確実性に対処する。あなたが、覆い隠された硬貨を前に、最終的に「50 対 50」だと答えておこうとするのとまったく同じだ。だから確率論のおかげで私たちは将来に何を期待すべきかを知り、確率論を利用すれば過去に観測してきたものから何が学べるのかもわかる。確率論は、統計学的推論の（とても優れた）基盤なのだ。

　推定値の不確定区間、言い換えるなら許容誤差を導くための手続きは、次のような基本的発想に基づいている。3 つの段階を経る。

1. 確率論を使うと、母集団の特定の母数に対して、観測した統計量が 95％の確率で入っていると期待できる区間がわかる。これが 95％予測区間であり、たとえば図 9.2 の内側のファンネル内に示したものがそうだ。
2. 次に特定の統計量を観測する。
3. 最後に（そしてこれこそが難しいところだが）、私たちが観測した統計量が 95％予測区間に入る母集団の母数の範囲を計算する。この範囲を「95％**信頼区間**」と呼ぶ。

----

* 第 12 章で、ベイズ統計学の専門家は、母数についての認識論的不確実性に対し、確率を喜んで利用するということを取りあげるつもりだ。

4. こうして結果として得られた信頼区間に「95％」と名づけているのは、繰り返し適用すると、そのような区間のうち95％では正しい値を区間内に含んでいるはずだからだ。[*]

すべてわかっただろうか？　そうでなくても、どうか安心してほしい。あなたと同じように途方に暮れた何世代もの学生たちがいるのだから。具体的な式は巻末の用語集で示すが、詳細部分よりも、基本的原理のほうが大事だ。すなわち、信頼区間とは、観察された統計量がそこから得られたとして、もっともらしいと考え得る母集団の母数の範囲だということだ。

▷ 信頼区間を計算によって求める

　信頼区間の原理は1930年代にユニバーシティ・カレッジ・ロンドンで、ポーランドの優れた数学者であり統計学者でもあるイェジ・ネイマン、カール・ピアソンの息子であるエゴン・ピアソンがまとめ上げた。[†] 推定した相関係数と回帰係数について必要とされる確率分布を導くという研究は、その何十年も前から続いており、学校で学ぶ標準的な統計学の課程でそれらの分布は数学的に詳しく教えられたし、第一原理から導かれさえしたものだった。幸いにも、こうしたあらゆる苦労の結果が現在では統計ソフトウエアに組み込まれていて、それゆえに専門家は議論すべき重要な論点に集中でき、複雑な公式に惑わされなくて済む。

　第 7 章では、ゴルトンによる研究に基づいて、母親の身長と娘の身長の関係性に当てはめた回帰直線の傾きに 95％不確定区間を得

---

[*] 正確に述べると、95％信頼区間とは、この特定の区間に真の値が含まれる確率が 95％なのではない。しかし実際にはそのように誤って理解されることが多い。

[†] 私は、2 人が年齢をもっと重ねてから、知り合いになるという光栄に浴した。

	推定値	標準誤差	95%区間
厳密な値	0.33	0.05	0.23 から 0.42
ブートストラップによる値	0.33	0.06	0.22 から 0.44

表 9.1
母親の身長と娘の身長の関係を要約する回帰係数の推定値。標準誤差、95%信頼区間
については、厳密な値とブートストラップ法による値を求めた。ブートストフップ法は
1,000 回の再標本に基づいている。

るという手順を通じ、ブートストラップ法を理解した。確率論を基
盤とし標準的ソフトウエアから提供される正確な区間を得るのはは
るかに簡単であり、また表 9.1 から両者がかなり類似した結果をも
たらすことがわかる。確率論に基づいた「厳密な」区間を得るには、
ブートストラップ法によるアプローチよりも多くの仮定が必要であ
り、厳正に言えば、完全に正しいものであるためには、基礎母集団
の分布が正規分布でなければならないだろう。だが中心極限定理に
よれば、標本がこのようにとても大きれば、推定値が正規分布に
したがうという仮定は合理的であり、だから確率論から厳密に求め
られたこの区間は妥当であると考えて良い。

　慣例的に 95% 信頼区間を使い、その区間は一般的には ± 2 標準
誤差として設定されるが、もっと狭い（たとえば 80%）区間やもっ
と広い（たとえば 99%）区間が採用されることもある。[*]米国の労働
統計局では失業者数に関して 90% 信頼区間を採用する。一方、英
国の国家統計局は 95% 信頼区間を採用する。どれを用いているの
かを明らかにすることが極めて重要だ。

------

[*] さらに正確に言うと、95% 信頼区間は、統計量が厳密に正規分布にしたがうという仮定に基づいて、±
1.96 標準誤差として設定される場合も多い。

▷ 世論調査の許容誤差はどれくらいか？

　ある主張が、たとえば世論調査などの調査に基づいていることが明らかな場合、許容誤差を報告するのが一般的な慣例となっている。第7章で紹介した失業者数の統計値は驚くほど許容誤差が大きく、失業者数が3,000人変化したという推定値に対して、許容誤差が±7万7,000人だった。これは本来の数の解釈に重要な影響をもたらす。この場合で言えば、その許容誤差ゆえに、失業者数が増えたのか減ったのかすら確認できないことがわかる。

　おおまかに、次のような単純な方法だ。もしもあなたが、たとえば朝食には紅茶よりもコーヒーを好む人のパーセンテージを推定しようとしていて、母集団から無作為に抽出した標本を元にするのなら、その場合の許容誤差（単位は%）はせいぜい、±100を標本サイズの2乗根で割ったものだ。したがって1,000人を対象にした調査（業界標準）では、許容誤差は一般的に±3％とされる。もしも1,000人のうちの400人がコーヒーのほうが良いと答え、600人が紅茶のほうが良いと答えれば、その母集団のなかでコーヒーを好む人の基礎比率は40±3％、つまり37％と43％の間であるとおおよそ推定できるだろう。

　言うまでもなく、これが正確であるのは、調査機関が適切に無作為標本抽出を行ない、誰もが回答し、みんながどちらかの意見を持っていて、全員が本当のことを話した場合に限られる。したがって、許容誤差は計算できるとはいえ、それは今述べた仮定がおおむね正しくなければ有効ではないということを肝に銘じなくてはならない。

---

* 1,000人が参加すると、許容誤差（単位は%）は、せいぜい±100/$\sqrt{1,000}$＝3％となる。母集団からただ無作為に標本を抽出するのではなく、もっと込み入った設計に基づく調査は数々あるだろうが、許容誤差にはさほど影響がない。

それでは、私たちはそのような仮定に頼って良いのか？

▷ 統計学で推測した許容誤差は信じられるか？

　2017 年 6 月に英国で総選挙が実施されるのに先立ち、1,000 人ほどの回答者に投票の意向を尋ねた世論調査が極めて多数発表された。もしもそれらが完全な無作為の調査であり、回答者が正直に答えたのであれば、それぞれの許容誤差はせいぜい±３％であり、世論調査はすべて同じ基礎母集団を測定しているはずなので、その平均値を中心とした世論調査のばらつきはその範囲内に収まるはずだったのである。だが図 9.3 は、BBC ニュースが用いた図に基づいたもので、ばらつきがそれよりはるかに大きかったことを示している。つまりそのような許容誤差が正しかったとは言えないのだ。

　無作為ゆえのばらつきによる許容誤差は回避しがたい（そして定量化可能である）ことはすでに述べたが、その他に、調査が不正確なものになり得る理由が多くあることもこれまで触れてきた。この場合、過度なばらつきの原因は標本抽出手法、とりわけ、回答率がかなり低くて（おそらくは 10%から 20%の間であろう）主として固定電話で行なわれた電話世論調査にあるのかもしれない。私個人のかなり疑り深い発見的解決方法は、世論調査の誤差は世論調査の系統的誤差を考慮して２倍にするべきであるというものだ。

　選挙前の世論調査に完璧な正確性は期待できなくても、たとえば光の速度といった世のなかの物理的事実の測定を試みる科学者には正確性をもっと期待するだろう。ところが、そのような実験において主張された許容誤差の範囲も、後になってひどく不適切だったことが判明するという経緯は昔から繰り返されている。20 世紀の初め頃の光速の推定値の不確定区間に、現在受け入れられている値は含まれていなかったのだ。

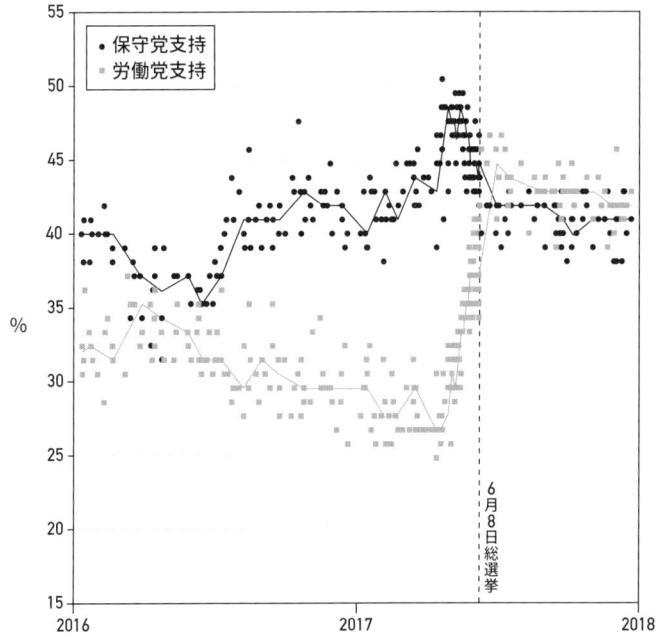

図 9.3
BBC が 2017 年 6 月 8 日の英国総選挙前に用いた世論調査データを視覚化した形式[3]。傾向線は過去 7 回の世論調査の中央値。各調査は一般的に 1,000 人の回答者に基づいており、したがって許容誤差は最大でも ±3 ％だとされていた。ところが各調査間のばらつきはこの許容誤差をはるかに超えている。労働党と保守党以外の政党は示していない。

　こうしたことから、度・量・衡・学・、つまり尺度の科学の研究機関は、許容誤差は常に以下の 2 つの成分に基づくべきであるという条件をつけるようになった。

- **タイプ A**
  本章で取りあげている標準的な統計学的尺度。これは観測を重ねるにつれて減るものと考えられるだろう。

- **タイプB**

  系統的誤差。これは観測を重ねても減ることは考えられず、専門家の判断や外的証拠などの非統計学的方法を用いて対処しなくてはならない。

こうした洞察のおかげで、私たちは1つのデータソースに導入できる統計学的手法について謙虚さを持とうという気になる。もしもデータ収集を行なった方法に基本的問題があるならば、堅実な手法がいくらあってもその偏りを消すことはできず、私たちは背景知識と経験を利用して結論を加減しなくてはならない。

▷ 数学的確率分布から母数の経時的変化を考える

確率論を使って調査結果に許容誤差を設定するのは当然のように思える。というのも、個々の対象は大きな母集団から無作為に抽出され、データの生成に偶然が入り込む余地があるのは明白だからだ。だが再び問うてみよう。引き合いに出された統計量が、すでに起きたすべての事柄を完全に集計したものであればどうだろう？ 例として、ある国で毎年、殺人の件数を数えているとしよう。実際数えた件数には誤りがない（そして「殺人」の意味も合意が取れている）と仮定すると、これは許容誤差のない記述統計学にすぎない。

だが経時的な基礎傾向について意見を述べる必要があるとしてみよう。「英国の殺人事件発生率は上昇を続けている」のようにだ。たとえば、英国統計局は2014年4月から2015年3月までに497件、翌年には557件の殺人があったと報告した。確かに殺人の件数は増えたが、殺人事件数は特に明白な理由がなくても年によってさまざまであるのはわかっている。では、これは年間の殺人の基礎発生率が実際に変動したことを示しているのだろうか？ この未知

の量について推論をしたい。だから観測した殺人件数に対する確率モデルが必要だ。

　幸いにも前章で、毎日の殺人件数は、別の可能性として考え得る歴史が集まった隠喩的な母集団から無作為に引きだされた観測値であって、ポアソン分布にしたがうかのように振る舞うことに触れた。すなわちこれは、平均 m を（どちらかと言えば仮説上の）「真の」年間の基礎殺人発生率だとして、丸 1 年分の総件数を、平均 m のポアソン分布から得られる 1 つの観測値だと考えて良いということだ。私たちの関心の的は、m が年々変わるかどうかだ。

　このポアソン分布の標準偏差は m の 2 乗根であり、$\sqrt{m}$ と書ける。これは私たちの推定値の標準誤差でもある。これで m がわかりさえすれば信頼区間を定められるだろう。でも m の値はわからない（それがこの実践的試行の肝心な部分でもある）。2014 年から 2015 年の期間を考えよう。この間に、497 件の殺人が起きた。これがその年の基礎殺人発生率 m に対する私たちの推定値だ。m に対するこの推定値を使うと、標準誤差 $\sqrt{m}$ は $\sqrt{497} = 22.3$ と推定できる。これで $\pm 1.96 \times 22.3 = \pm 43.7$ という許容誤差が得られる。だから最終的に、m に対する 95% 信頼区間は $497 - 43.7 = 453.3$ から $497 + 43.7 = 540.7$ と概算できる。95% 信頼区間は ± 1.96 標準誤差と想定されることが多いので、つまりこれは、この期間の真の基礎殺人率は年間 453 件から 541 件だと 95% 確信できるということを意味する。

　図 9.4 では 1998 年から 2016 年までのイングランドとウェールズでの殺人件数の観測値、および、基礎発生率に対する 95% 信頼区間を示している。年間の合計件数の間の変動はどうしても回避できないものの、信頼区間が経時的変化についての結論は慎重に引きださなくてはならないことを示しているのは明らかだ。たとえば、2015 年から 2016 年の 557 件という結果の 95% 信頼区間は 511 か

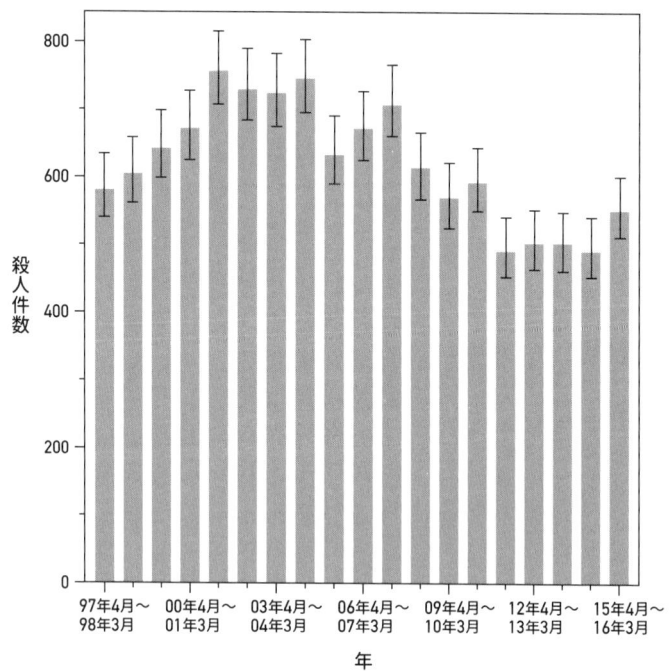

図 9.4

1998 年から 2016 年までの、イングランドとウェールズでの年間の殺人件数。および、「真の」基礎殺人発生率に対する 95% 信頼区間。[4]

ら 603 であり、前年の信頼区間と十分な重複がある。

　それでは、殺人の被害者になる基礎リスクに変化が本当にあったかどうか、あるいは観測された変化が回避できない偶然変動のせいにすぎないものであり得るかどうかは、いかに判断できるだろうか？　信頼区間が重複していないなら、本当に変化があったのだと少なくとも 95% は確信を持てる。ところがこれはかなり過酷な規準だ。それに、私たちは本当は、基礎リスクの変化に対する 95%区間を作るべきだ。そしてその区間に 0 〔基礎リスクが変化していな

いことを意味する〕が含まれれば、本当の変化があったということ
に確信を持てなくなる。

　2014 年から 2015 年、2015 年から 2016 年の殺人件数の間には
557 − 497 = 60 件の増加が見られた。観測されたこの変化の 95%
信頼区間は − 4 から + 124 であることがわかる。ここには（かろう
じて）0 も含まれる。厳密に言えば、基礎発生率が変化したと 95
%確信して結論づけることはできないという意味だが、私たちはま
さに境界線近くにいるので、まったく変化がなかったと宣言するの
は合理的ではないだろう。

　図 9.4 における殺人件数の信頼区間は、たとえば失業者数の許容
誤差とは本質的にまったく異なる。後者は実際に失業している人数
についての認識論的不確実性を表したものだ。一方で、殺人件数の
区間が表しているのは、実際の殺人件数についての不確実性ではな
く、（これら件数が正しく数えられているという仮定の下で）社会にお
ける基礎リスクの信頼区間なのだ。2 つのタイプの区間は同じよう
に見え、さらには同様の数学的処理を使いさえするかもしれないが、
基本的に異なる解釈をすべきものだ。

　本章では考えるのに骨が折れる問題もいくつか取りあげてきたが、
本質的に、確率モデリングに基づいた統計学的推論のための形式的
基盤をすべて説明したのだから、難しくて当然だ。それでもこの苦
労には価値がある。というのも、私たちはいよいよこの体系を利用
して、世のなかの特性の基本的説明や推定といった範囲を超えるこ
とができ、そして、統計学的モデリングがいかにして、世界の本当
のしくみに関する重要な問いに答える役に立ち、科学的発見の確固
とした基盤を提供できるのかを考察できるようになるからだ。

○ 確率論を使って要約統計量の標本分布を得ることができる。その分布から、信頼区間についての式が得られる。

○ 95%信頼区間とは、仮定が正しいとして、同じプロセスで信頼区間推定を行なった結果のうち95%の場合において、真の母数を含むであろうということだ。特定の区間が真の母数を含む確率が95%だと主張することはできない。

○ 中心極限定理は、標本平均などの要約統計量の分布は、標本が大きければ、正規分布になると仮定できるということを意味している。

○ 許容誤差には、通常、無作為でない原因による系統的誤差は含まれない。系統的誤差を評価するには、外的な知識と判断が必要だ。

○ 信頼区間は、すべてのデータを観測している場合にも算出される。そのようなときにこれら区間が意味しているのは、隠喩的基礎母集団の母数の不確定性である。

第 10 章

問いに答えるのに必要なこと
発見の意味を知る

▷ いよいよ仮説検定の段階へ

男の子は女の子よりも多く産まれるか?

　1705 年にアン女王の侍医となった医師、ジョン・アーバスノットは、この問いの答えを確かめることに着手した。1629 年から 1710 年までの 82 年間にロンドンで行なわれた洗礼のデータを調べたのだ。その結果は図 10.1 で、現在では性比と言われるもの、つまり女の子 100 人当たりの男の子の人数という観点から示してある。

　アーバスノットは、どの年でも洗礼を受けた男の子は洗礼を受けた女の子よりも多いこと、総合的な性比は 107、調査期間内では 101 から 116 までさまざまな値を取ることを見いだした。しかしアーバスノットはもっと一般的な法則として主張したいと考えた。そこで、男の子と女の子の生まれる潜在的な割合には現実的に差がないのであれば、毎年、男の子のほうが女の子よりも多く産まれる見込み、あるいは女の子のほうが男の子よりも多く産まれる見込みは五分五分であり、まさに硬貨投げと同じだという議論を展開した。

　ところがどの年も男の子のほうが多いということは、偏りのない硬貨を 82 回立て続けに投げて毎回表が出るのと同じだ。それが起きる確率は $1/2^{82}$ だ。小数点以下にゼロが 24 個並ぶじつに小さい

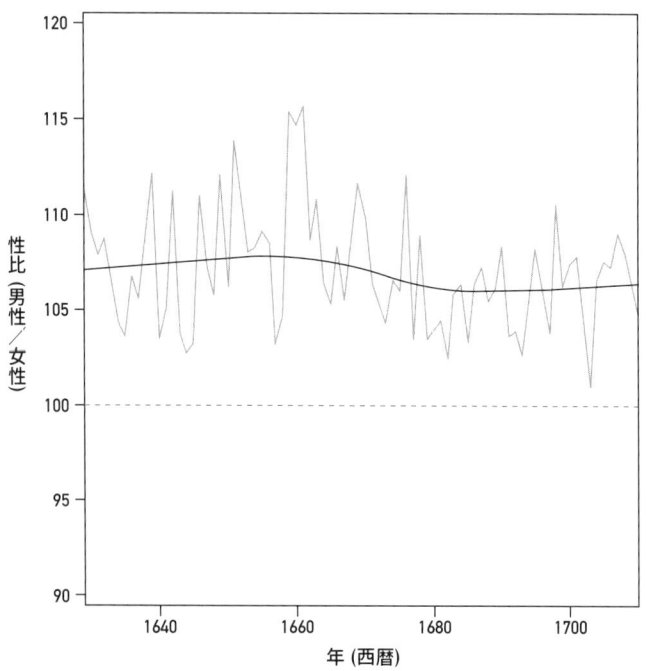

図 10.1
1629 年から 1710 年の間にロンドンで洗礼を受けた子供の性比 (女の子 100 人当たりの
男の子の人数)。1710 年にジョン・アーバスノットが発表した。破線は男の子と女の子の
人数が等しいところを示す。曲線は実データに適合させたもの。すべての年において、洗
礼を受けた人数は、男の子のほうが女の子よりも多い。

数になる。もしも私たちがそれを現実の実験で観測したら、その硬
貨には偏りがあると自信を持って主張するだろう。同様に、アーバ
スノットは、男の子が多く生まれるような何らかの力が働いている
と結論づけ、それは男性のほうが死亡率が高いことを相殺するため
に違いないと考えた。「その喪失を取り返すために、先見の明に富
む自然は、賢明なる創造主の裁量によって、女性よりも男性を多く

生みだす。それもほぼ一定の割合で[1]」。

　アーバスノットのデータは繰り返し分析の対象とされてきており、数えあげの誤りがあるかもしれないし、英国国教会の洗礼しか考慮していないとはいえ、見いだした基本的事項はそれでも有効だ。「自然な」性比は現在ではおおよそ 105、つまり女の子が 20 人生まれるごとに男の子は 21 人生まれると考えられている。アーバスノットは発表した論文のタイトルで、自らのデータを超自然的な介入の存在を示す直接的な統計学的証拠だと謳っている。「神の摂理についての議論　男女の誕生に見られる不変な秩序から」。これが正当性の認められる結論であろうがなかろうが、また当時、自身にはそのような意識はなかったとはいえ、アーバスノットは統計的有意性に関する世界初の検定を行なったゆえに歴史に名を残した。

　私たちは問題解決サイクルのうち、おそらくは最も大切であろう部分にたどりついた。つまり、世界のしくみについて具体的な問いに対する答えを探す段階だ。たとえば以下のような問いだ。

1. 英国における日々の殺人発生件数は、いつも同じポアソン分布にしたがうのか？
2. 英国における失業率は直近の四半期で変化しただろうか？
3. スタチンを摂取すると、私のような人が心筋梗塞や脳卒中に見舞われるリスクは低下するだろうか？
4. 父親の身長を考慮した上でも、母親の身長は息子の身長と関連性があるだろうか？
5. ヒッグスボソンは存在するのか？

　こうして列挙すると、一時的なものから恒久的なものまで、とてもさまざまな種類の問いがあり得ることがわかる。

1. 殺人とポアソン分布
   世間の人たちはさほど興味を持たないものの、基礎発生率に
   変化があったのかどうかに答えるために役に立つ一般的な法
   則。
2. 失業率の変化
   特定の時や場所に関する固有の問い。
3. スタチン
   科学的な主張。とはいえ１つのグループに特有なもの。
4. 母親の身長
   広く科学的興味を持たれるかもしれない。
5. ヒッグスボソン
   宇宙に関わる物理的法則の基本となる考えかたが変わり得る。

　私たちには、これらの問いのいくつかに答えるのに役立つデータ
がある。すでにそれを使い、探究的プロットを行ない、適切な統計
学的モデルについて、正式とは言えないが結論を導きだしてきた。
だがいよいよ PPDAC サイクルの分析（Analysis）の正式な側面に
取りかかる。一般的には**仮説検定**と呼ばれるプロセスだ。

▷ **統計学的モデルにおいて「仮説」とは何か？**

　仮説は、１つの現象について提示された説明と定義できる。それ
は絶対的な真実ではないものの、暫定的で作業的な仮定である。ひ
ょっとすると、刑事事件における容疑者候補だと考えると１番わか
りやすいかもしれない。

　第５章で回帰を取りあげた際に、以下のような主張に触れた。

観測値＝決定論的モデル＋残余誤差

　これは、統計学的モデルとは観測した事柄を数学的に表現したものだ、という考えかたを示している。この表現によって、決定論的な成分と「確率論的な」成分が結びつけられるのだ。後者は予測不可能性やランダムな「誤差」を示しており、一般には確率分布という観点で表される。統計科学の範囲内では、仮説とは、統計学的モデルのこれらの成分の 1 つをめぐる特定の仮定であると考えられており、「真実」というよりは暫定的なものであるという含みがある。

▷ 帰無仮説を使う正式な検定の考えかた

　発見の価値を認めるのは科学者だけではない。新しいことを見いだす喜びというのは全世界に通じるものだ。それだけではなく、発見があまりに魅力的なので、何かを見いだしたわけではないのに、見つけたと感じる生来の傾向が私たちにはある。先に、アポフェニアという言葉を使って、パターンが存在しないところにパターンを見いだしてしまう能力を説明した。この傾向は進化における利点さえももたらす可能性が示唆されている。すなわち、灌木のなかからガサガサという音が聞こえたとき、明らかに虎であるかどうかがわからないうちに逃げだした祖先たちは生き延びやすかったのかもしれないというわけだ。

　ところが、この態度は狩猟採集生活をする人たちには都合が良いかもしれない一方で、科学においては役に立ち得ない。さらに言えば、主張が想像力の生んだ虚構にすぎないならば、科学的プロセス全体が損なわれてしまう。間違った発見から私たちを守る方法が必要であり、仮説検定はその役割を果たそうとしている。

そこで**帰無仮説**という考えかたが重要性を帯び始める。帰無仮説とは、私たちがその仮説に十分な反証ができない限り、使い続けることになる単純な形の統計学的モデルである。先に列挙した問いにおいて、帰無仮説は以下のようになるだろう。

1. 英国で日々発生する殺人件数は、いつも同じポアソン分布に必ずしたがう。
2. 英国の失業率は直近の四半期に変化がなかった。
3. スタチンは、私のような人が心筋梗塞や脳卒中に見舞われるリスクを低下させない。
4. 父親の身長を考慮に入れると、母親の身長は息子の身長に影響しない。
5. ヒッグスボソンは存在しない。

　帰無仮説とは、私たちにとって、事実でないと証明されない限りは、事実だと仮定してもかまわない事柄だ。帰無仮説は容赦なく否定的だし、進歩や変化を一切拒もうとする。しかしだからといって、私たちは帰無仮説が文字通り正しいものだと心から信じているということではない。上述した仮説のなかに、例外なく正しいことが妥当であると思えるものは1つもないのは明らかなはずだ（ヒッグスボソンが存在しないことだけは、あるいは別かもしれない）。だから、帰無仮説が実際に証明されたのだと言い切ることは決してできない。やはり英国の偉大なる統計学者として名を連ねるロナルド・フィッシャーの言葉によれば、「帰無仮説は、実験の過程で否定されることはあっても、決して証明されたり確立されたりすることはない、という点に注意すべきである。あらゆる実験は、事実に対して帰無仮説を否定する機会を与えるためにのみ存在するということができる」〔訳文はフィッシャー『実験計画法』遠藤健児他訳より〕[2]のだ。

イングランドの法律制度の下での刑事裁判には、とてもよく似ているところがある。つまり、被告人が有罪だと判明することはあっても、誰かが無罪であると判明するわけではない。単に被告人が有罪である証拠が不十分なだけだ。同じように、帰無仮説を棄却しても良いとわかるかもしれないが、棄却できるだけの十分な証拠がないからといって、帰無仮説を真実として受容できることを意味するわけではない。さらに優れたものが出てくるまでの、作業上の仮定にすぎない。

> 腕組みをしてみてほしい。左腕と右腕のどちらが上になるだろうか？　研究によって、母集団の約半分は右腕を上に、約半分は左腕を上にすることがわかっている。ではこれは男性か女性かに関係するのだろうか？

これはたぶん、何を置いても急ぐべき科学的問いではないだろうが、私自身が2013年にアフリカ数理科学研究所で教えている間に調べた問題だ。授業で取りあげるには良い演習問題だったし、私は心からその答えに興味があった。[*]私は、出身地がアフリカ全土にわたるように、大学院生54人からデータを集めた。表10.1で、性別ごと、および左が上か右が上かごとにすべての回答を示した。この種の表は、クロス集計、あるいは分割表と呼ばれる。

　総合的に、右腕が上の人のほうが多かった（32/54 = 59%）。ところが「右腕が上」だった割合を比べると、女性（9/14 = 64%）のほうが男性（23/40 = 57%）よりも高かった。割合の差として観測されたのは、64% − 57% = 7%だ。この事例での帰無仮説は、本当は腕組みと性別の間にどんな関連性もない、というものだ。その

---

[*] ひょっとするとより自然な問いは、腕組みと利き手の関係性かもしれない。しかしそれを調べるには左利きの人があまりに少数だった。

	女性	男性	合計
左腕が上	5	17	22
右腕が上	9	23	32
合計	14	40	54

表10.1
54人の大学院生の性別と腕の組みかたのクロス集計。

場合に、男女間に観測される割合の差は0％だと考えられるだろう。しかし言うまでもなく、この帰無仮説の下でさえも、人々には回避できないランダムなばらつきが見られ、つまり観測された差は正確に0％にはならないということだ。重要な問いは、7％という観察された差が帰無仮説の反証として十分な大きさかどうかだ。

　それに答えるために、私たちが知らなければならないことがある。ただ無作為なばらつきのみに起因して（言い換えるなら、もしも帰無仮説が実際に正しくて腕組みが性別にまったく依存しないのであれば）、割合にどのような差が観測できると予想して良いのかだ。もっと形式的に言えば、7％というこの観測された差は帰無仮説と矛盾しないのだろうか？＊

　これは扱いにくいけれど重要な考えかただ。アーバスノットが、男の子の誕生も女の子の誕生も同様に確からしいという自らの帰無仮説を検証していたとき、その観測データが帰無仮説と少しも適合しないことは簡単にわかった。82年の間ずっと、男の子が女の子よりも多いであろう見込みは、偶然のほかには一切何も作用しないのであれば、ごくわずかだったのだ。状況がもっと複雑な場合には、データが帰無仮説と矛盾しないかどうかを明らかにするのはさほど

＊ 関連性を要約するほかの統計量、たとえばオッズ比などを選ぶこともできるが、本質的には同じ結果になるだろう。

簡単ではないが、次に述べる**並べ替え検定**は、複雑な数学的処理を
要しない効果的な手続きの例だ。

　54 人の学生が全員、順に 1 列に並んでいるとしよう。初めの 14
人が女性、次の 40 人が男性であり、各人には 1 から 54 までの番
号が 1 つ与えられている。各学生は自分が左腕を上にするのか右腕
を上にするのかを示した札も持っているとする。それでは、これら
の「腕組み」札を集めて、帽子のなかで混ぜ、そして学生に無作為
に配ることを思い描いてみよう。これは、もしも帰無仮説が正しい
ならば、自然がどのように働くと考えて良いのかを示す 1 つの例だ。
なぜならばそのとき、腕組みは性別にまったく関係しないだろうか
ら。
　こうして腕の組みかたを無作為に割り当てたとしても、右腕を上
にする人の割合が、偶然の仕業だけで、女性と男性でぴったり同じ
になりはしないだろう。学生にこうして札を無作為に再配分すると
きに観測される割合の差は算出できる。そして、無作為に腕組みを
割り当てるこのプロセスのシミュレーションをたとえば 1,000 回繰
り返し、どのような差の分布ができるのかを確かめることができる
だろう。結果は図 10.2（a）に示してある。この結果を見れば、差
の観測値は、男性のほうが多い場合も女性のほうが多い場合もあり、
差がゼロであるところを中心に散らばっていることがわかる。実際
に観測された差は、この分布の中心近くにある。
　ほかに考えられるアプローチは、もしもかなりたくさん時間が取
れるなら、ただ 1,000 回シミュレーションを行なうのではなく、腕
組み札の考えられるすべての順列を系統的に処理するというものだ。
順列ごとに、右腕を上にする人の割合に関して男女間に観測される
差が生じるだろうし、それらをプロットすればただ 1,000 回のシミ
ュレーションを行なった場合の分布よりもさらに滑らかな分布がで

きるだろう。

　残念ながら、そのような順列は非常に数が多く、たとえ１秒に
100万個の計算をしても、すべて計算するのにかかる年数は後ろに
ゼロが57個並ぶほどになる[3]。幸い、その計算をこなす必要はない。
というのも、帰無仮説の下で観測される割合差の確率分布は理論的
には解明可能であり、図10.2（b）にそれを示している。これは**超
幾何分布**と呼ばれるものに基づいている。超幾何分布の持つ性質か
ら、無作為な順列の下で考え得る各値について、表中の個々のセル
の確率がわかる。

　図10.2から、右腕を上にする人の割合に実際に観察される差（７
％ほど女性が多い）は、もしも本当にまったく何の関連性もないの
であれば目にするだろうと予想できる差の観測値がなす分布の中心
にかなり近いところにあることがわかる。観測値が中心にどれほど
近いところにあるのかを要約するための尺度が必要だ。１つの要約
尺度が図10.2で示した破線の右側の「裾の面積」だ。この場合に
は45％を占めており、すなわち0.45だ。

　この裾の面積は**P値**と呼ばれており、現在実際に使われている
統計学においてとりわけ重要な概念の１つだ。したがって、文章で
形式的に定義するに値する。P値は、もしも帰無仮説（およびその
他すべてのモデリングの仮定）が本当に正しいときに、少なくとも私
たちが得た結果以上に極端な結果を得る確率だ。

　言うまでもなく、問題となるのは「極端な」で何を意味するのか
だ。今考えている0.45というP値は片側だ。というのもこのP値
は、もしも帰無仮説が本当に正しいなら、女性多数となるかなり極
端な値を観察した可能性がどのくらいあるのかを測定しているにす
ぎないからだ。このP値は**片側検定**と呼ばれるものに対応する。
一方で男性多数の割合が観測されても、やはり帰無仮説が成り立た
ないのではないかと思っただろう。だから、どちらの向きでも、少

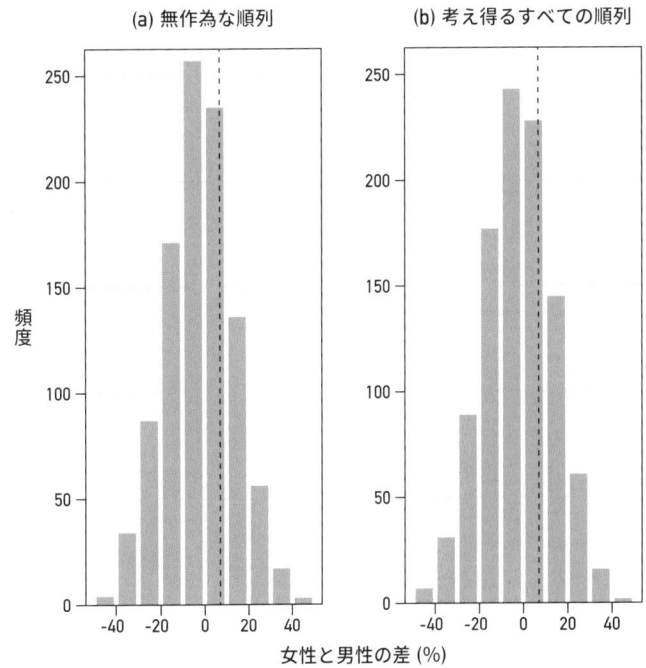

図 10.2
右腕を上にして腕組みをする人の割合の男女間の差に関して実験結果から得られる分布。
(a) 腕組みの 1,000 通りの無作為な順列から。
(b) 腕組みの答えの同様に確からしいすべての順列から。
割合の差の観測値 (7 %) は垂直方向の破線で示してある。

なくとも 7 %の差を観測する見込みの計算もするべきだ。これは**両側 P 値**と呼ばれ、**両側検定**に対応する。こうして合わせた裾の面積は 0.89 であることがわかり、この値が 1 に近いゆえに、観測値は帰無分布の中心近くにあると言える。もちろん、これは図 10.2 から直ちにわかるだろうが、このようなグラフは必ずしも手に入るわけではない。だからデータの極端さを形式的に要約した数が必要

だ。

　アーバスノットの例はこのプロセスが初めて記録されたものだ。男の子が生まれることと女の子が生まれることは同様に確からしいという帰無仮説の下、82 年間すべてを通じて男の子が女の子よりも多い確率は $1/2^{82}$ だった。この値は男子が女子を上回るという点で極端性を定義しているにすぎず、もしも女の子が男の子よりも多かった場合もやはり帰無仮説を疑うだろう。だからこの数を 2 倍の $1/2^{81}$ にして、非常に極端な結果がどちらかの方向に出る確率を与えるべきだ。こうして、$1/2^{81}$ は、初めて採用された両側 P 値だと考えられるだろうけれど、そう呼ばれるようになったのは、それから 250 年後のことだった。

　ところで、私の研究した小さな標本では、性別と腕組みの結びつきはいっさい示唆されなかったし、このほかにも科学的な研究がさらに重ねられてきたが、腕の組みかたと性別や利き手などの特徴との関係性は見いだされていない。

▷ 統計的有意性と P 値の関係

　統計的有意性という考えかたは複雑ではない。P 値が十分に小さい場合には、その結果は統計的に有意だと見なす、というものだ。この用語は 1920 年代にロナルド・フィッシャーが普及させたもので、後に触れる通り批判を受けているにもかかわらず、統計学において主要な役割を変わらずに果たしている。

　ロナルド・フィッシャーは非凡な才能を持ちながらも、気難しい男性だった。非凡だというのは、2 つの別個の分野、遺伝学と統計学で先駆的な人物と見なされているからだ。ところが癇癪持ちだと悪名高く、自分の考えに疑問を呈する人がいれば相手が誰でもひどくこきおろした。また優生学を擁護したり、喫煙と肺癌の結びつき

を示す証拠を公然と批判したりしたため、自ら名声に傷をつけた。タバコ業界との金銭面での結びつきが明らかになったゆえに、個人的評判は悪化したものの、フィッシャーの考えかたが大規模なデータセットの分析において、繰り返し新たに応用されているように、フィッシャーは科学者としての評判は落としていない。

　第 4 章で述べた通り、フィッシャーはロザムステッド試験場で研究に従事しながら、農業実験における無作為化という発想を発展させた。さらに、有名な紅茶鑑定試験を引き合いに、実験設計における無作為化という発想を例証した。その試験は次のように行なわれた。ある女性（ミュリエル・ブリストルと考えられている）が、紅茶を飲めばカップにミルクを加えたのが紅茶を注ぐ前だったのか後だったのかがわかると言い出した。

　実験者たちはミルクを先に入れた 4 つのカップと、紅茶を先に入れた 4 つのカップを用意し、8 つのカップを無作為な順番で並べた。ミュリエルはそれぞれ 4 つずつあることを告げられ、ミルクを先に注いだのはどの 4 つなのかを当てなくてはならなかった。すべて正解したと言われている。ここでも超幾何分布を適用すると、ミュリエルがいい加減に推し量っているという帰無仮説の下でそのようなことが起こるのは 70 分の 1 の確率であるということが、明らかになる。これは P 値の例であり、この値は慣例的には小さいものだと見なされるだろう。したがってこの結果を、ミュリエルはミルクが先に注がれたのかどうかが実際にわかることの統計的に有意な証拠だと主張して良い。

　まとめると、以下のようなステップを説明してきた。

1. 調べたい帰無仮説の視点から問いを組み立てる。これは一般的に H_0 と表記する。
2. ある事柄を評価する検定統計量を選ぶ。それが十分に極端だ

とわかれば、帰無仮説を疑うことになるような統計量だ（たいがいは、その統計量が大きいほど帰無仮説が成り立たないことが示唆される）。

3. 帰無仮説が正しいと仮定して、この検定統計量の標本分布を生成する。

4. 観測された統計量がその分布の裾に含まれているかどうかを確かめ、それをＰ値で要約する。Ｐ値は、帰無仮説が正しい場合に、そのような極端な統計量が観測される確率だ。したがってＰ値は分布においてその確率に対応する部分（裾）の面積だ。

5. 「極端な」が何を指すかは慎重に定義しなくてはならない。たとえば検定統計量の大きな正の値と大きな負の値の双方が帰無仮説に矛盾すると見なせたなら、Ｐ値はそのことを考慮しなくてはならない。

6. Ｐ値がある臨界閾値を下回っていれば、結果は統計的に有意であると主張する。

ロナルド・フィッシャーは、有意性を示すための都合の良い臨界閾値として $P < 0.05$、および $P < 0.01$ を採用し、その有意水準を達成するために求められる検定統計量の棄却限界値の表を作成した。それらの表が広く用いられたので、0.05 や 0.01 が慣例として確立されるに至ったのだ。ただし現在では、正確なＰ値を報告すべきであると推奨されている。そしてその正確なＰ値 は、帰無仮説の真偽に関してのみならず、たとえば系統的バイアスがないことや観測結果が独立していることなど、統計学的モデルの基盤となるほかのすべての前提を条件としているものだと強調しておくのは重要だ。

この全体プロセスは帰無仮説有意性検定（NHST）と呼ばれるようになり、これから見ていくように、注目に値する論戦を巻き起こ

してきた。だがまずは、フィッシャーの考えかたが実際にどのように使われているのかを追究すべきだ。

▷ 確率論を使う検定のさまざまな実例

おそらく帰無仮説有意性検定において何より骨の折れる手順はステップ3だろう。帰無仮説の下、選択した検定統計量の分布を確立するところだ。腕組みのデータで並べ替え検定をした場合のように、コンピュータ集約型のシミュレーション手法にはいつでも頼れるものの、確率論を使って検定統計量の裾の面積を直接明らかにできれば、はるかに利便性が高まる。アーバスノットが簡単な事例で行ない、フィッシャーが超幾何分布で行なったようにだ。

私たちは統計学的推論の先駆者たちが発展させた近似法をたびたび利用する。たとえば、1900 年頃にカール・ピアソンは、表 10.1 のようなクロス集計における関連性を検定するための一連の統計量を考案した。そこから古典的な、**関連性のカイ 2 乗検定**[*]が発展したのだ。

この検定では、関連がないという帰無仮説が真であったと仮定した場合の表の各セルに期待される事象数を計算し、次にカイ 2 乗統計量を使って、観察された数と期待される数の間の不一致の合計を測定する。表 10.2 では帰無仮説を仮定し、表のセル内に予想される件数を示している。たとえば、左腕を上にする女性の予想人数は、女性の総数（14）に全体のなかで左腕を上にする人の占める割合（22/54）をかけたもので、5.7 になる。

表 10.2 から、観測数と予想数はかなり類似していて、データがまさに、帰無仮説の下で私たちが予想するであろうものに近いこと

---

[*]「カイ」とはギリシャ文字χ。

	女性	男性	合計
左腕が上	5 (5.7)	17 (16.3)	22
右腕が上	9 (8.3)	23 (23.7)	32
合計	14	40	54

表10.2
性別ごとの腕組みの観測人数と予測人数（括弧内に表記）。予測人数は、腕組みは性別に関連しないという帰無仮説の下で算山する。

が表れているのは明らかだ。カイ2乗統計量は、観測された数と予想された数の間の違いの総体的な尺度であり（式は巻末用語集で示す）、この場合は0.20という値を取る。この統計量に対応するP値は、標準的なソフトウエアから得られ、0.66であり、帰無仮説に反する証拠は一切示していないことがわかる。このP値が、超幾何分布を基盤とする「正確な」検定と本質的に同じであるというのは心強い。

　検定統計量やP値という考え方を発展させ利用することが、従来、標準的な統計学の課程の大部分を構成しており、したがって残念ながら、統計学という分野は正しい式の選択や正しい表の利用をもっぱら大事にしている、という評判を生んできた。本書は統計学をもっと広い視野で見ようとしているが、それでも、本書を通じて論じてきた例を統計的有意性に関して再検討することに価値はある。

1. 英国における日々の殺人発生件数は、いつも同じポアソン分布にしたがうのか？

　図8.5では、2013年から2016年の間にイングランドとウェールズで、さまざまな殺人発生件数が観測された日数を示している。

1日当たりの殺人件数	観測された日数	帰無仮説の下で予想される日数
0	259	267.1
1	387	376.8
2	261	265.9
3	131	125.0
4	40	44.1
5	13	12.4
6 以上	3	3.6
合計	1,095	1,095

表 10.3
2013 年 4 月から 2016 年 3 月までにイングランドとウェールズで発生した個々の殺人件数に対して、観測された日数と予測された日数。カイ 2 乗適合検定から P 値は 0.96 となり、これがポアソン分布であるという帰無仮説に反する証拠はないことが示される。

1,095 日間にわたり、合計で 1,545 件の殺人が起きた。1 日の平均は 1.41 件で、その値を平均値とするポアソン分布にしたがうという帰無仮説の下で、私たちは表 10.3 の一番右の列に示した数を予想するだろう。表 10.2 の分析に用いたアプローチを適用し、観測された数と予想された数の乖離は、**カイ 2 乗適合検定**統計量によって要約できる（カイ 2 乗検定についても用語集参照のこと）。

　観測された P 値である 0.96 は有意ではなく、帰無仮説を棄却する証拠はない（それどころか、疑わしいとさえ言えるほど適合する）。もちろんこのときに、帰無仮説が厳密に正しいと仮定するべきではないが、たとえば第 9 章で触れた殺人発生率の変化を評価する際に、それを仮定として利用することには合理性があるはずだ。

2．英国における失業率は最近変化しただろうか？

　第7章で、四半期で失業者数が 3,000 人変化したという話では、± 2 標準誤差に基づくと、その人数には± 7 万 7,000 人の許容誤差があったことに触れた。これは、95％信頼区間が－ 80,000 から＋ 74,000 であり、明らかに 0、つまり失業率の変化がないことに相当する値を含むという意味だ。そして、この 95％区間が 0 を含むという事実は、この点推定（－ 3,000）は 0 との差が 2 標準誤差に満たないものであることと論理的に同等であり、変化は 0 と有意に異なるわけではないことを意味する。

　この件からわかるのは、仮説検定と信頼区間は本質的に同等であるということである。以下の通りだ。

- 95％信頼区間が帰無仮説（一般的には 0 ）を含まないなら、両側 P 値は 0.05 よりも小さい。
- 95％信頼区間は P ＜ 0.05 で棄却されない帰無仮説の集合だ。

仮説検証と信頼区間の間にこうした密接な結びつきがあると理解すれば、0 と統計的に有意な差がない結果についての誤った解釈がなくなるはずだ。0 と有意な差がないというのはつまり、帰無仮説が実際に正しいという意味ではなく、真の値に関する信頼区間が 0 を含むという意味にすぎない。後で触れるように、残念ながらこの教えはたびたびないがしろにされる。

3．スタチンを摂取すると、私のような人が心筋梗塞や脳卒中に見舞われるリスクは低下するだろうか？

イベント	スタチンに割り当てられた1万269人中の割合（％）	プラセボに割り当てられた1万267人中の割合（％）	スタチンに割り当てられた人の（相対）リスク低下	リスク低下の標準誤差	低下％に対する信頼区間	P値
心筋梗塞	8.7	11.8	27%	4%	21%〜33%	P<0.0001
脳卒中	4.3	5.7	25%	5%	15%〜34%	P<0.0001
何らかの原因による死	12.9	14.7	13%	4%	6%〜19%	P=0.0003

表 10.4
心臓保護研究の最後に報告された結果。相対的効果の推定値、標準誤差、信頼区間、および「効果なし」という帰無仮説を検定するP値を示している。

　表 10.4 では、表 4.1 ですでに示した心臓保護研究（HPS）で得られたデータを再び示しているが、その恩恵が確証を得てきた理由である信頼区間を示す列を加えている。標準誤差、信頼区間、P値には強い結びつきがある。リスク低下の信頼区間はおおむね、推定値±2標準誤差だ（HPSでは相対的低下を整数に丸めていることに注意）。信頼区間は、0％という帰無仮説、つまりスタチンにはまったく効果がないことに相当する仮説を簡単に排除する。ゆえにP値はとても小さく、実際、心筋梗塞の27％低下に対するP値は約300万分の1だ。これは非常に規模の大きい研究を行なった結果だ。

　たとえば、絶対リスクの差など、ほかの要約統計量を採用しても良いが、どれも同じようなP値をもたらすはずだ。HPSの研究者が相対的リスク低下に注目するのは、それがすべてのサブグループを通じてほぼ一定であり、したがって、単一の要約の指標としてとても優れたものになるからだ。信頼区間を算出する方法はいくつか

異なるものがあるが、ささいな差が生じるだけだろう。

4．父親の身長を考慮した上でも、母親の身長は息子の身長と関連性があるだろうか?

　第5章では、息子の身長を応答（従属）変数、母親と父親の身長を説明（独立）変数として、多重線形回帰を説明した。係数は表5.3に示したが、それらが0と有意な差があると考えられるかどうかは一切考慮しなかった。統計ソフトウエアを使うとこれらの結果はどのようになるのかを説明するために、表10.5では、よく知られている（フリーの）Rプログラムからの出力形式を再構成している。

　表5.3で示したように、切片は息子の身長の平均値であり、係数（出力結果では「推定値」と名づけている）は母親や父親の身長がそれぞれの平均身長と1インチ違うごとに、息子の身長に表れると予想される変化を示している。標準誤差は既知の式から算出でき、係数の大きさに比べて明らかに小さい。

　表10.5にある*t*-値は**t-統計量**とも呼ばれており、重要な注目の的だ。というのもこれは、説明変数と応答変数の間の関連性が統計的に有意であるかどうかを教えてくれるものだからだ。この*t*-値は「スチューデントの*t*-統計量」として呼ばれるものの特別な場合だ。「スチューデント」は、ウィリアム・ゴセットのペンネームだった。ゴセットは、ダブリンにあるギネス社の醸造所からユニバーシティ・カレッジ・ロンドンに出向していた期間中の1908年にこの手法を編みだした。だが、ギネス社は従業員の匿名性を維持したいと考えたのだ。*t*-値は単に、推定値／標準誤差（これは表10.5の数で確かめられる）であり、ゆえに推定値が0から離れている度合いを、標準誤差を尺度として表したものであると解釈できる。こ

276

	推定値	標準誤差	t-値	Pr (>|t|)
(切片)	69.22882	0.10664	649.168	<2 e-16***
母親の身長	0.33355	0.04600	7.252	1.74 e-12***
父親の身長	0.41175	0.04668	8.820	<2 e-16***

有意性記号　*** = 0.001、** = 0.01、* = 0.05

表 10.5
ゴルトンのデータを使った重回帰に関して、Rからの出力結果を再構成したもの。息子の身長を応答変数、母親と父親の身長を説明変数とした。t-値は、推定値を標準誤差で割ったもの。Pr(>|t|) で始まる列は両側 P 値を表す。つまり、正しい関係性は 0 であるという帰無仮説の下で、t-値として正の大きな数と負の小さな数を得る確率だ。「2e-16」という表記は、P 値が 0.0000000000000002（0 が 15 個）よりも小さいことを意味する。最後の行は、P 値に関するアスタリスクの解釈を示している。

　のソフトウエアでは、t-値と標本の大きさを与えると正確な P 値が求められる。標本が大きければ、2 より大きい、あるいは −2 より小さい t-値は P < 0.05 に対応するが、P < 0.05 の閾値は、標本が小さくなるにつれて大きくなるだろう。R では P 値を簡単にアスタリスク〔「*」の記号〕で表示する方式を採用している。P < 0.05 を示す 1 つの「*」から、P < 0.001 を示す 3 つの「***」までだ。表 10.5 において t-値はとても大きいので P 値はほとんど 0 というほどに小さい。

　第 6 章で、予測コンペにおいて、アルゴリズムの勝利の決め手がごくわずかな差にすぎない可能性もあることがわかった。たとえば、タイタニック号の検証用データセットの生存率を予測したとき、単純な分類ツリーによって、0.139 という最善のブライアスコア（予測誤差を 2 乗したものの算術平均）が得られ、これは平均化したニューラルネットワークから得られる 0.142 というスコアを少し下回っ

ただけだった（表6.4参照）。− 0.003 という、勝利に結びついたこのわずかな差は、偶然のばらつきで説明できるかどうかという意味で、統計的に有意か否かを問うことは理に適っている。

これは確認しやすい。t- 統計量は − 0.54 であることがわかり、両側 P 値は 0.59 だ[*]。だから、勝者となった分類ツリーが本当に最善のアルゴリズムであることを示す優れた証拠はない！　この種の分析が Kaggle タイプのコンペでは定石ではないものの、勝利を決める状況は検証用データセットの事例の偶然的な選択に依存することを知っておくのは重要のようだ。

研究者たちは生涯をかけて、表 10.5 に示したタイプのコンピュータによる出力結果を吟味し、次に執筆する科学論文で大々的に扱える重大な結果を示す煌めく星々〔アスタリスクのこと〕を目にしたいと望んでいる。しかし今から触れる通り、統計的有意性をそうしていわば取りつかれたように追い求めれば、発見を成し遂げたという錯覚にたやすく陥りかねない。

▷ 何度も有意性検定を重ねることの危うさ

「有意性」を宣言するための標準的な閾値、P < 0.05、P < 0.01 は、ロナルド・フィッシャーが自分で表を作成するためにかなり恣意的に選んだものだった。それは、正確な P 値を計算するのに、まだ機械式や電気式の計算機がなくて使えなかった時代に遡る話だ。では現在、多くの有意性検定を行ない、その都度 P 値が 0.05 よりも小さいかどうかを確かめてみようとするとどうなるだろうか？

---

[*] コツは、検証用データセットに含まれる 412 人それぞれについて、2 つのアルゴリズムに対する予測誤差を 2 乗したものの差を算出することだ。その 412 個の差のなす集合の平均値は − 0.0027、標準偏差は 0.1028 だ。したがって「真の」差の推定値の標準誤差は、$0.1028/\sqrt{412} = 0.0050$ であり、t- 統計量は推定値 / 標準誤差 $= − 0.0027/0.0050 = − 0.54$ だ。これを、対応のある t 検定と呼ぶ。数の組の間に見られる差の集合に基づいているからだ。

　まったく効果のない薬があるとしよう。つまり帰無仮説が正しいのだ。私たちが臨床試験を 1 回実施して、そのときの P 値が 0.05 よりも小さければその結果は統計的に有意だと言い切るだろう。実際には薬には効果がないのだから、そのようなことが起きる見込みは 0.05、つまり 5 ％だ（これが P 値の定義だ）。これは**偽陽性**の結果と考えられるだろう。この薬には効果があると私たちは誤って信じてしまうのだから。もしも私たちが試験を 2 回行なった場合には、とりわけ極端な結果を目にする見込み、すなわち有意な（ゆえに偽陽性の）結果を少なくとも 1 回得る見込みは 0.10、つまり 10％に近い*。偽陽性の結果を少なくとも 1 回得る見込みは、試験回数を増やすにつれて急激に増加する。効かない薬を対象に 10 回試験を行なって、少なくとも 1 回は有意性を得る見込みは、P < 0.05 の場合には 40％ほどになる。これは**多重検定**の問題と呼ばれている。有意性検定を何度も繰り返す場合には必ず生じる問題で、このとき、有意性が高いと見なせる結果が得られてしまうのだ。

　研究者がデータを多くのサブセットに分割し、それぞれにおいて仮説検定を行ない、そして有意性が最も高いものに目を向ける場合に、この特有の問題が発生する。よく知られている実例として、2009 年に一流の研究者たちが実施したある実験が挙げられる。この実験では、実験対象に、さまざまな感情を表す人間の写真を立て続けに見せて脳画像の撮影（fMRI）を行ない、P < 0.001 として、実験対象の脳のどの領域で有意な反応が見られるのかを調べた。

　この実験が面白いのは、「実験対象」が 4 ポンドもの大西洋サケであり、「脳画像撮影の段階で生きていなかった」ところだ。この死んでしまった大きな魚の脳内では合計 8,064 か所のうち 16 か所で、写真に対して統計的に有意な反応が見られた。この研究者チー

----

* 少なくとも 1 回の試験が有意である正確な見込みは、1 −［両方とも有意でない確率］＝ 1 − 0.95 × 0.95 ＝ 0.0975 だ。これは四捨五入して 0.10 になる。

ムは、死んだサケに奇跡的理解力があると結論づけるのではなく、これは多重検定の問題、すなわち 8,000 回を上回る有意性検定を行なうと、偽陽性の結果に必ず行きつくという問題によるものであるとの適切な判断を下した。P < 0.001 という厳格な規準を採用する場合さえ、偶然のみによって 8 回もの有意な結果が得られると予想できる。

この問題を回避する 1 つの方法は、有意だと言い切るための非常に小さい P 値を要求することだ。一番簡単な手法は、**ボンフェローニ補正**と呼ばれており、0.05/n という閾値を採用するというものだ。ここで n は実施した検定数だ。こうすると、たとえばサケの脳の各領域で行なった検定を実施する際には、0.05/8,000 = 0.00000625、つまり 16 万分の 1 という P 値を要求することになるだろう。このテクニックは、人間のゲノムを調べ、病気との関連性がある部分を追究する際の標準的な手順となっている。遺伝子にはおおよそ 100 万もの部位があるゆえに、何かを発見したと主張するのには、0.05/1,000,000 = 2,000 万分の 1 よりも小さい P 値が要求されるのが常である。

したがって、脳画像やゲノム研究のように多数の仮説を同時に検定しようとしている場合には、ボンフェローニの方法を取り入れて、最も極端な結果に基づいて有意か否かを判断できる。2 番めに極端な結果や 3 番めに極端な結果やそれ以降の結果に対してボンフェローニの規準をわずかに緩める、扱いやすいテクニックも開発された。それは、偽りの結果であることが判明する「発見」の総体的割合（いわゆる**偽発見率**）を制御するべく設計されたものだ。

偽陽性を回避するもう 1 つの方法は、元の実験の再現を要求するというものだ。再現実験はまったく異なる状況下ながら、本質的には同じ方法・手順で実行される。米国食品医薬品局が新薬を承認するためには、2 つの独立した臨床試験が実施され、それぞれにおい

て P ＜ 0.05 で有意な臨床的有益性が明らかにされなくてはいけない。これは、ある薬には本当はまったく有益性がないのに、それが承認される総体的見込みが、0.05 × 0.05 ＝ 0.0025、つまり 400 分の 1 であることを意味している。

5．ヒッグスボソンは存在するのか？

　20 世紀の間、物理学者たちは、原子よりも小さいレベルで作用する力を説明しようと「標準模型」を構築した。模型の一端には、まだ証明されていない理論がある。それが「ヒッグス場」、つまり宇宙に広がり、それ自身の素粒子、いわゆるヒッグスボソンを通じて電子などの粒子に質量をもたらすエネルギーだ。欧州原子核研究機構（CERN）の研究者たちが 2012 年、ヒッグスボソンの発見をついに報告したとき、それは「5 シグマ」の結果であると公表した[5]。しかし、これが統計的有意性を示していることを理解した人はごく少数だったろう。

　さまざまなエネルギーレベルに対して特定の事象が生じた割合を研究者がプロットすると、その曲線にははっきりとした「こぶ」があった。もしもヒッグスボソンが存在するなら、ほかでもなくそこにあると予測されるであろうところに。重要なのは、ヒッグスボソンは存在せず、「こぶ」は単にランダムなばらつきの結果にすぎないという帰無仮説の下で、カイ 2 乗適合検定の 1 つの形を利用して、350 万分の 1 よりも小さい P 値が明らかになったことだ。しかしこれが「5 シグマ」の発見として報告されたのはなぜなのか？

　理論物理学では、新たな発見について主張する際には「シグマ」という観点で報告するのが一般的な規範だ。ここで「2 シグマ」の結果とは、帰無仮説から 2 標準誤差分、離れた観測値だ（シグマ

（σ）を母集団の標準偏差を表すギリシャ文字として使ったことを思いだしてほしい）。理論物理学における「シグマ」はまさに、重回帰の例として表 10.5 に示したコンピュータの出力結果での t-値に相当する。350 万分の 1 という両側 P 値を与える観測結果（カイ 2 乗検定から観測されたもの）は、帰無仮説から 5 標準誤差分、離れているだろうから、したがってヒッグスボソンは 5 シグマの結果だと言われた。

　CERN のチームは、自分たちの「発見」について、P 値が極めて小さくなるまでは公表をまったくしたがらなかった。まず、有意性検定が、最終的なカイ 2 乗検定における 1 つのエネルギーレベルのみではなく、すべてのエネルギーレベルで実施されたという事実を考慮する必要があった。このような調整が必要なのは多重検定の問題、物理学では「どこでも効果〔look elsewhere effect〕」と呼ばれる現象が起きるからだ。とはいえ、どんなに再現実験を試みても同じ結論に終わるであろうという確信を得たい気持ちは圧倒的に強かった。物理学の法則について誤った主張をするのがただあまりに恥ずかしかったのだろう。

　この章の冒頭に掲げた問いに答えよう。今のところヒッグスボソンが存在すると仮定することが合理的であるように思える。これは、やがて（おそらく）もっと深遠な理論が提示されるまで、新たな帰無仮説とされるだろう。

▷ ネイマン - ピアソンの理論による検定

> 心臓保護研究に 2 万人を超える被験者が必要だったのはなぜか？

　心臓保護研究は大規模ながら、その大きさは恣意的に選ばれたわ

けではなかった。研究者たちは試験計画時に、何人に対して、スタチンを摂取するか否かを無作為に割り当てる必要があるのかを判断せねばならなかった。そしてこの実験の費用を正当化するために、その判断には強力な統計学的根拠が欠かせなかった。この計画は、イェジ・ネイマンとエゴン・ピアソンが開発した統計学的発想に基づいていた。2 人のことは先に、信頼区間を考案した人たちとして紹介した。

　P 値、および有意性検定という考えかたは、1920 年代にロナルド・フィッシャーが、具体化された仮説の妥当性を確認する方法として考案した。小さな P 値が観測されれば、とても驚くべきこと〔確率が低いこと〕が起きたか、あるいは帰無仮説が正しくないかのどちらかだ。P 値が小さければ小さいほど、帰無仮説が不適切な仮定である可能性を示す証拠がますます増えていく。当初これはかなり非公式な手続きであることを意図していたが、1930 年代にネイマンとピアソンは、仮説検定をいっそう厳密性の高い数学的土台の上に置こうとする帰納的行動の理論を発展させた。

　2 人の枠組みには帰無仮説だけではなく、データに対するさらに複雑な説明づけとなる対立仮説の明確化が必要だった。このとき 2 人は、仮説検定後に考え得る判断を考察した。それは帰無仮説を棄却して対立仮説を支持するか、帰無仮説を棄却しないかだ[*]。したがって、2 つのタイプの誤りが考えられる。**第 1 種の過誤**は、帰無仮説が正しいのに、それを棄却するときに起きる。そして**第 2 種の過誤**は、じつは対立仮説が正しいのに、帰無仮説を棄却しない場合に起きる。表 10.6 に例として挙げた法廷のたとえには説得力がある。法廷での第 1 種の過誤は無罪の人に間違って有罪宣告すること、そして第 2 種の過誤は、実際は罪を犯したというのに「無罪」にす

----

[*] ネイマンとピアソンの元々の理論には、帰無仮説を「受容する」という発想があった。しかし 2 人の理論のこの部分は今では顧みられない。

ることだ。

　ネイマンとピアソンは、実験計画を立てるときには実験の規模を決定する２つの量を選ぶべきだと提案した。まず、帰無仮説が真であると仮定した場合のタイプⅠの誤りの確率の値をあらかじめ指定して決定する値、たとえば 0.05 とする。これを**検定の大きさ**と言い、一般的には α（アルファ）で表す。次に、対立仮説が真であると仮定した場合の第２種の過誤の確率を、あらかじめ指定する。これを一般的に β（ベータ）と呼ぶ。実際には、研究者は通常、$1 - \beta$ を研究対象とする。この $1 - \beta$ は**検定力**と呼ばれ、対立仮説が正しい場合に対立仮説を支持して帰無仮説を棄却する見込みを示している。言い換えると、実験の検定力とは、現実に生じた効果を正しく見いだす見込みのことなのだ。

　検定の大きさ α とフィッシャーのＰ値には密接な結びつきがある。α を結果が有意だと見なす閾値とするならば、帰無仮説の棄却に結びつく結果はほかでもなく、P が α よりも小さくなるような結果だろう。だから α は閾値の有意水準だと考えることができる。つまり α が 0.05 であるとは、0.05 よりも小さいすべてのＰ値に対して帰無仮説を棄却するということだ。

　さまざまな形の実験について大きさや検定力に対する式が存在し、それぞれが標本の大きさに決定的に依存している。ところが、標本の大きさが決まると、回避できないトレードオフが生じる。検定力を高めるためにいつでも、「有意性」の閾値を緩め、そして正しい効果を正しく識別しやすくすることができる。しかしこれは第１種の過誤の見込み（検定の大きさ）を高めるということを意味する。法廷のたとえで言えば、たとえば「合理的疑いを差し挟む余地がない」証拠であるための要件を緩めるという方法で、有罪宣告の規準の厳密性を下げられるのだ。すると結果として、正しく有罪と判断される犯罪者を増やすものの、間違って有罪だと判断される無罪の

真実	仮説検定の結果	
	帰無仮説を棄却しない（容疑者は「有罪でない」と判断する）	対立仮説を支持して帰無仮説を棄却する（容疑者は有罪だと判断する）
帰無仮説（容疑者は無罪）	帰無仮説を棄却しないことにおいて正しい。無罪の人を「有罪でない」と正しく判断する	第 1 種の過誤　間違って帰無仮説を棄却。無罪の人に間違って有罪宣告する
対立仮説（容疑者は有罪）	第 2 種の過誤　間違って帰無仮説を棄却し損なう。間違って有罪の人に有罪宣告し損なう	正しく帰無仮説を棄却する。有罪の人に正しく有罪宣告する

表 10.6
仮説検定の考え得る結果。刑事裁判にたとえて。

人を増やすという代償を払わざるを得なくなるだろう。

　ネイマン−ピアソンの理論は産業界の品質管理をきっかけに生まれたが、現在では広く、新しい治療法の試験にも利用される。その手順では、無作為化した臨床試験に着手する前に、当該の治療法には効果がないという帰無仮説、および対立仮説（一般的に妥当性も重要性も有すると見なせる効果）を指定するだろう。それから研究者は研究の大きさと検定力を定める。たいがいは $\alpha = 0.05$、$1 - \beta = 0.80$ だ。これは、結果が有意であると宣言するためには、P 値が 0.05 未満でなくてはならず、治療が本当に有効な場合にこの P 値が 0.05 未満であるという状況が実現する確率は 80％である、という意味だ。これらを併せて、必要とされる被験者数の推定値が算出される。

　研究者たちは、信頼性の高い臨床試験を実施したいと考えるのであれば、さらに厳格になる必要がある。たとえば、心臓保護研究では以下のように結論づけた。

　　コレステロール低下療法によって、5 年以内の冠状動脈性心

疾患による死亡率が約 25％下がり、全死因死亡率が約 15％下がるならば、この大きさの研究を厳格に規則にしたがって行なうことで、説得力のある統計的有意水準（すなわち、p ＜ 0.01 を達成する検定力が 90％を超える）でその効果が明らかになる見込みは存分にあるだろう。

　言い換えると、治療法の正しい効果が心疾患による死亡率の 25 ％低下、および全死因死亡率の 15％ 低下（対立仮説）であれば、この研究はおおよそ、検定力 $1 - \beta = 90\%$、検定の大きさ $\alpha = 1$ ％ だ。これらの要件から、標本の大きさは 2 万を超えることが決まる。実際、表 10.4 に示すように、最終的な結果としては全死因死亡率が 13％低下し、事前の計画の値に非常に近かった。
　標本を十分に大きくして、妥当な対立仮説を見いだすに足る力を得るという発想は、医学研究の計画においてすっかり確立されている。しかし心理学や神経科学の研究では、利便性や以前から続く流儀を元にして決められた標本の大きさが使われる場合が多く、研究対象の条件ごとに 20 人程度という少ない被験者で済まされることもある。真であり、かつ興味深い対立仮説が、単に研究の規模があまりに小さいゆえに見逃されてしまう可能性もあるゆえに、ほかの実験科学の領域でも実験の検定力について検討する必要性がいよいよ認識されようとしている。
　次章で触れるように、ネイマンとピアソンは、仮説検定の妥当な形をめぐり、公然と罵り合うほどの議論を、フィッシャーを相手に精力的に戦わせた。そしてこの論争が解決して 1 つの「正しい」アプローチにまとまることは決してなかった。心臓保護研究の例からもわかるように、臨床試験はネイマン－ピアソンの観点で設計される傾向にあるが、厳密に言えば、実験がいったん実行されたなら、検定の大きさと検定力には関連性がない。この時点では、その試験

は、治療法の効果の推定値を示す信頼区間、そして帰無仮説に反する証拠の強さを要約するフィッシャーの P 値を使って分析される。つまりフィッシャーとネイマン－ピアソンの考えかたを断片的に混ぜ合わせると、注目に値するほど効果的であることが証明されたのだ。

ハロルド・シップマンをもっと早く捕まえることはできなかったのか?

　序文で、ハロルド・シップマン医師が 20 年以上の歳月にわたり、自らの患者のうち 200 人を超える人たちを殺し、その後についに捕まったことに触れた。被害者の遺族は、シップマンが疑いをかけられもせずこれほど長い間、罪を犯し続けられたことを当然ながら嘆いた。そして逮捕後に行なわれた公的調査に、シップマンはもっと早く割りだされ得たのかどうかの判断が委ねられた。調査に先立ち、1977 年以来、自宅やシップマンの診療所で死亡した人たちに対してシップマンが署名した死亡証明書の数が累計され、シップマンの「ケア」を受けていたすべての患者の年齢構成や、周辺地域のほかの一般開業医の場合の死亡率を考慮して、予想される数との比較が行なわれていた。この種の比較をするということはつまり、気温変化やインフルエンザの大流行のような地域的な条件が同じになっているということを意味する。図 10.3 では 1977 年以降、1998 年のシップマンの逮捕までに蓄積された死亡証明書の枚数の観測値から予測される数を引いて得られる結果を示している。この差はシップマンの「超過」死者数と呼んで良いだろう。

　1998 年までに、65 歳以上の人に対する超過死者数の推定値は、女性 174 人、男性 49 人だった。それは後に公的調査によって被害者であることが確認できた高齢者の人数とほぼ一致しており、この

純粋に統計学的な分析が著しく正確だったことを示していた。この分析には、個々の事例の情報は一切利用されていなかったのだ[6]。

架空の話ではあるが、誰かがシップマンにまつわる死を１年ごとに追跡し、図 10.3 を描くのに必要な計算を行なってきたとしよう。どの時点で「警告を発する」ことができただろうか？　たとえば、その誰かは、毎年末に有意性検定を行なえただろう。殺人の場合と同じように、死者の数は、多くの人が１人ひとりその事象の確率をわずかに持つ結果であり、ポアソン分布にしたがうと仮定できる。だから帰無仮説はこうなるだろう。観測した死者数を累積したものは、予測される死者数を累積して決まる期待値を持つポアソン分布から得られる観測結果だ。

もしも図 10.3 に示した男女の合計死者数を使ってこの検定を行なったなら、1979 年、つまり追跡開始からわずか３年で、予測される数はたった 25.3 にもかかわらず、観測された死者数が 40 であることの比較から、0.004 という片側 P 値が生じる[*]。この結果は、「統計的に有意」だと明言できただろうし、シップマンが取り調べや捜査を受ける事態にもなり得た。

しかし、そのような統計学的手続きが行なわれていたなら、一般開業医の患者死亡率の追跡方法としてひどく不適切だった理由は２つある。まずは、シップマンを疑い、シップマンだけを追跡するプロセスを作る理由が死亡率のほかにない限り、そのような P 値を英国のすべての一般開業医に対して計算し続けることになっただろう。一般開業医の人数は当時おおよそ２万 5,000 人に上っていた。死んだサケの場合に見たように、もしもたくさんの有意性検定を行なえば、間違った兆候を得るだろうことはわかっている。２万

＊ P 値が片側である理由は、もっぱら死者数の増加を見いだすことに興味があるのであって、死者数の減少には興味がないからだ。したがってここでの P 値は、平均が 22.5 であるポアソン確率変数から、少なくとも 40 より大きい値が得られる確率であって、標準的なソフトウエアによると 0.004 だ。

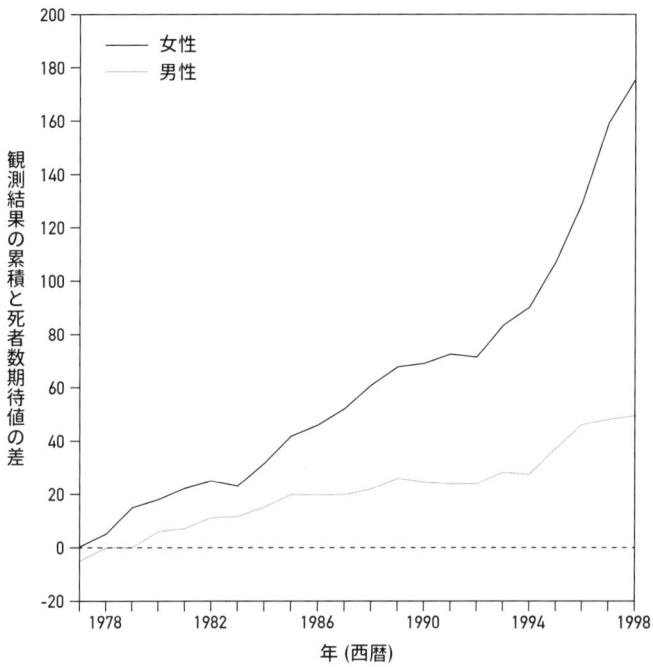

図 10.3
65 歳以上で、自宅やシップマンの診療所で死亡した患者に対してシップマンが署名した
死亡診断書の累積数。シップマンの診察業務リストの構成を元に予測した死者数期待値
との差を取って表示している。

5,000 人もの一般開業医を 0.05 という臨界閾値で検定すると、ま
ったく罪のない医者の 20 人に 1 人、つまりおおよそ 1,300 人が、
検定を行なうたびに「有意に高い」となることが予測できるし、そ
の人たち全員を取り調べ対象とするのはどう考えても不適切だ。そ
れに、そういったあらゆる偽陽性のなかにシップマンは埋もれてし
まったかもしれない。
　代わりとなる方法は、ボンフェローニの方法を適用し、

0.05/25,000、つまり50万分の1というP値を最も極端な一般開業医に対して要求することだ。シップマンの場合、1984年にこれを満たした。この年までにシップマンは、予測される59.2人に比べて46人多い、105人の死者を出したのだ。

　ところがこの方法でさえも、国中のすべての一般開業医に適用すべき信頼性の高い手続きではないだろう。というのも、2つめの問題が、毎年新規データが追加され、またも検定を実施するので、私たちは繰り返し、有意性検定を行ない続ける事態に陥るというものだからだ。すばらしいながらややこしく、「重複対数の法則」という注目すべき呼びかたで知られる理論がある。この法則は、もしもそのように検定を繰り返せば、たとえ帰無仮説が正しいとしても、最終的に有意水準をどう選んでもその帰無仮説を必ずや棄却するであろうことを示している。

　これは非常に心配だ。十分な期間にわたって医師を検定し続けていれば、たとえ現実には患者が何ら過剰なリスクにさらされていなくても、いつか、超過死者数の証拠を得たと考えるようになると約束されているというわけなのだから。幸いにも、この**逐次検定**の問題に対処する統計学的手法がある。それが初めて開発されたのは第二次世界大戦のさなか、医療には何の関わりもなかったが、兵器などの軍需物資の業界で品質管理に力を尽くしていた統計学者のチームの手によってだ。

　生産ラインから出てくるものが、標準規格に準拠しているかどうかが検査されていた。そして、標準規格から逸脱したものの合計を着々と累積することによりそのプロセス全体を追跡した。超過死者数を追跡する方法とほぼ同じだ。携わった科学者たちは、重複対数の法則が、たとえ本当はすべてがうまく働いているとしても、繰り返して有意性検定を行なえば、いつかは必ず生産プロセスは厳格な管理から逸脱しているという警告に繋がることを意味すると気づい

た。米国と英国で統計学者たちは独立して研究を行ないながら、のちに逐次確率比検定（SPRT）と呼ばれるようになるものを開発した。それは逸脱数を調べるために累積中の証拠を監視する統計量で、どの時点でも数々の単純な閾値と比較可能だ。その閾値の１つを超えると直ちに、警告が発せられ生産ラインが調査される。このようなテクニックは産業プロセスのさらなる効率向上に貢献し、後に、いわゆる逐次臨床試験で使うために改造された。逐次臨床試験では、累積した結果を繰り返し追跡し、有益な治療法を示す閾値を超えたかどうかを確かめるのだ。

　私は、シップマンのデータに適用可能な SPRT の改変版を開発するチームに名を連ねていた。これは、男性および女性に対して、図 10.4 にプロットしてある。仮定した対立仮説は、シップマンは同業者の２倍の死者を出したというものだ。この検定では、第１種の過誤の確率（アルファ）と第２種の過誤の確率（ベータ）を制御して、100 分の１、１万分の１、100 万分の１といった特定の値にする閾値を使っている。つまり第１種の過誤の確率は、シップマンの患者の死亡率が一般的な期待値と同じである場合に、検定統計量がある点で閾値を超える全体確率だ。そして第２種の過誤の確率は、シップマンにまつわる死亡率が期待される死亡率の２倍である場合に、検定統計量がある点で閾値を超えない全体確率だ。[7]

　おおよそ２万 5,000 人の一般開業医がいることを考えると、0.05/25,000、つまり 50 万分の１という P 値の閾値は妥当であろう。女性に限れば、シップマンはより厳しいアルファ＝ 0.000001、つまり 100 万分の１という閾値を 1985 年に超えていただろう。さらに男性と女性を合わせると、1984 年に超えていたであろう。だか

＊ 統計学者たちを率いたのは、米国ではエイブラハム・ウォールド〔ヴァルド・アーブラハーム〕、英国ではジョージ・バーナードだった。バーナードは魅力あふれる人物で、戦前は純粋数学者で〔あり共産党員でも〕あった。戦時には、ほかの多くの人たちと同様、統計学のスキルによって戦争に貢献した。後に、コンドームの公的な英国規格（BS3704）の開発に着手した。

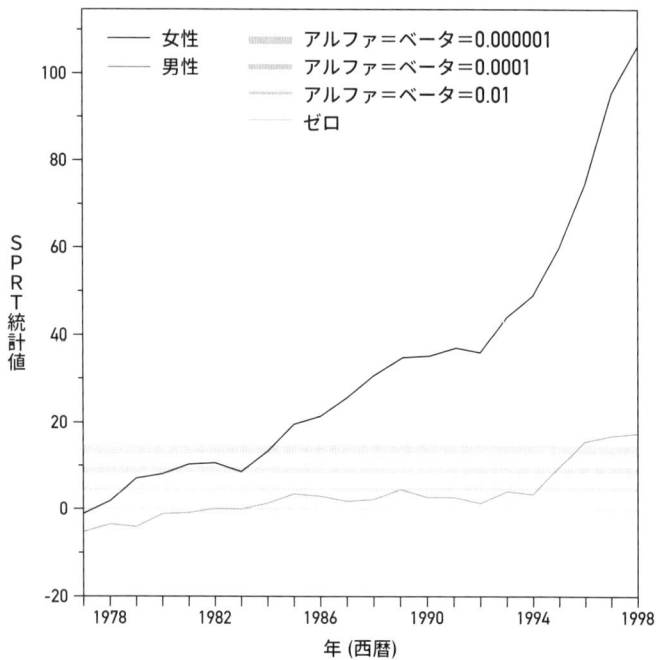

図 10.4
死亡リスクの倍増を検出するための逐次確率比検定（SPRT）統計量。64歳を上回り、自宅かシップマンの診療所で死亡した患者について。直線は「警告を出す」閾値を表す。これは第1種の過誤率（アルファ）、第2種の過誤率（ベータ）をまとめて表していて、アルファとベータは等しいとしている。女性を表す線を見ると、シップマンは1985年に1番外側の閾値を超えたことが明らかだ。

らこの場合、正しく逐次検定を行なっていれば、単純に有意性検定を繰り返した場合と同じときに警告を発しただろう。

　公的調査に対する私たちの結論は、もしも誰かがこうした追跡を実施し、シップマンが1984年に取り調べを受けて起訴されていたなら、約175人の生命は助かっていたであろうというものだ。単純な統計学的追跡手続きを、型にはまった方法でただ適用しただけ

で。

　一般開業医に対する追跡システムはその後、試験的に導入され、すると直ちにシップマンよりも死亡率がいっそう高い一般開業医がすぐさま検出された！　調べてみるとこの医師は、大勢の人が暮らす高齢者専用住宅が多数設けられている南部沿岸の町で開業していた。そして患者の多くが病院ではない場所で死を迎えられるように真摯に手助けしていたのだ。この一般開業医が、見かけ上死亡診断書に署名した割合が高いゆえに何らかの注目を集めたのは、まったく不適切だっただろう。ここで学ぶべきは、統計学的システムは大きく外れた結果を検出できる一方で、それらがなぜ生じたのかの理由の提示はできず、ゆえに誤った非難を回避するためには慎重に実施しなくてはならないということだ。アルゴリズムに気をつけなくてはならない理由はほかにもある。

P 値にどんな問題が起き得るか？

　ロナルド・フィッシャーは、あらかじめ決めた仮説とデータの適合性の尺度として P 値という考えかたを考案した。だからもしもあなたが P 値を計算してみてそれが小さければ、それは、もしも仮説が正しいのであればあなたの要約統計量がそこまで極端になる事態はありそうもない、ということを意味する。よって、驚くようなこと〔確率が低いこと〕が起きたか、元の仮定が誤っているかのどちらかだ。この論理は入り組んでいるかもしれないが、この基本的考えかたがどれほど役に立ち得るのかはすでに見た通りだ。それでは、何か問題が生じる可能性があるのだろうか？

　かなり多くの問題が生じることがわかる。フィッシャーは本章の初めのほうで取りあげた例で見たような類の状況を思い描いた。デ

ータセット 1 つ、要約結果の尺度 1 つ、適合性の検定 1 回の場合だ。しかしこの数十年で、P 値は研究において通貨のようなものになり、科学論文に膨大な回数、登場するようになった。ある研究では、心理学や神経科学の 18 種類の専門誌に掲載されたたった 3 年分の論文から、おおよそ 3 万の t- 統計量とそれに付随する P 値を抽出した。[8]

　それでは、たとえば、それぞれ検定の大きさ〔有意水準〕5 ％（α）、検定力 80％（1 − β）で設計された 1,000 件の研究において、何が起きると予想できるのかを考えてみよう。留意すべきは、実際にはほとんどの研究で 80％の検定力をかなり下回っていたであろうことだ。現実の研究の世界では、発見をしたいと望んで実験を行なっても、ほとんどの帰無仮説が（少なくともほぼ）正しいことが認められる。そこで検定対象の帰無仮説のわずか 10％が実際に正しくない〔本当に帰無仮説が棄却されるべき〕と想定しよう。この数字さえ、新薬の試験の場合にはひょっとするとかなり高いかもしれない。新薬は成功率がひどく低いのだ。このとき、第 8 章の乳癌スクリーニングの例の場合と同様の方法で、図 10.5 ではこれらの 1,000 件の研究に対して起きると予想できる事態の度数を示している。

　これによって明らかなのは、125 件におよぶ「発見」の主張が予想できるものの、そのうち 45 件が偽陽性であるということだ。言い換えれば、棄却された帰無仮説（「発見」）の 36％、つまり 3 分の 1 よりも多くが正しくない主張なのだ。このかなり憂鬱な状況は、どのような研究が実際に科学文献に掲載されるに至るのかを考えると、いっそう悪化しさえする。というのも、専門誌は肯定的な結果を掲載する方向に偏っている〔目覚ましい成果と言えない否定的な結果は掲載されにくい〕からだ。科学研究に対する同様の分析が、スタンフォード大学の医学教授であり統計学教授でもある、ジョン・

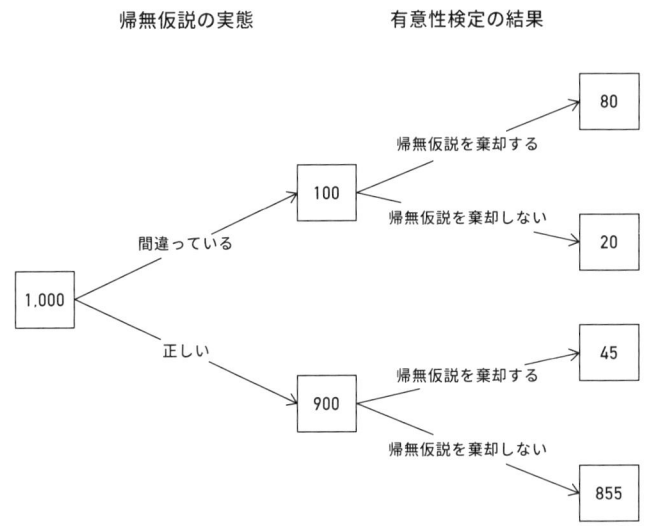

図 10.5
検定の大きさ5％（第1種の過誤の確率、α）、検定力80％（1−第2種の過誤の確率、1−β）で実行した1,000回の仮説検定の結果の期待度数。帰無仮説の10％（100回）だけが偽であるとすると、そのうち80％（80回）は正しく検出している。900の正しい帰無仮説のうち、45（5％）を間違って棄却している。全体として、125の「発見」のうち36％（45）は間違った発見〔偽陽性〕だ。

ヨアニディスによる2005年の有名な主張「発表された研究による発見のほとんどが正しくない」に繋がった。[9] 第12章で、この気が滅入る結論の理由に戻るつもりだ。

　これらの正しくない発見はすべて、「有意な」結果を識別するP値に基づいたものであるので、P値は間違った科学的結論が大量に生まれる原因だとしてますます非難されるようになった。2015年に、心理学の格式高い専門誌が、NHST（帰無仮説有意性検定）の利用を禁止するとの告知を行なう事態にまでなった。とうとう2016年には、米国統計学会（ASA）が率先して、統計学者たちに対し、

P 値に関する 6 つの原則への合意を取りつけた。[*]

　その原則の 1 つめは、P 値にできることを指摘しているだけだ。

　1. P 値はデータが特定の統計学的モデルとどれほど両立しない
　　　のかを示すことができる。

すでに繰り返し見てきたように、P 値は本質的に、何かが存在し
ないという帰無仮説が正しいとするなら、データがどれほど驚くべ
きものなのか〔確率の低い事態が起きたか〕を測定することでこれを
確かめる。たとえば、データが、薬には効き目がないという仮説と
両立しないかどうかを、私たちは問うのだ。この論理はややこしく
もあるけれど、役に立ち得る。

　2 つめの原則は、その解釈における誤りを改善しようとしている。

　2. P 値は研究対象の仮説が正しい確率を測定するものでも、あ
　　　るいはデータがランダムな偶然だけから生成された確率を測
　　　定するものでもない。

第 8 章で、私たちは非常に注意深く適切な条件付き主張とそうで
ないものを区別した。たとえば「乳癌に罹っていない女性のわずか
10%がマンモグラムで陽性という診断を受けるだろう」のような
主張は正しいが、「マンモグラムで陽性との診断を受けた女性のわ
ずか 10%が乳癌に罹っていない」という主張は正しくない。これ
は検察官の誤謬と呼ばれている誤りだった。そして、検査を受けた
1,000 人の女性に起きると予想できる事柄を考えてこの誤謬を正す

----
[*] 統計学者が寄り集まれば「分散 (variance 〔仲違いの意もある〕)」だと言われてきたことを考えれば、これ
　は快挙だ。

うまい方法があることがわかった。

　同様の問題は P 値にも起き得る。P 値は、帰無仮説が正しい場合に、とても極端なデータが生じる見込みを測定するのであって、極端なデータが生じたことを仮定して帰無仮説が正しい見込みを測定するのではない。これはわかりにくいけれど極めて重要な違いだ。

　CERN のチームがヒッグスボソンに対する、おおよそ 350 万分の 1 の P 値に相当する「5 シグマ」の結果を報告したとき、BBCはその結論を正しく報じ、それは「もしもヒッグス粒子が存在しない場合にチームが観測したシグナルが表れる見込みは、おおよそ350 万分の 1 であること」を意味すると述べた。ところが、その他ほぼすべての媒体ではこの P 値の意味を間違ってとらえていた。たとえば、『フォーブス』誌は「これがヒッグスボソンでない見込みは 100 万分の 1 よりも小さい」と報じた。これは検察官の誤謬のわかりやすい例だ。『インディペンデント』紙の主張は典型的で、「この結果が統計学的なまぐれ当たりである見込みは 100 万分の 1 よりも小さい」というものだった。これは『フォーブス』誌ほど目にあまる誤りではないかもしれないけれど、それでもこのわずかな確率を「その結果が統計学的なまぐれ当たりである」ことに充てている。この数字が、検定対象となっている帰無仮説が正しい確率だと言っているのと論理的には同じだ。だからこそ ASA は、P 値とは「データがランダムな偶然だけから生成された確率」ではないと強調しようとするのだ。

　ASA の提示した 3 つめの原則は、統計的有意性への拘りを阻止しようとするものだ。

　3. 科学的結論、およびビジネス上や政策上の判断は、P 値が特
　　 定の閾値を超えるかどうかだけに基づくべきではない。

ロナルド・フィッシャーは、まさに「P＜0.05」あるいは「P＜0.01」という規準を生む結果となった検定統計量表の発表に着手したとき、そのかなり恣意的な閾値が、いかにして科学的発表を支配し、すべての結果が「有意」か「有意でない」に分けられてしまいがちになるのかなど、おそらく思い至りもしなかっただろう。そうなれば、直ちに「有意」な結果を証明済みの発見だと考え、データから直接結論へと途中で立ち止まって考えもせずに移行するという、過剰に単純化された危険な先例を作ることになる。

　この単純な二分法の生む悲惨な帰結は、「有意でない」ことに対する誤解だ。有意でないP値は、データが帰無仮説と両立できることを示しているのだが、これは帰無仮説が厳密に正しいという意味ではない。結局、犯罪者が犯行現場にいた直接的な証拠がないからというだけでは、その人が無罪だという意味にはならない。それなのにこの間違いは驚くほど広まっているのだ。

　わずかな量のアルコール、たとえば1日に1杯があなたにとって良いのかどうかについての大規模な科学的論争を考えてほしい。ある研究では、高齢の女性だけがほどほどのアルコール摂取の恩恵を受けられるであろうと主張した。しかしよく調べてみると、高齢女性以外のグループも恩恵を示していたものの、統計的に有意ではなかったのだ。その理由は、調査対象グループに推定された恩恵の信頼区間がじつに広かったことにある。信頼区間が0を含み、それゆえに効果は統計的に有意とは言えなくても、データは、以前の研究により示されていた死亡リスクの10％から20％の低下という結果と十分に両立可能だった。それなのに『タイムズ』紙は「アルコールには結局健康効果なし」と吹聴したのだ。[10]

　まとめると、「0と有意な差がない」のを、正しい効果が現実的に0だったという意味に解釈するのは大きな間違いだ。特に、検定力が弱くて信頼区間が広い小規模な研究においてはそうだ。

ASA の 4 つめの原則は、ごくあたりまえのことだ。

4．適切な推論には、完全な報告と透明性が必要だ。

　何より明らかに必要なのは、実際に何回の検定を行なったかをはっきりと報告することだ。そうすればとりわけ有意な結果を強調しようとするなら、ボンフェローニの方法のような何らかの補正を適用できる。しかし選択的報告が絡む問題は、次章で見るようにこれよりも扱いがはるかに難しくなり得る。単純に、研究計画、および実際に何が行なわれたかを知るだけで、P 値の問題は回避できる。

　あなたは研究計画を立て、データを収集し、分析を行なって「有意な」結果を得た。するとこれが重要な発見に違いないというのは、確かだろうか？　ASA の 5 つめの原則は、あまり尊大にならないように警告している。

5．P 値、または統計的有意性は、効果の大きさや結果の重要性の尺度ではない。

　次に示す例では、特に標本のサイズが大きい場合には、関連性の存在は合理的に自信を持って言えるものの、その重要性については特にそれほどでもない場合があることを示している。

「大学に進むと脳腫瘍を患うリスクが高まるのはなぜか？」

　第 4 章でこの見出しを取りあげた。スウェーデンの研究者たちが回帰分析を実施し、配偶者の有無や収入の補正を行なったところ、

教育レベルが最も低い人（義務教育のうち9年間のみ）に対し、最も高い人（3年以上の大学教育）たちは、リスクが19％ほど相対的に高いことがわかった。95％信頼区間は7％から33％だった。興味深いことにその論文はP値をまったく報告していなかったが、相対リスクの95％の区間には1が含まれないゆえに、P＜0.05と結論できる。

　読者はもう、結論についての考え得る懸念を挙げられるはずだが、執筆者らはそれに手を打っていた。この研究の結果と並んで、次のようなことを認めた。

- 因果関係のある解釈はできないだろう。
- アルコール摂取などの考え得る生活スタイルの交絡因子に対する補正は行なわれなかった。
- 経済状態がより良い人ほど医療を求める傾向がますます強く、ゆえに報告バイアスが生じ得るだろう。

　しかし1つ重要な特徴には触れていなかった。見かけ上の関連性が小さいことだ。最も低い教育レベルから最も高い教育レベルの間にある19％の増加は、多くの癌に見られるものよりもはるかに低い。この論文は、18年を上回る歳月で、200万人を超える男性のなかに、3,715件（おおよそ600分の1）の脳腫瘍が診断されたと報告している。そこで、第1章で概略を説明した手続きにしたがって相対リスクを絶対リスクの変化へと変え、以下のように計算できる。

- 教育レベルが最も低い約3,000人の男性を検査すれば、おおよそ5件、腫瘍の診断が下ると予測できるだろう（600分の1のベースラインリスク）。
- 教育レベルが最も高い3,000人の男性を検査すれば、6件の診

断が下ると予測できるだろう（19％の相対リスクの増加）。

　こうして見ると、結果に対するやや異なる印象が生まれ、実際に
かなり安心させられる。このように稀な癌におけるリスクのわずか
な上昇は、多数の人たちが研究対象になったときのみ、統計的に有
意だと判明し得る。この場合には、200 万人を上回る男性だ。
　したがって、この科学研究から得られる重要な教えは、（a）「ビ
ッグデータ」は、統計的に有意ながら**実質的有意性**のない結果に繋
がりやすい。さらに（b）学位を得ようと勉強したせいで脳腫瘍に
見舞われることになるだろうと気を揉むべきではない。
　ASA が示した最後の原則は、よりいっそう扱いにくい。

　6．P 値は、単独でモデルや仮説に関する証拠の優れた尺度を提
　　供するものではない。たとえば、1 つの P 値が単独で 0.05
　　に近い値を取っても、帰無仮説に対する弱い反証にすぎない。

　この主張は、部分的には次章で概説する「ベイズ統計学」の推論
に基づいており、統計学者の著名なグループが、新しい効果の「発
見」に対する標準的閾値を P ＜ 0.005 に変えるべきだという議論
を展開するきっかけとなった。[11]
　閾値を変えるとどのような効果が生まれるのか？　図 10.5 にお
いて「有意」の規準を 0.05（20 分の 1）から 0.005（200 分の 1）に
変えると、すなわち、45 件の偽陽性の「発見」を得るのではなく、
4.5 件だけを得るということになるだろう。これで発見の総数は
84.5 件に減り、そのなかでわずか 4.5 件（5 ％）だけが偽の発見に
なる。36％から考えればかなりの改善だ。

　仮説を検定するというフィッシャーの本来の発想は、統計学の実

践や不正な科学的主張の阻止においてとても有益だった。しかし、統計学者たちは、一部の研究者たちが、設計に問題のある研究から得られた P 値に基づいて、確信に満ちた一般化可能な推論を軽々しく導きだそうとする姿勢について、しばしば苦言を呈してきた。不確実性を確実性に変える一種の錬金術のように、統計的検定を機械的に適用して、すべての結果を「有意なもの」と「有意でないもの」に分けてしまうのである。第 12 章で、こうした振る舞いによる悲惨な結果の一部に触れる。しかしまずは、統計学的推論の別のアプローチに目を向けよう。それは、帰無仮説有意性検定という考えかた全体をきっぱり否定している。

　というわけで、統計科学の新たな頭の体操が必要になるので、この章とその前の章で学んだことを（一時的に）すべて忘れていただけると助かる。

まとめ

- 帰無仮説、すなわち統計学的モデルについての既定の仮定を検定することが、統計学的実践の重要な部分だ。

- P 値は、観測データと帰無仮説の非両立性の尺度だ。形式的に言うと、帰無仮説が正しい場合に、そのデータのようなかなり極端な結果を観測する確率のことだ。

- 従来、慣例的に 0.05 や 0.01 といった P 値の閾値を設定し、「統計的有意性」を宣言するのに使われてきた。

- これらの閾値は多重検定を実施する場合、たとえば、さまざまなデータサブセットや、多くの結果の尺度に対して、それぞれ検定を行なう場合には調整が必要だ。

- 信頼区間と P 値の間には明確な対応関係がある。たとえば 95%信頼区間に 0 が含まれないなら、P＜0.05 で 0 という帰無仮説を棄却できる。

- ネイマン－ピアソンの理論によって、対立仮説が具体的に明示され、仮説検定において考え得る 2 つのタイプの誤りに対する第 1 種、および第 2 種の過誤の率が定まる。

- 逐次検定のために、別の形式の仮説検定が開発されている。

- P 値は誤って解釈されることが少なくない。特に、P 値は帰無仮説が正しい確率を伝えているわけではないし、結果が有意でないからといって帰無仮説が正しいことを含意しているわけでもない。

第 11 章

ベイズ統計学による推論の方法

経験から学ぶ

「信頼」が「信頼詐欺」ではないとの確信はまったくない。

―― アーサー・ボウリー (1934 年)

▷ 統計学の根本原理は統一されていない

　ここで統計学界を代表して白状しなくてはならない。データから学ぶための形式的な根本原理は、やや混乱している。統計学的推論に関する 1 つの統一的な理論を生みだそうとする幾多の試みがこれまで行なわれたが、全面的に受け入れられたものはない。数学者が統計学を教えたがらないのも何ら不思議ではない。

　フィッシャーの発想と、ネイマン－ピアソンの発想という競合する考えかたにはすでに向き合ったので、いよいよ 3 つめ、ベイズ統計学による推論アプローチを探究しよう。このアプローチは最近 50 年の間に注目されるようになったにすぎないが、基本的原理はもう少し過去、じつのところトーマス・ベイズ師まで遡る。ベイズはタンブリッジウェルズにゆかりのある非国教徒の牧師であり、確率論の専門家、および哲学者としても活躍し、1761 年に他界した。[*]

　喜ばしいのは、ベイズのアプローチのおかげで、複雑なデータを最大限に活用する新たなすばらしい可能性が切り拓かれたことだ。

---

[*] ベイズは、自らの遺産が永続的なものになるなどとは考えもせずに生涯を終えた。そして独創性に富む論文が本人の死後、1763 年に公表されただけではなく、ベイズの名前が、これから述べるアプローチと関連づけられるようになったのは 20 世紀になってからだった。

残念なのは、つまりは、本書やほかのどこかで、推定や信頼区間やP値や仮説検定などに関して学んできたであろう事柄のほぼすべてを、脇へ追いやってしまうということだ。

▷ ベイズ統計学のアプローチとは何か？

　トーマス・ベイズの大きな貢献といえば第1に、世界について知らない部分、言い換えるなら、目下起きている事柄に関してわからないところを確率の観点から表現したことだ。ランダムな偶然に左右される将来の事象（第9章で導入した用語を使えば、偶然的不確実性）に対してのみならず、事実に合致し一部の人には知られているかもしれないが、自分たちにはわからない事象（いわゆる認識論的不確実性）に対しても、確率が利用できることをベイズは示した。

　少々考えてみれば、私たちは、確固たるものではありながら自分自身にとっては未知である事柄に関する認識論的不確実性に取り巻かれているというわけだ。ギャンブルをする人は次に配られるカードに賭け、私たちは宝くじのスクラッチカードを買い、赤ん坊の性別はどちらになり得るだろうかと話し合い、推理小説に頭を悩ませ、野生の虎の数について論じ、移民や失業者がどれくらいいそうなのか人数の推定値を聞かされる。これらはどれも世のなかのあちこちに存在する事実や量なのに、それが何なのかを私たちが知らないだけだ。繰り返し強調しておくと、ベイズ統計学の視点から言えば、確率を利用してこれらの事実や数についての個人的な不明点を表現するのにはまったく問題ない。代替的な科学理論〔非主流の科学理論〕に確率を付与しようとまで考えるかもしれないが、それについてはさらなる論争がある。

　こうした確率はもちろん、私たちが現在知っていることに依存するだろう。硬貨が表、あるいは裏になっている確率は、私たちがそ

れを見たか見ないかにどのように依存するのか、第 8 章の話を思いだしてほしい！　だからベイズ統計学による確率は必然的に主観的だ。つまり、外の世界と私たちの関係性に依存するのであって、世界そのものの性質によるのではない。そして私たちが新しい情報を受け取るにつれて、その確率は変化するはずだ。

そうすると、ベイズによる 2 つめの重要な貢献が見えてくる。それは、新たな証拠に照らして現在の確率を絶えず修正することができるような確率論がもたらす結果である。これは**ベイズの定理**と呼ばれるようになり、主として経験から学ぶ形式的な仕組みを提供する。この定理は、イングランドの鉱泉が湧く小さな町に暮らした無名の牧師による極めて優れた功績だ。ベイズが遺したのは、データはそれ自身について何も語らないという基本的な洞察だ。つまり外的知識、それどころか私たちの判断までもが、主要な役割を果たす。これは科学的プロセスと両立できないように思えるかもしれないが、背景知識と理解はどんなときも、データから学ぶ際の 1 つの要因であるのは言うまでもない。異なるのは、ベイズ統計学のアプローチでは、背景知識や理解が形式的で数学的な方法で扱われるという点だ。

ベイズの功績が意味することに対して激しい異論は止まず、多くの統計学者や哲学者は、主観的判断が統計科学において何らかの役割を持つという発想に異議を唱えた。そこで、公平を期すために、私の個人的姿勢を明らかにしなくてはならない。私はキャリアの初期の時点で「主観論者」としてベイズ統計学の統計学的推論へと導かれた。[*] そしてそれは今なお変わらずに、私にとっては何より確かなアプローチだ。

----
[*] 私は洗脳されたのだと言う人さえいるだろう。

> あなたのポケットには硬貨が3枚入っている。1枚は両面とも表
> で、1枚は普通に裏表があり、1枚は両面とも裏だ〔硬貨は肖像
> など絵柄が描かれている面が表で、描かれていない面が裏とされる〕。
> 無作為に硬貨を1枚取りだし、それを投げる。すると表が出た。
> その硬貨の反対側の面も表である確率はどうなるだろう?

　これは認識論的不確実性に関して以前からよく知られている問題
だ。硬貨は投げられてある面が上になった途端、無作為性は一切失
われる。だから確率がいくつであっても、それは硬貨の反対側の面
について目下、自分自身にはどれほどわからないかを示しているに
すぎない。

　多くの人が、答えは1/2だという結論に飛びつこうとするだろ
う。というのも、硬貨は普通に裏表があるか両面とも表であるかの
どちらかに違いなく、それぞれが選ばれることは同様に確からしか
ったのだから。このような結論が正しいかどうかを確認する方法は
たくさんある。だが何より簡単なのは、第8章で示した期待度数と
いう考えかたにしたがう方法だ。

　図11.1では、もしもこのテストを6回実行すれば、見えてくる
と予測できるであろう事態を示している。6回のなかで平均的には、
どの硬貨も2回選ばれ、投げられた結果、それぞれの硬貨の各面が
上を向くだろう。投げたうちの3回は表が上を向き、そのうちの2
回は両面が表の硬貨が選ばれた場合だ。だから選んだ硬貨が普通に
裏表のあるものではなく、両面表のものである確率は2/3だ。1/
2ではない。要するに、表が上になっているとわかれば、両面表の
硬貨を選んだ可能性が高まる。というのも、両面表の硬貨ならば落
ちたときに表が上を向く機会は2通りあるが、裏と表が普通にある
硬貨ならばその機会が1通りしかないからだ。

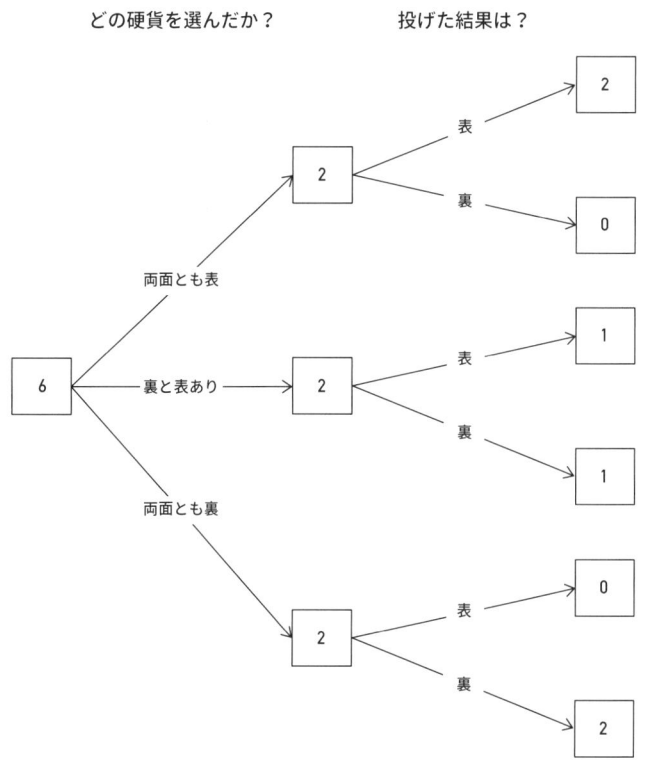

どの硬貨を選んだか？　　　　　　投げた結果は？

図 11.1
3枚の硬貨問題に対する期待度数ツリー。6回繰り返すなかで起きると予測できるであろう事態を示している。

　この結果が直観的ではないと思えれば、次の例にはもっと驚くだろう。

スポーツでのドーピングに対するスクリーニング検査で「95%の正確性」を謳っているとしよう。つまりドーピングをする人の95%、ドーピングをしない人の95%が正しく分類されるだろう

という意味だ。50 人のアスリートのうち1 人が実際に常時ドーピングをしていると仮定する。アスリートの検査結果が陽性だったら、その人が実際にドーピングをしている確率はいくらか？

　一見、難しくなさそうに見えて実は難しいこの種の問題は、やはり期待度数を使って取り組むのが一番だ。第 8 章で取りあげた乳癌のスクリーニングの分析や、第 10 章で見た発表済みの科学文献のうちかなり多くのものが誤りであるという主張と同様だ。

　図 11.2 に示したツリーの出発点は、1,000 人のアスリートだ。そのうち 20 人はドーピングをしており、980 人はしていない。20 人のうち 1 人を除けば検出されるものの（20 人の 95% ＝ 19）、ドーピングをしない人のうち 49 人も陽性の結果になる（980 人の 95% ＝ 931）。したがって、合計で 19 ＋ 49 ＝ 68 人の検査結果が陽性になるものの、そのうち実際にドーピングをしているのは 19 人だけであることが予測できる。だから誰かの検査結果が陽性の場合、その人が実際にドーピングをしている見込みはわずか 19/68 ＝ 28% だ。陽性という結果の残りの 72% は濡れ衣なのだ。薬の試験が「95% 正確」であると主張できたとしても、検査結果が陽性だった人の大多数はじつは潔白だ。少し想像力を働かせれば、この明らかなパラドックスが現実生活のなかで引き起こし得る問題がわかるだろう。アスリートたちは薬物検査に通らなかったせいで思いがけず非難されたりする。

　このプロセスを考察する 1 つの方法が、ツリーの「順番を逆にして」検査を前に、明らかになる真実を後ろにするというものだ。これは図 11.3 に明確に示してある。この「逆順のツリー」では、最終結果としてまったく同じ数にたどりつくものの、重んじるのは私たちが物事を理解していく時間的順序（検査を受けてからドーピングについての真実がわかる）であって、根底に存在する因果関係の現

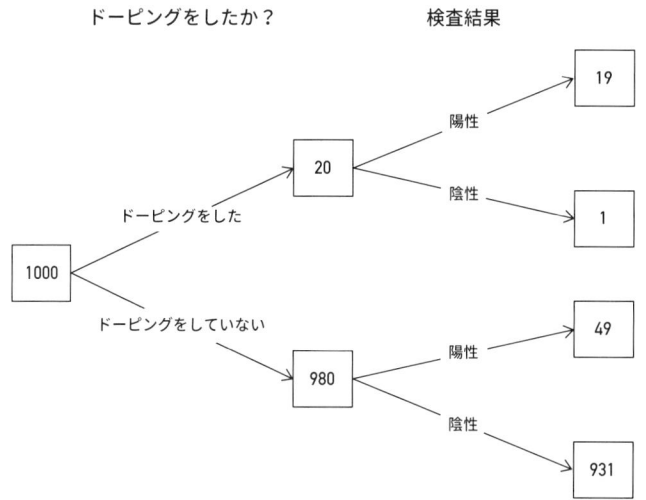

図 11.2
スポーツでのドーピングに対する期待度数ツリー。50 人に 1 人がドーピングをしており、スクリーニング検査は「95%正確」である場合に、1,000 人のアスリートに起きると予測できるであろう事態を示している。

実的な時系列（ドーピングをしてから検査を受ける）ではない。この「逆転」こそ、ベイズの定理がなすことに他ならない。実際、ベイズ統計学の考えかたは 1950 年代まで「逆確率」と呼ばれていた。

　スポーツにおけるドーピングの例から、検査結果が陽性である場合にドーピングをしている確率（28%）と、ドーピングしている場合に検査結果が陽性である確率（95%）は混同しやすいことがわかる。「B である場合に A である」確率と「A である場合に B である」確率を混同するようなその他のコンテクストについても、以下の通り、これまでにも見てきた。

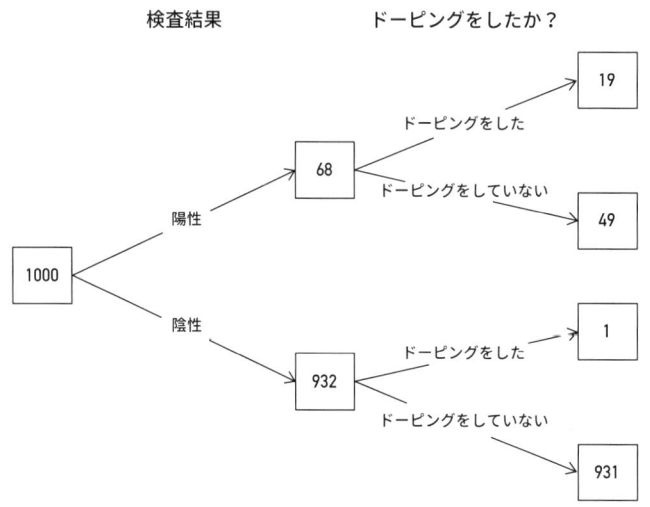

検査結果 ドーピングをしたか？

ドーピングをした

19

68

ドーピングをしていない

49

1000

陽性

陰性

ドーピングをした

1

932

ドーピングをしていない

931

図 11.3
スポーツでのドーピングに対する「逆順」期待度数ツリー。検査結果が先になり、続いて
アスリートの実際の行動が明らかになるように再構成した。

- P 値についての誤った解釈。この場合は、帰無仮説を仮定した
  上での証拠の確率と、証拠を仮定した上での帰無仮説の確率を
  混同する。
- 法廷の事例における検察官の誤謬。この場合は、無罪を仮定し
  ての証拠の確率と、証拠を仮定しての無罪の確率を混同する。

　合理的な観察者がこのような事態を見れば、定式化されたベイズ
統計学の考えかたは、法的な事例での証拠の扱いに明確さと厳密さ
をもたらすだろうと考えるかもしれない。だから、ベイズの定理が
英国の法廷で実質的に禁じられていると知って驚くかもしれない。
この禁止の背景にある議論を明らかにするのに先立って、まずは法
廷で許されている統計学的量、**尤度比**に注目しなくてはならない。

▷ ベイズの定理で重要なオッズと尤度比

　ドーピングの例から、判断を下すにあたって、実際に関心の対象
である量を得るのに必要な論理的ステップが明らかになる。関心の
対象である量とは、検査結果が陽性だった人のなかで、本当にドー
ピングしている人の割合であり、それは 19/68 という結果になる。
これが 3 つの重要な数、すなわち、ドーピングをしているアスリー
トの割合（1/50、つまりツリー中で 20/1,000）、ドーピングをするア
スリートのうち検査で正しく陽性となった人の割合（95％、つまり
ツリー中で 19/20）、ドーピングしないアスリートのうち検査で間違
って陽性となった人の割合（5％、つまりツリー中で 49/980）に依
存することが期待度数ツリーからわかる。

　このような分析は、期待度数ツリーを利用すると（かなり）直観
的にわかるようになる一方で、ベイズの定理は確率を用いると使い
勝手の良い式で表現することもできる。それを理解するには、まず
は、第 1 章で紹介したオッズという考えかたを振り返らねばならな
い。ギャンブル経験が豊かな人は、少なくとも英国人ならば、教え
る必要はないかもしれないが。事象のオッズとは、その事象が起き
る確率を起きない確率で割っている。だから硬貨を投げて表が出る
オッズは 1 、これは 1/2（表の出る確率）を 1/2（裏の出る確率）で
割ると求められる。サイコロを振って 6 が出るオッズは 1/6 を 5/6
で割ったもので、1/5 になる。英国でギャンブルのオッズを表現す
る方法を使うなら、「1 to 5 on（1 対 5 で起きる）」あるいは「5 to 1
against（5 対 1 で起きない）」と表すのが一般的だ。

　次に、尤度比という考えかたを取り入れる必要がある。刑事事件

---
* 1というオッズは「イーブン（even）」と呼ばれることもある。なぜならば事象が同様に確からしい、つま
　り対等（evenly）にバランスが取れているからだ。

の法廷の事例で、法科学的証拠の説得力を伝えるために重要性を帯びてきた概念だ。判事や弁護士は目下、尤度比への理解を深めるべくますます研鑽を積んでいる。尤度比は本質的に、２つの競合する仮説に対して、１つの証拠がもたらす相対的支持を比較する。競合する２つの仮説をこれから A、B と呼ぶが、多くの場合、有罪か無罪かを表す。厳密に言えば、尤度比は仮説 A を仮定した証拠の確率を、仮説 B を仮定した証拠の確率で割ったものだ。

　ドーピングの事例で、これがどのように作用するのかを見てみよう。このとき、法科学的「証拠」は陽性という検査結果であり、仮説 A はアスリートがドーピングという過ちを犯している、仮説 B はアスリートが潔白であるというものだ。ドーピングをする人の95％は検査結果が陽性になると仮定しているので、証拠の確率は、仮説 A を仮定すれば 0.95 だ。ドーピングをしていない人の５％は検査結果が陽性になることがわかっているので、証拠の確率は、仮説 B を仮定すれば 0.05 だ。したがって、尤度比は 0.95/0.05 ＝ 19。すなわち、アスリートが潔白ではなくて過ちを犯しているなら、検査結果が陽性になることは 19 倍起きやすい。これは一見してとても強い証拠に思えるかもしれないが、本書ではこのあと、何百万や何十億といった規模の尤度比がお目見えする。

　では、これをすべてベイズの定理という形にまとめてみよう。この定理は単純に以下のようなことを言っている。

ある仮説に対する初期のオッズ×尤度比＝
その仮説に対する最終的オッズ

　ドーピングの例では、「アスリートがドーピングをしている」という仮説に対する初期オッズは 1/49、尤度比は 19 であり、ベイズの定理は、最終的なオッズが以下で与えられると言っているのだ。

$$1/49 \times 19 = 19/49$$

　この 19/49 というオッズは、数式を変換することで 19/（19 ＋ 49）＝ 19/68 ＝ 28％という確率に読み変えられる。この確率は、かなり単純な方法で期待度数ツリーから得たものと同じだが、ベイズの定理の一般的方程式からも導けるということだ。

　より専門性の高い言葉を使えば、初期オッズは「事前」オッズと呼ばれ〔プライアー（prior）とも〕、最終的なオッズは「事後」オッズと呼ばれている。この式は、独立した新たな証拠項目を導入する場合、事後オッズだったものを事前オッズとして、繰り返し適用できる。すべての証拠を結びつける場合に、そのプロセスは独立した尤度比を掛け合わせて複合尤度比を形成するのと同等だ。

　ベイズの定理は一見、ごく初歩的なもののように思えるが、データから学ぶ極めて強力な方法を含んでいることがわかる。

▷ 尤度比で証拠の確からしさを考える

> 2012 年 8 月 25 日土曜日、考古学者たちはレスター〔ロンドンの北約 150 キロに位置する都市〕にある駐車場を掘り、リチャード 3 世の遺骨発掘に取りかかった。数時間内に 1 つめの骸骨が見つかった。これがリチャード 3 世である確率はいくらか？

　テューダー朝の弁明者、ウィリアム・シェイクスピアによって一躍有名になり、世間で人気の伝説では、リチャード 3 世（ヨーク朝最後の王）は、邪悪で背中の曲がった男だった〔リチャード 3 世を倒したヘンリー 7 世がテューダー朝を創始。シェイクスピアの活躍は主にテューダー朝時代〕。大いに論争を呼ぶ見方ではあるものの、リチャ

ード3世は1485年8月22日、32歳にしてボスワースフィールド
の戦いで殺害され、その死によって薔薇戦争は幕引きを迎えたとい
うのが歴史に残る記録事項だ。リチャード3世の亡骸は傷つけられ、
埋葬のためにレスターにあるグレイフライアーズ小修道院へと運ば
れたと言われていた。その修道院は後に破壊され、ついに駐車場の
下に埋もれてしまったのだ。

　与えられた情報だけを考えてみると、以下のすべてが正しいなら、
この骨はリチャード3世の遺骨だと推定して良い。

- リチャード3世は本当にグレイフライアーズに埋葬された。
- 以来これまでの527年間、リチャード3世の遺体は掘り返さ
  れて場所を移されたり、散り散りにされたりしていない。
- 発見された最初の骸骨はたまたまリチャード3世だった。

　かなり悲観的な仮定を設けることにしよう。リチャード3世の埋
葬物語が本当であるというたった50％の確率、およびリチャード
3世の骨がグレイフライアーズで当初埋められた場所にまだあると
いう50％の確率を仮定しよう。それから突きとめられた場所には
ほかに最大100人分の遺体も埋葬されていると想定する（考古学者
たちはどこを掘るべきなのかをきちんと知っていた。というのも、リ
チャード3世は修道院の内陣に埋められたと伝えられていたからだ）。こ
のとき、上記すべての事象が正しい確率は、1/2×1/2×
1/100＝1/400だ。これでは骨がリチャード3世のものである見
込みはかなり低い。元々この分析を行なった研究者たちは、1/40
という「懐疑的な」事前確率を仮定していた。だから私たちのほう
がなおさらひどく懐疑的になっているのだ[1]。

　しかし考古学者たちが骨を詳しく調べたところ、法科学による所
見を支持する事柄が驚くほど次々と見つかった。骨の放射性炭素年

代測定結果（この骨が 1456 年から 1530 年辺りから存在する確率が 95
%）、30 歳前後の男性であるという事実、骨に見られる脊柱側弯症
の症状、その体が死後傷つけられた証拠などだ。リチャード 3 世の
近親者（リチャード 3 世自身には子供はいなかった）の子孫であるこ
とがわかっている人を巻き込んだ遺伝子分析によって、（母親を通
じて）同じミトコンドリア DNA を持つことが明らかになった。男
性の Y 染色体は関係性の裏づけにはならなかったが、これは父系
に誤解があったためで、男性側の血筋が変わったという話で簡単に
説明がついた。

　証拠の各項目の証拠としての価値は、尤度比で要約される。この
状況において以下のように定義される。

$$尤度比＝\frac{骨がリチャード 3 世のものである場合の証拠の確率}{骨がリチャード 3 世のものでない場合の証拠の確率}$$

　表 11.1 に、各証拠の個々の尤度比が示してあり、単独で説得力
の高いものが 1 つもないのは明らかだ。とはいえ、これは研究者た
ちが慎重になって、熟慮の上で骨がリチャード 3 世であることを支
持しないように尤度比を意図的に低くした結果だ。ところがこれら
が独立した法科学的所見であると仮定して、尤度比を掛け合わせ複
合された証拠による説得力の総体的評価を得ると、これが 670 万
という「極めて強い」値になるのだ。表中で使われている言葉で尤
度比の強さを表現する用語は、表 11.2 で示したスケールに基づい
ている。このスケールは法廷での使用が推奨されてきたものだ。[2]

　ではこの証拠は信頼できるのだろうか？　その骨がリチャード 3
世である初期確率として 400 分の 1 という控えめな値を出し、そ
の後に法科学による詳細な所見を考慮したことを思いだしてほしい。
これはおおよそ 1 対 400 という初期オッズに相当する。ベイズの
定理から、これと尤度比を掛け合わせると最終オッズが得られるこ

証拠	尤度比 （保守的な見積もり）	同義の言葉
放射性炭素年代測定法で 紀元 1456 から 1530 年	1.8	弱い支持
骨の年齢と性別	5.3	弱い支持
脊柱側弯症	212	やや強い支持
死後創傷	42	中程度の支持
ミトコンドリア DNA の一致	478	やや強い支持
Y 染色体の不一致	0.16	弱い反証
複合証拠	670 万	「極めて強い支持」 を上回る

表 11.1
レスターで発見された骨に関して見いだされた証拠となる事柄に対して評価された尤度比。
その骨がリチャード 3 世だという仮説とそうではないという仮説を比較したもの。670 万
という複合尤度比は（丸めていない）個々の尤度比すべてを掛け合わせて得られる。

とがわかる。したがって 670 万 /400 = 16,750 となる。だから、
たとえ私たちが実際に、事前オッズや尤度比を極めて慎重に評価す
るとしても、骨がリチャード 3 世であるオッズはおおよそ 1 万
7,000 対 1 だと言えるだろう。

　研究者たちは、自らの「懐疑的」分析に基づき、リチャード 3 世
の遺体発見について、16 万 7,000 対 1 という事後オッズ、あるい
は 0.999994 という確率を得た。これは、その骨がレスター大聖堂
で名誉ある埋葬をされるにふさわしいものであることを示すのに足
る証拠だと考えられた〔後に遺体はレスター大聖堂に再埋葬された〕。

　法的な事例では、容疑者の DNA と犯罪現場で発見された痕跡が
ある程度「一致」した DNA 証拠に、尤度比が添えられることがよ

尤度比の値	同義の言葉
1-10	命題に対する弱い支持
10-100	中程度の支持
100-1,000	やや強い支持
1,000-10,000	強い支持
10,000-100,000	非常に強い支持
100,000-1,000,000	極めて強い支持

表 11.2
法廷で法科学的所見を報告するときに尤度比の言葉による理解として推奨されるもの。

くある。ここでの競合する 2 つの仮説は、容疑者が DNA の痕跡を残したか、あるいは誰かほかの人が残したかだ。したがって、私たちは尤度比を以下のように表すことができる。

$$尤度比 = \frac{容疑者が痕跡を残したと仮定して、DNA が一致する確率}{容疑者以外の誰かが痕跡を残したと仮定して、DNA が一致する確率}$$

　この比の分子の数としては一般的に 1 を取り、分母の数は母集団から無作為に選ばれた人が偶然にも一致するであろう見込みだと考えられる。これは**ランダムマッチ確率**と呼ばれている。DNA に関する証拠としての尤度比は、典型的には何百万や何十億単位になり得る。だがたとえば、多数の人に由来する DNA が入り混じった痕跡があるために複雑な問題が存在する場合などは、正確な値については議論の対象となるだろう。

　単独での尤度比は英国の法廷で許容されているが、それらを掛け合わせることは許されていない。リチャード 3 世の場合とは違うのだ。というのも、別々の証拠を複合するプロセスは陪審員たちの手

に委ねられるとされているからだ。[3]法制度はどうやら、いまだ科学的論理を受け入れまいとしているようなのだ。

カンタベリー大主教はポーカーで不正をするだろうか？

著名な経済学者であるジョン・メイナード・ケインズが、確率論を研究して思考実験を考案し、証拠が示唆する事柄を評価する際には初期オッズの考慮が重要であることを明らかにしたという事実はあまり知られていない。その実践的演習で、ケインズはカンタベリー大主教〔英国国教会の最上席聖職者〕とポーカーをしているところを想定するように求めている。カンタベリー大主教は1巡めで自分自身に勝利のストレートフラッシュを配る。大主教が不正をしているのではないかと私たちは疑うべきだろうか？

この事象の尤度比は、次のようになる。

$$尤度比＝\frac{大主教が不正をすると仮定して、ストレートフラッシュの確率}{大主教は運が良いだけであることを仮定して、ストレートフラッシュの確率}$$

分子は1と仮定して良く、一方で分母は計算可能で1/72,000〔ロイヤルストレートフラッシュになる場合を除いた確率〕、すると尤度比は7万2,000だ。表11.2に示した基準を用いれば、これは大主教が不正をしているという「非常に強い」証拠に相当する。しかし、大主教が本当に不正をしていると結論を出すべきなのだろうか？ベイズの定理によれば、最終的なオッズはこの尤度比と初期オッズの積に基づくべきだ。大主教が尊敬に値する聖職者だとされていることを考えれば、少なくともゲーム前には、大主教が不正をしないことに強いオッズ、ことによると1対1,000,000を設定するであろうとの仮定は理に適っているように思える。すると、尤度比と事前

オッズの積は、最終的におおよそ 72,000/1,000,000 になる。これは約 7/100 というオッズであり、これは大主教が不正を働く確率が 7/107、あるいは 7 ％ほどであることに相当する。だから、この段階では大主教を大目に見るべきだ。しかしパブで出会ったばかりの誰かであれば、そこまで寛容にはならないかもしれない。それにひょっとすると、大主教を用心深く見張り続けるべきかもしれない。

▷ ベイズ統計学による推論のさまざまな利点

　ベイズの定理は、たとえ英国の法廷で許されていないとしても、新たな証拠に根差して私たちの考えを変えるための科学的に正しい方法だ。期待度数を使った考えかたをベイズ分析に使うと、2 つの仮説だけを含む単純な状況、たとえば誰かが病気を持っているか持っていないか、犯罪を行なったか行なっていないか、などについては、簡単に理解できるようになる。しかし、統計モデルにおける母数など、さまざまな値を取る可能性のある未知の量についての推論に同じ考えかたを適用しようとすると、事態は難しくなる。

　1763 年に発表されたトーマス・ベイズ師による独創的な論文は、この手の極めて基本的な問いに答えることを目指していた。類似した状況下で、ある出来事が起きた、あるいは起きなかった回数がわかっているとすると、次にそれが起こる確率はどのくらいか、という問いだ*。たとえば、画鋲を 20 回投げて針が上向きになったのが 15 回、針が下を向いたのが 5 回であれば、次に針が上になって落ちる確率はいくらか？　その答えはもう明らかで、15/20 ＝ 75% だとあなたは考えるかもしれない。しかしトーマス・ベイズ師の答

---

* ベイズの言葉は正確には以下の通りだった。「未知の事象が起きた回数、起きなかった回数が与えられる。1 回の試行でその事象が起きる確率が、指定された何らかの 2 つの確率の間のどこかにある見込みを求めよ」。これが言っていることは十分に理解できる。ただし、現代の用語では、ベイズが使った「見込み」と「確率」をおそらく逆にするであろう。

えではそうではないだろう。16/22 = 73%だと言うだろう。どうしてベイズはその答えに行きつくのだろうか？

ベイズはビリヤード台のたとえを用いた[*]。台はあなたの目には見えていない。白い球を台の上に無作為に投げ込む。球が止まったのが、台の辺に沿った軸上でどの位置かを記すため、辺に垂直な線を引く。それから白い球を取り去る。次に赤い球をいくつか台上に無作為に投げ込む。そして、先ほど引いた線の左側にいくつ止まり、右側にはいくつ止まったのかだけがあなたに告げられる。線がどこにあるとあなたは考えるだろう。さらに次に赤い球を投げ込んだら、それが線の左側で止まる確率はどうなるべきだろう？

たとえば、5個の赤い球が投げ込まれ、白い球が止まった位置を元に引いた線の、左側で止まったのが2個、右側で止まったのが3個だと私たちは聞かされる。図 11.4（a）に示した通りだ。ベイズは、線の位置について私たちがどう考えるのかを図示してみると、図 11.4（b）に示した確率分布になるはずだということを示した。数学的処理は非常に複雑なので、巻末の注に掲載する[4]。破線の位置は、白い球がどこで止まったのかを示すものであり、その推定される値は台の端から 3/7 のところだ。その値はベイズが示した分布の平均値（期待値）だ。

この 3/7 という値は妙に思えるかもしれない。なぜならば直観的に推定すると 2/5、つまり赤い球が線の左側に止まる割合のように思えるかもしれないからだ。ところがベイズは、これらの状況で、私たちは位置を次のように推定するべきであることを示した。

$$\frac{\text{左側にある赤い球の個数} + 1}{\text{赤い球の総数} + 2}$$

---

[*] ベイズは長老派の牧師という立場から、それを単に台と呼んだ。

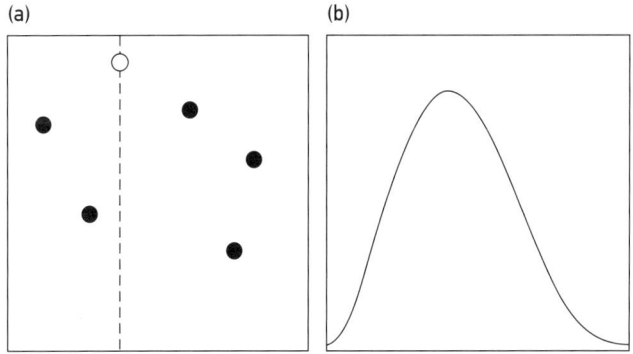

図 11.4

ベイズの「ビリヤード」台。(a) 白い球を台上に投げ込み、破線はそれが止まった位置を示す。赤い球を5個、台上に投げ込むと、図示した通りに止まった。(b) 観測者は台を見ることができず、2個の赤い球が破線の左側に、3個が右側に止まったことを聞かされるだけだ。曲線は、白い球がどこに止まったのかに関して観測者による確率分布をビリヤード台上に重ねたものを表す。曲線の平均値は 3/7 であり、これは次に投げ込んだ赤い球が線の左側に止まる現在の確率として観測者が立てる値でもある。

　これはとりも直さず、たとえば赤い球を1個も投げ込まないうちに、その位置は（0＋1）/（0＋2）＝ 1/2 だと推定できるということだ。一方、同じ状況を直観的なアプローチで考えると、まだ何のデータもないのだから、答えはまったく出せないということになるだろう。本質的にベイズは線の位置が最初にどのように決定されたのかに関わる情報を使おうとしているのだ。というのも、その線は白い球を投げたために無作為に選ばれたことはわかっているからだ。この初期情報は、乳癌のスクリーニング検査で使った有病率やドーピングの検査で用いたドーピング率と同じ役割を果たす。つまり、事前情報として既知のものであり、最終的な結論に影響する。実際、ベイズの式は線の左側にある赤い球の数に1を加え、赤い球の総数に2を加えるので、それをすでに2個の「想像上の」赤い球

を投げ込み、破線の両側に1個ずつ止まったのと同等だと考えて良い。

　もしも5個の球のどれもが破線の左側で止まらなかったら、位置を0/5とは推定せず、その代わりに1/7とするであろうし、そのほうがはるかに妥当のように思えることに注意してほしい。ベイズの推定値は0や1には決してなり得ないし、単純な割合よりも必ず1/2のほうに近い。これは**縮小推定**と呼ばれる。推定値は常に初期分布の真ん中、この場合であれば1/2に向かって引っ張られる、すなわち縮小されるということなのだ。

　ベイズ分析は、破線の位置がいかにして決まったのかを知ることを通じて、その位置に対する**事前分布**を定め、データに由来し**尤度**と呼ばれる証拠と結びつける。そして**事後分布**と言われる最終結論を出すのだ。事後分布は未知の量について私たちが現在正しいと考えていることのすべてを表現する。だから、たとえばコンピュータソフトウエアによる計算から、図11.4（b）では0.12から0.78に跨がる区間が確率の95%を含むことがわかり、その計算を元に私たちは白い球の位置を示す線がその区間にあるということを95%の確度で主張できる。この区間は、赤い球が台上に次々と投げ込まれ、線のどちら側に位置するのかが告げられるにつれて徐々に狭くなり、最終的には正しい答えに収束するだろう。

　ベイズ統計学の分析について、主として議論となるのは事前分布の根拠だ。ベイズのビリヤード台では、白い球が台上に無作為に投げ込まれるので、事前分布は0から1までの線の全体にわたって一様に広がるということには誰もが同意するだろう。この種の物理的知識が利用できない場合には、事前分布を入手するための提言として、主観的判断を用いること、過去に記録されたデータから学ぶこと、そして、主観的判断を導入せずにデータ自身に語らせようとす

る**客観事前分布**を具体化することなどがある。

　おそらく最も重要な洞察は、「真の」事前分布は存在しないということ、および、どのような分析でも複数の代替選択に対する感度分析〔仮定を変更した場合に、結果がどのように変わるかを分析すること〕を勘案し、見込まれるさまざまな評価を網羅すべきであるということだろう。

> **選挙前の世論調査についての分析精度を上げるにはどうしたら良いか？**

　これまでに、ベイズ分析という手法から、目前にある特定の問題について、背景知識を利用してより実際的な推論を行なう形式的仕組みがどのように得られるかがわかった。そういった発想は（文字通り）別のレベル（階層）に持って行ける。多層的、あるいは**階層的モデリング**で、さまざまな個々の量を同時に分析するという意味においてだ。このようなモデルの力は、選挙前の世論調査の成功にうかがえる。

　世論調査が理想的には大規模で無作為で代表的な標本に基づくべきであるのは周知の通りだが、それを実現させようとすればますます費用が嵩むし、ともかくも人は調査の質問にいよいよ答えたがらなくなっている。だから現在、調査会社はオンライン上の回答者に依存しようとするのが一般的だ。オンラインの回答者たちが本当に代表的だと言い切れないことは明らかだが、事後に高度な統計学的モデリングに則って、仮に調査会社が適切な無作為標本を得ていたならば回答はどうなった可能性があるのかを突きとめる試みが行なわれる。瓜の蔓に茄子はならぬ、という昔からの戒めが思い浮かぶかもしれない。

　選挙前の世論調査となると、事態はますます悪化する。なぜなら

ば、国中で態度は一様ではなく、それゆえに総体的な国の実態に関わる主張は、多くのさまざまな州や選挙区から集めた結果を統合しないと得られないはずだからだ。理想を言えば地域レベルでの結論を出す必要があるが、オンライン回答者たちがこれらの地域にわたって、ランダムに散在していることはないだろう。つまり、地域分析の基盤とするには非常に限られたデータしかないのだ。

この問題に対するベイズ統計学の答えが**マルチレベル回帰および事後層化（MRP）**だ。基本的発想は、考え得るすべての投票者を小さな「セル」に分け、各セルをかなり均質化されたグループにするというものだ。たとえば、同じ地域に住んでいて、年齢や性別や過去の投票行動をはじめとする測定可能な特性が同じである人たちのグループ、のように。私たちは後ろ盾となる人口統計学データを用いて、これらの各セルの人数を推定できる。そしてその人たちはみんな特定の政党に投票する確率が同じであると仮定される。問題は、データが無作為抽出ではないために、ある特定のセルにごくわずかな人のデータしかない、あるいはまったく誰のデータもないことになる可能性がある場合に、この確率がどうなるのかを解明することだ。

最初のステップは、セルの特性を仮定して特定の指向で投票する確率に対して回帰モデルを構築することだ。すると問題は、回帰式の係数の推定に帰着する。とはいえ、標準的手法を用いて信頼性の高い評価をするには係数はなおも多すぎる。いよいよ、ここでベイズ統計学の考えかたの出番がやってくる。さまざまな地域に対応する係数は、類似していると仮定する。つまり、係数が厳密に同じであると仮定することと、まったく無関係だと仮定することの間の、ある種の中間点だ。

数学的に、その仮定はこれらの未知の量がどれも同じ事前分布から得られたという仮定と同等であることがわかる。そうすると、それぞれ異なるかなり不正確な多くの推定値を互いに近づけられる。

その結果、滑らかさが増して信頼性も高まり、少数の異常な観測値にさほど影響されない結論が生まれる。何千ものセルの 1 つひとつにおける投票行動に関するいっそうロバストな推定を行ない、その結果を結びつけて、国全体がどのように投票するであろうかの予測を立てられる。

　2016 年の米国大統領選挙の際、マルチレベル回帰および事後層化に基づく世論調査が行なわれ、50 州およびコロンビア特別区を合わせた 51 の地域のうち、50 の地域では勝者が正しく予測され、ミシガン州での勝者に限って正しく予測されなかった。選挙前の何週間かでわずか 9,485 人に行なった聞き取りに基づく予測だった。2017 年の英国の総選挙に際して行なわれた予測でも同様に優れた成果が認められた。このときは、調査会社ユーゴブ（YouGov）が、1 週間で 5 万人に聞き取りを行なっている。代表的な標本を得ようとはしなかったが、事後に MRP を利用して、保守党が 42％を獲得し、議会での絶対多数を得ないとの予測をした。まさにその通りだった。以前から変わらず用いられていた手法による世論調査は見事に失敗した。[5]

　そのようなわけで、諺に反して、茄子を瓜の蔓に実らせることができるのだろうか？　つまり、非無作為抽出であるデータから、便利に正確な推定ができるだろうか？　MRP は決して万能薬ではない。もしも多数の回答者がこぞって偽りの答えを出し、自らの「セル」を代表しないならば、最先端の統計学的分析をどれほど行なっても、その偏りを帳消しにはできないだろう。とはいえ、1 つひとつの投票地域にベイズ統計学のモデリングを利用することは有益に思える。そして後に触れる通り、これは選挙当日に実施される出口調査で首尾よく成功を収めてきた。

　ベイズ統計学の「補整（スムージング）」によって、極めてまばら

なデータに正確性がもたらされる。そのテクニックは、たとえば病気が時間的、空間的にどう広がるのかをモデリングするために、用いられることが多くなっている。ベイズ学習は現在、人間が周辺状況を認識する際の基本的プロセスであるとも見なされている。私たちはどんなコンテクストにおいてもこれから目にするであろうものを事前に予想し、それゆえに、視界に入るもののなかで、予想外の特徴のみに注目し、それに基づいて現在の認識を新たにするというわけなのだ。これがいわゆるベイズ脳[6]の背後にある考えかただ。同様の学習手続きは自動運転する自動車に実装された。その自動車には、信号や人やほかの自動車などを認識することで常時更新されている周辺状況の確率論的な「心象地図」が備えられている。「本質的に、ロボット自動車は自分自身を確率の小さな粒と見なし、ベイズ統計学が導く道を歩んでいると『考えて』いる」のだ[7]。

　これらの問題は、世界を説明づける量の推定に関係するが、しかし科学的仮説の評価のためにベイズ統計学の手法を使うことは、より大きな議論を呼ぶものであり続けている。ベイズ統計学を使う場合もネイマン-ピアソンの検定の場合とまったく同じように、私たちはまず、2つの対立する仮説を組み立てなくてはならない。帰無仮説 H_0 は通常、何かが存在しないことだ。たとえば、ヒッグスボソンが存在しないとか、治療法に効果がないといったように。対立仮説 H_1 は、何か重要なものが存在すると仮定する。

　だから、ベイズ統計学の仮説検定の背後にある考えかたは、本質的には法的な事例の場合と同じだ。法的な事例では、帰無仮説は一般に無罪であり、対立仮説は有罪だ。そして、これらの2つの仮説に対して一片の証拠が提示する相対的な支持を私たちは尤度比という形で表現している。科学的仮説検定の場合、尤度比と厳密に同等なのは**ベイズ因子**であり、また科学的仮説は一般に未知の母数（たとえば、対立仮説の下での真の効果など）を含むという違いもある。

　ベイズ因子は、未知の母数の事前分布に関して平均を取ることでのみ得られる。このことから、事前分布、すなわちベイズ分析の最も議論を呼ぶ部分が極めて重要になるのだ。だから標準的な有意性検定をベイズ因子によるものに置き換えようとすると、特に心理学においてはかなりの議論を引き起こし、批判的な立場の人たちは、どんなベイズ因子の背後にも、帰無仮説と対立仮説の両方における未知の母数に対して仮定された事前分布が潜んでいると指摘する。

　ロバート・カシュとエイドリアン・ラフテリーは、ベイズ因子のために広く用いられるスケールを提案した 2 人の著名なベイズ統計学者だ。そのスケールは表 11.3 に示してある。法的な事例に対する尤度比を言葉で説明するための、表 11.2 のスケールとの対比に注目してほしい。法的事例の場合、「非常に強い」として証拠を宣言するためには 1 万の尤度比が必要だった。ベイズ因子が 150 よりも大きければ良い科学的仮説とされることとは対照的だ。これはおそらく、刑事裁判では「合理的な疑いを差し挟む余地がない」有罪性を確立する必要性がある一方で、科学的主張はもっと弱い証拠が根拠になるし、さらなる研究が進んでひっくり返る場合も少なくないことを映しだしているのだろう。

　仮説検定について述べた章で、0.05 という P 値は「弱い証拠」に等しいだけだという主張を紹介した。その理由は、部分的にベイズ因子に根差している。つまり、対立仮説の下での合理的事前分布の下では、P = 0.05 は 2.4 と 3.4 の間のベイズ因子に相当することが示され、表 11.3 によるとそれは弱い証拠だ。こうしたことが、第 10 章で見た通り、「発見」を主張する上で必要な P 値を 0.005 に下げるという提案に繋がった。

　ベイズ因子は、帰無仮説の有意性検定と異なり、2 つの仮説を対称的に扱う。だから積極的に帰無仮説を支持できる。また、仮説に対して事前確率を設定するのを厭わなければ、世界のしくみに関す

ベイズ因子	証拠の強さ
1 から 3	言及するに値しない
3 から 20	肯定的
20 から 150	強い
150 を上回る	非常に強い

表 11.3
仮説を支持するベイズ因子の解釈のためのカシュとラフテリーのスケール。[8]

る代替理論の事後確率の計算さえ可能だろう。ひとえに理論的な見地に基づいて、ヒッグスボソンが存在するか否かは五分五分だと判断したとしよう。これは事前オッズ 1 に相当する。前章で検討したデータは、おおよそ 1/3,500,000 という P 値を与え、これはヒッグスボソンを支持する約 8 万という最大のベイズ因子に変換できる。この値は法的問題での使用法に照らしたとしても、非常に強い証拠だ。

これは、1 という事前オッズと合わせて、ヒッグスボソンの存在をめぐる 8 万対 1 という事後オッズ、あるいは 0.99999 という確率に変わる。ところが法律界も、科学界も一般的にはこの種の分析を認めていない。たとえリチャード 3 世の場合には使えてもだ。

▷ 統計学界の長年にわたるイデオロギーの戦い

本書で、私たちはデータの非形式的な検討から出発し、要約統計量とのやりとりを経て、確率論モデルを利用して信頼区間、P 値などにたどりついた。こうした推論の標準的な道具は、何世代にもわたる学生たちを折に触れて苦しめてきたものであり、「古典的」あるいは「頻度論者」の手法として知られている。というのも、それ

らは統計学で長期にわたって用いられてきた標本抽出の性質に基づいているからだ。

　その代わりとなるベイズ統計学によるアプローチは、根本的に異なる原理に基づいている。これまで見てきたように、未知の量についての外的証拠は、事前分布として表現され、データの土台となる確率モデルから得られる証拠である尤度と呼ばれるものと組み合わされ、すべての結論の基盤を形成する最終的な事後分布を生みだす。

　ベイズ統計学の基本的原理を真剣に導入するなら、統計学の標本抽出の特性は問題とならなくなる。さらに、学生たちは、95% 信頼区間とは、正しい値がその区間にある確率が 95%だという意味ではないことを何年もかけで学んできたが、気の毒にもここでそれをさっぱり忘れなくてはならない。ベイズ統計学における 95% 不確定区間とはまさに、正しい値が含まれる確率が 95%である区間を意味する。

　しかし、統計学的推論を行なう「正しい」方法をめぐる議論は、頻度主義者とベイズ統計学派の間の単なる口論よりもさらにいっそうややこしい。政治的な動向とまったく同じように、各学派は多くの派閥に分かれ、たびたび対立した。

　1930 年代には、三つ巴の戦いが公の場で繰り広げられた。公開討議の場は、王立統計学会で、当時の学会は現在のように、会合で発表された論文をめぐる議論を細部まで精密に記録し公表していた。イェジ・ネイマンが 1934 年に信頼区間に関する自身の理論を提示すると、アーサー・ボウリーは、当時は逆確率論と呼ばれていたベイズ統計学のアプローチによる手法を断固として擁護し、「『信頼』が『信頼詐欺』ではないことにまったく確信が持てない」と述べた。そしてそれに続けて、ベイズ統計学のアプローチの必要性を訴えた。

----

* 長い目で見て、そのような区間の 95%には正しい値が含まれるであろうという意味であることを思いだしてほしい。つまりは特定の場合の区間については何も言えないのだ。

「それは私たちを本当に先へと導くのだろうか？……私たちが必要としているもの、つまり、標本を抽出する元である宇宙において、割合が……特定の範囲内に収まっているという公算の値に近づけてくれるのか？　私はそうは思わない」　信頼区間と信頼詐欺を結びつけ愚弄するような動きはその後、何十年も続いた。

　翌年、つまり 1935 年になるとやがて、非ベイズ統計学派の 2 つの陣営間であからさまな争いが勃発した。片やロナルド・フィッシャー、片やイェジ・ネイマンとエゴン・ピアソンだ。フィッシャーのアプローチは「尤度」関数を用いた推定に基づいていた。これはデータから得られる異なる母数の値に与えられる相対的支持を表現し、仮説検定は P 値に基づく。それに対し、ネイマン－ピアソンのアプローチは、これまで見てきたように、「帰納的行動」と言われていて、意思決定に非常に重きを置いている。もしも真の答えが 95% 信頼区間にあると判断すれば、95% の確率であなたは正しいだろう。そして仮説検定をする場合には、第 1 種の過誤と第 2 種の過誤を制御するべきだ。帰無仮説が 95% 信頼区間に含まれているなら、その仮説を「受容する」べきだとの提案すらした。フィッシャーにとっては受け入れがたい概念だった（し、その後、統計学界からも拒否されてきた）。

　フィッシャーはまず、ネイマンが「論文で明らかになった、数々の考え違いに陥った」ことでネイマンを非難した。するとピアソンがネイマンを弁護すべく立ちあがり、次のように述べた。「フィッシャー教授の無謬性が広く信じられていることは承知していたが、そもそも、教授自身が論旨を首尾よく理解したと表明もせずに、同僚の無能さを非難するとは、その見識を疑わざるを得ない」。フィッシャーとネイマンの間の辛辣な口論は何十年も続いた。

　統計学的イデオロギーの優位を求める戦いは、第二次世界大戦以降も続いたが、時間を経ると、非ベイズ統計学派は一般性を高め、

実用的な融合を遂げた。実験の設計にはたいてい第 1 種の過誤、第
2 種の過誤というネイマン－ピアソンのアプローチを用いながらも、
続く分析はフィッシャーの観点から証拠の尺度として P 値を利用
して行なったのだ。臨床試験のコンテクストで見たように、この奇
妙な混合体はかなりうまく機能するように思え、卓越した（ベイズ
統計学派の）統計学者、ジェローム・コーンフィールドをして「パ
ラドックスなのは、永続的な価値を持つ堅固な建物が出現したにも
かかわらず、本来ならその土台をなすべきと思われる頑丈な論理的
基盤だけが欠けていること[9]」と言わしめた。

　慣例的な統計学的手法のベイズ主義にひけを取らない利点は、デー
タにおける証拠と主観的因子の分離、一般的な計算の容易さ、
「有意性」に対する広い受容性と確立された規準、ソフトウエアの
入手しやすさ、分布の形について強く仮定する必要のないロバスト
な手法の存在などだ。一方で、ベイズ統計学に熱中する人は、外部
の、そして明確に主観的でさえある要因が使えることこそが、より
強力な推論と予測を成り立たせるのだと主張する。

　統計学界は、かつては統計学の基盤をめぐる冗長かつ敵意に満ち
た議論を交わしてきた。しかし現在では慎重に停戦が呼びかけられ、
宗派の違いをはるかに超えるようなアプローチが規範となっている。
そして手法の選択は、フィッシャーやネイマン－ピアソンやベイズ
から受け継いだイデオロギー的な信任よりも、実際的なコンテクス
トにしたがって行なわれている。これは、統計学者でない人からす
ればいささかわかりにくい議論における、思慮深く実用的な歩み寄
りだと思える。私の個人的な見解は、合理的な統計学者たちは、統
計学の基本原理について合意はできないかもしれないが、たどりつ
く結論はおおむね同様だろうというものだ。統計科学に生じる問題
は、一般的にそこで用いる厳密な手法の基盤となる原理に由来する
ものではない。問題の出所はむしろ、設計が不十分、データに偏り

がある、仮定が不適切、そしておそらく最も重要なものとして、科学的実践が不適切である可能性のほうが高い。そこで次章では、統計学のこうした影の側面に注目する。

まとめ

○ ベイズの手法では、データに由来する証拠（尤度として要約する）と、初期概念（事前分布と呼ばれる）とを結びつけて、未知の量に対する事後確率分布を出す。

○ 競合する２つの仮説に対してベイズの定理は、事後オッズ＝尤度比×事前オッズと表せる。

○ 尤度比は、ある１つの証拠から得られる２つの仮説に対する相対的な支持を表す。また、刑事裁判で法科学的証拠を要約するために用いられる場合もある。

○ 事前分布が物理的標本抽出プロセスによって決まるとき、ベイズの手法は議論を引き起こさない。とはいえ、一般的にある程度の判断が求められる。

○ 階層的モデルを利用すると、共通の母数を持つと仮定される多数の小規模な分析のすべてにわたって証拠を共有・共用できる。

○ ベイズ因子は、科学的仮説に対する尤度比に相当する。そして議論を呼ぶことではあるが、帰無仮説有意性検定の代替となる。

○ 統計学的推論の理論は長年にわたる論争の経緯があるものの、データの質と科学的信頼性の問題のほうがもっと重要だ。

----
* しかし私は、なおもベイズ統計学のアプローチのほうを好む。

第12章

統計学の誤用・悪用・誤解釈

▷ 統計学が正しく運用されていない場合

超感覚的知覚 (ESP) は存在するだろうか?

2011年、米国の著名な社会心理学者、ダリル・ベムは一流の心理学専門誌に、次のような実験を大きく取りあげた注目すべき論文を発表した。2枚のカーテンが映しだされたコンピュータスクリーンの前に100人の学生が座り、左右のカーテンのどちらに画像が隠されているのかを選択した。その後、カーテンが「開き」、自分が正しかったのか否かが明らかになった。これを36枚の画像に対し続けて行なった。ひねりを利かせたのは、被験者にはわからないように、被験者が選択を行なった後に画像をどちらに置くのかを無作為に決定したという点だ。したがって、偶然をはるかに上回る正しい選択をしたなら、画像がどちらに表れるのかを予知していたことになる。

ベムは以下のように報告した。予知できないという帰無仮説の下で予測される成功率は50%となるが、官能的な画像を表示した場合には、被験者は53%の割合で正しく選択した（P = 0.01）、と。この論文には、10年以上にわたって1000人以上の被験者を対象に行なわれた、予知能力に関するさらに8つの実験結果が掲載されて

おり、計9つの研究のうち8つで予知能力を支持する統計的に有意な結果が観察されている。こうしてベムは、9回の研究のうち8回で予知を裏づける、統計的に有意な結果を観測した。これは超感覚的知覚（ESP）が存在する証明として説得力があるだろうか？

本書では、現実世界の問題を解決する際の統計科学の効果的な応用例を紹介してきたつもりだ。それらは、統計科学の限界や考え得る落とし穴を念頭に置く実践者たちのスキルや配慮があった上で実施されたものである。しかし、現実世界はいつでも感心するほどよいものであるわけではない。いよいよ、統計の科学と技術がさほどうまく運用されていない場合にはどうなるのかに目を向けるときだ。そしてベムの論文がどのように受け取られ、批判されたのかにも注目するつもりだ。

統計学の実践の質が低いことに、目下、これほど多くの注目が向けられるのには理由がある。それが科学における**再現性の危機**と言われるものの原因とされているのだ。

▷ **「再現性の危機」とはどのような問題か？**

第10章で、2005年にジョン・ヨアニディスが示した、公表された研究成果の多くは誤りだという、有名な主張を取りあげた。またそれ以降、公表済みの科学文献には根本的に信頼性が欠如していることについて、ほかにも多くの研究者が問題にしてきた。科学者は、仲間の行なった研究の再現に失敗し、元の研究には前もって考えられていたほど信憑性がないことを示唆してきた。当初は医学や生物学に注目が集まったが、このような非難はそれ以降、心理学などの社会科学にも広まった。とはいえ、誇張されているか、もしくは誤りである主張のパーセンテージが実際どれくらいなのかは争点となっている。

　ヨアニディスの本来の主張は理論的モデルに基づいていたが、別のアプローチとしては、過去の実験を取りあげて、同様の実験を行なって同様の結果が観測されるかどうかを確かめる意味において再現を試みるという方法がある。「再現性検証プロジェクト」は、100 件の心理学研究について標本サイズを元の実験より拡大して再現するという大規模な共同研究だった。したがって、もしも本当に効果が存在するならば、それを検出する力はいっそう高まる。このプロジェクトによって明らかになったのは、元々は 97％の研究が統計的に有意な結果を出したのに対して、再現実験ではわずか 36％しか統計的に有意な結果を出さなかったことだ。[1]

　残念なことに、これは「有意な」研究の残り 63％が誤りの主張であることを暗示すると大々的に報じられたが、そのような主張は有意な研究か有意でない研究かをきっぱり分けてしまうという罠に陥っている。米国の著名な統計学者でブロガーのアンドリュー・ゲルマンは「『有意』と『有意でない』の違いはそれ自体、統計的に有意ではない」と指摘した。[2]実際、最初の研究、および再現した研究のうち、互いに異なる結果を出したことに有意性が認められるのは、わずか 23％だった。これはおそらく、最初の研究で誇大な、あるいは誤りの主張をしていた割合の推定値としていっそう妥当性が高いだろう。

　有意か、あるいは有意でないかで「発見」を判断するのではなく、推定される効果の大きさに注目するほうが良いだろう。再現性検証プロジェクトから、再現の結果の方向性はたいてい最初の研究と同じであるものの、大きさは約半分であることがわかった。これは、科学文献における重要なバイアスを示している。何か「大きな」ことを発見した研究は、少なくともその一部がまぐれ当たりだった可能性がありながらも、華々しく発表されがちだ。「平均への回帰」のアナロジーで、これは「帰無仮説への回帰」と言えるかもしれな

い。最初に過大評価された効果が、後に大きさを縮小して帰無仮説に近づくというわけだ。

　再現性の危機が主張されているが、これは複雑な問題で、「発見」してその結果を一流の科学専門誌で発表するように、と研究者にかけられた過剰なプレッシャーにその根本原因がある。「発見」のすべては、統計的に有意な結果を見つけることに決定的に依存している。どの機関も職業も責められるべきではない。また、仮に統計的手法が完璧であったとしても、真の実質的な効果は得難いものであるため、「有意である」と主張される結果のかなりの割合が、必然的に偽陽性になることを、仮説検定について述べたときに示した（図10.5）。しかし、もはや明らかになったように、統計的実践はたいがい完璧からはほど遠いのだ。

　統計学は、PPDACサイクルの各段階においてひどい使われかたをする可能性がある。PPDACの最初から、手に入る情報ではとても答えられはしない問題（Problem）に対処しようとするかもしれない。たとえば、英国においてここ10年のティーンエイジャーの妊娠率がぐんと下がったのはどうしてなのかを解明しようとしても、観測されたデータのどれを見てもまったく説明できない[*]。
次に、計画立案（Planning）を誤る可能性がある。たとえば以下のようなことをするせいだ。

- 代表的であるよりも便利で費用のかからない標本を選ぶ。たとえば、選挙前の電話調査など。
- 調査に際し、誘導的な質問を投げかける、あるいは人を惑わせる言い回しを使う。「オンラインで購入することで節約できる

----
[*] この下落はフェイスブックの開始後、間もなく始まった。しかしデータからは、これと相関関係があるのか、あるいは因果関係があるのかはわからない。

のはいくらだと考えますか？」のように〔オンラインショッピングのほうが安いことが前提とされている誘導的質問〕。

- 公平な比較をしない。たとえば、ホメオパシーを志願した人だけを観測してその治癒効果の評価を行なうことなど。
- あまりに小規模で、したがって検定力の低い研究を設計する。これは対立仮説が正しい場合でもますます検出しにくくなるということだ。
- 可能性のある交絡因子に関するデータを収集しない、無作為化試験において盲検化しない、など。

ロナルド・フィッシャーが見事に言い表した通り、「実験を終えてから統計学者に意見を求めても、死体解剖を依頼しているようなものだ。教えてもらえるのはたぶん、実験がなぜ失敗してしまったのかくらいだ[3]」。

データ（Data）収集に関して言えば、よくある問題は、極端に回答が不足している、被験者が研究の途中で抜けてしまう、被験者を集めるのに想定外に時間がかかる、あらゆるものをただ手際よくコード化しているにすぎないといったことだ。これらの問題はどれも慎重なかじ取りによって、想定し回避するべきだった。

分析（Analysis）が間違った方向に進む最も単純な道筋は、ただ間違いを犯すことだ。プログラム作成や表計算ソフトでミスをした経験がある人は多いだろうが、それでも以下の例のような結果にはおそらくなっていないだろう。

- 高名な経済学者、カーメン・ラインハートとケネス・ロゴフは2010年に、緊縮財政の受け止めかたに強く影響をもたらす論文を発表した。後に、1人の博士課程の学生が発見したところによれば、2人は表計算ソフトの使いかたを単純に誤ったせい

で、迂闊にも 5 か国を主要な分析から外していた。[*4]

- 世界的株式投資企業であるアクサ・ローゼンバーグ社のプログラマが、統計学的モデルを誤ってプログラムしたために、リスク要因の一部の大きさを実際より 1 万分の 1 にまで小さく算出してしまい、顧客に対して 2 億 1,700 万ドルの損失を与える事態になった。2011 年に証券取引委員会（SEC）は、アクサ・ローゼンバーグ社にその総額に加えて追加で 2,500 万ドルの罰金を科した。投資家にリスクモデルの誤りを報告しなかったために結果として、 2 億 4,200 万ドルの制裁金となった。[5]

計算結果の算出方法自体は正しくても、統計的手法の使いかたを誤る可能性も考えられる。不適切な手法としてよく挙げられる例には、以下のようなものがある。

- 「クラスター無作為化」試験を実行する。そのような試験では、たとえば一般診療の全患者といった具合に、集団全体を同時に特定の介入へと無作為に割り当てるものの、データ分析においてはあたかも人々を個別に無作為化したかのように扱う。
- 2 つのグループをベースラインの状態と介入の後で測定し、もしも片方のグループがベースラインから有意な変化を見せ、もう片方のグループの変化は有意でないならば、その 2 つのグループは異なっていると判断する。正しい手順では、グループが異なるかどうかの正式な統計学的検定、つまり交互作用の検定と呼ばれるものを実行する。
- 「有意でない」を「効果なし」を意味するものとして解釈する。たとえば、第 10 章で触れたアルコールと死亡率の研究におい

---

* その他の批判も併せ、この誤りのせいで研究の結論は変わるとの主張も出たが、元の執筆者たちが断固として異議を唱えている。

て、50 歳から 64 歳の男性で 1 週間に 15 〜 20 ユニット〔1 ユニットは純アルコール 8 グラムに相当する量〕のアルコールを摂取する人には死亡リスクの有意な低下が見られたが、一方でそれをやや下回る、もしくはやや上回る飲酒量の男性における死亡率低下は、飲酒ゼロと有意な差がなかった。これは論文のなかで重要な差異として主張されていたが、信頼区間を見るとグループ間の差は無視できるくらいであることがわかった。繰り返しになるが、有意であることと有意でないことの違いは必ずしも有意ではない。

　結論（Conclusion）の導きかたに関して言えば、実践の質の低さが最も露骨に表れる形はおそらく、統計学的検定をたくさん実施し、なかから最も有意であったものだけを報告して額面通りに解釈する、というものだろう。これによって有意な P 値を見いだす見込みが大幅に増え、前に見たように死んだ魚に命を吹き込むような事態さえ起こる。チームが点を取ったゴールのシーンだけをテレビで流し、点を取られたシーンは流さないのと同じようなものだ。そのように選択的に報告された場合には印象が実際とはまったく違ってしまう。
　選択的報告は、単なる不手際で済む範囲に留まらず、科学的不正行為に近づき始めている。そして、これが稀なことではないという不穏な証拠がある。米国では、サブセット分析において有意な結果を選択的に報告したために、刑事上の有罪判決が下されたことさえある。スコット・ハーコネンはインターミューン社の CEO を務めていた。同社は特発性肺線維症の新薬の臨床試験を実施した。試験では総体的な恩恵は見つからなかったものの、軽度から中等度の状態である患者のなす小さなサブセット内では死亡率が有意に低下した。ハーコネンは投資家向けのプレスリリースを出してこれを報告し、研究成果が大きな売り上げに繋がるであろうとの考えを示唆し

た。ハーコネンは明白に間違っている事柄を述べたわけではないが、2009 年に陪審団はハーコネンに対し、投資家に詐欺を働こうという明確な意図を有した上で電子的通信手段を使った詐欺行為により有罪との決定を下した。検察は 10 年の実刑判決と 2 万ドルの罰金を求めていたが、ハーコネンに下されたのは 6 か月の自宅軟禁と 3 年の保護観察だった。後に行なわれた臨床試験では、件の患者のサブセットにおいても薬の効果は見いだされなかった。[6]

　統計処理での不正行為は意図的判断かもしれないし、そうではないかもしれない。科学における査読や公表プロセスの不適切さを暴くために故意に行なわれたことさえある。ドイツ食事健康研究所（German Institute of Diet and Health）のヨハネス・ボハノンが、ある研究を実施した。そのなかでボハノンは、被験者を無作為に 3 つのグループに分け、標準的な食事、低炭水化物の食事、低炭水化物でチョコレートを追加した食事のいずれかを提供した。その研究では、被験者に 3 週間にわたってさまざまな測定を行ない、その結果を受けて、チョコレートを食べたグループに見られる体重低下は、低炭水化物食グループの体重低下を 10％上回っていたという結論に達した（P=0.04）。この「有意な」結果をある専門誌に投稿すると、その専門誌はこれを「傑出した原稿」だと見なした。そして 600 ユーロで「わがトップクラスの学術誌において直ちに受理可能」だと提示してきた。発表に際して、食事健康研究所が出したプレスリリースから、非常に多数の報道機関でニュース記事が作られることとなり、「チョコレート　体重減少を加速」などの見出しが添えられた。

　しかし、やがてこれがすべて意図的な偽物であることが明かされた。「ヨハネス・ボハノン」は、じつはジョン・ボハノンというジャーナリストだった。食事健康研究所などというものは存在しなかった。そして唯一、現実に即した要素はデータだった。これはでっ

ち上げではなかった。とはいえ、グループ当たり5人しか被験者がいない試験を、何度も行ない、有意な差のあったものだけが報告されたにすぎなかった。

　このまやかしの論文の執筆者たちは直ちにその手口を明らかにした。しかし統計学におけるごまかしのすべてが、査読プロセスにおける欠陥を暴くために行なわれるわけではない。

▷ 意図的なごまかしは統計学で発見できるか？

　意図的なデータのでっち上げは確かに行なわれているものの、比較的稀だと考えられている。匿名での自己申告を精査する研究が行なわれ、その結果、科学者の2％がデータの偽造を認めていると評価されている。一方、米国の国立科学財団と研究公正局が扱った意図的な不正行為はかなり少数とはいえ、見つかったものは実態の一部に留まるに違いない[7]。

　統計学上のごまかしが統計科学を用いて発見できるというのは、まったく妥当なように思える。ペンシルヴェニア大学の心理学者、ウリ・サイモンソンは、建て前としては無作為化されていることになっている実験で、典型的な無作為なばらつきを示すはずなのに、信じがたいほど類似しているか、もしくは異なっている結果を示した統計量について調査した。たとえば、サイモンソンは、ある報告書内で引き合いに出されている3つの標準偏差の推測値は、15人の個人が構成する異なるグループに由来するものとされているが、どれもが25.11に等しいことに気づいた。サイモンソンは未加工データを手に入れ、シミュレーションを行ない、そのような同じ標準偏差を得る見込みはほとんどないことを示した。この報告の責任を負う研究者は後に辞職した[8]。

　IQの遺伝に関する研究で名高い英国の心理学者、シリル・バー

トは、死後になってから、研究に際して不正行為を行なったとして非難を受けた。別々に育てられた双子の IQ についてバートが見積もった相関係数が、研究が継続するにつれてグループ内の双子の数は着実に増えているのにもかかわらず、時間を経てもほとんど変化しないことが判明したのだ。相関係数は 1943 年に 0.770、1955 年に 0.771、1966 年に 0.771 だった。バートはデータをでっち上げたと責められたが、記録はすべて本人の死後、焼却されていた。この論点がいまだ取り沙汰されるのは、バートが行なったにしてはあまりに明白なごまかしであるゆえ、これは誤りに違いないという主張もあるからだ。

　ひたすら不手際と不誠実だけが統計学に関する問題なのであれば、それも由々しき事態ではあるが、もっと対処しやすいだろう。教育し、調査し、再現し、検証のためにデータを公開することなどで改善できよう。最終章で統計学の質を高める方法について述べる。だが、さらに大きくて扱いの困難な問題が存在する。その問題は再現性の危機にかなり寄与しているとの主張もある。

▷ 「好ましくない研究行為」とは何か？

　たとえデータが細工されておらず、最終的な分析は妥当で、さらに、統計量とそれに伴う P 値が数字上は正しいとしても、研究者が結論に達するプロセスで何をしたのかが正確にわからないなら、その結果をどのように解釈して良いのかを知るのは難しい。

　これまでに、研究者が有意な発見だけを報告する場合に生じる問題はわかった。とはいえ、おそらくもっと重要なのは、データが示していると思われるものに応じて研究者が下すであろう、意識的、あるいは無意識的な小さな判断である。そうした「微調整」には、実験計画の変更についての判断が含まれる可能性もある。いつデー

タ収集を止めるか、どのデータを除外するか、何の要因を調整するか、どのグループを重要視するか、どの結果の測定値に注目するか、連続変数をどのようにグループに分けるのか、抜け落ちたデータをいかに扱うか、といったことだ。サイモンソンはこれらの判断を「研究者の自由度」と呼ぶが、一方でアンドリュー・ゲルマンはもっと詩的に「八岐の園（garden of forking paths）」〔分かれ道のある庭の意。ボルヘスの短編小説のタイトルに由来〕と言う。こうした微修正は、どれも統計学的有意性を得る見込みを高める傾向にある。そしてすべては「好ましくない研究行為（questionable research practices）」（QRP と省略されることもある）というおおまかな括りでまとめられる。

　探索的試験と呼ばれるものと、**検証的試験**と呼ばれるものを区別することが重要だ。探索的試験とはまさに読んで字の如し。つまり、多くの可能性に目を向け、後でもっと正式な検証的試験で試すべき仮説を提唱することを意図した柔軟性の高い調査だ。どれほど微調整されていても、探索的試験では問題にはならない。しかし検証的試験はあらかじめ指定された方法・手順で、なるべくならその方法・手順を公開した上で、実施すべきだ。どちらも P 値を利用して、結論に対する証拠の強さを要約することができる。しかし両者の P 値は明確に区別し、まったく異なる意味に解釈するべきだ。

　統計的に有意な結果を創りだそうという意図のある行為は、「P 値ハッキング」と言われるようになった。そして、何よりわかりやすいテクニックが、多重検定を実行して最も有意な結果を報告することではあるが、研究者が自由度を発揮できるより巧妙な方法はたくさんある。

　　『僕が 64 歳になっても（When I'm Sixty-Four）』というザ・ビートルズの歌を聴くと、あなたは若返るか？

345

あなたはこの問いの正解について、かなり自信があるだろう。だからこそ、サイモンソンたちが、相当に悪賢い手段をいくつか使ったのは確かだが、有意な肯定的結果を首尾良く得たことは、なおさら衝撃的だ。[9]

　ペンシルヴェニア大学の学生たちは、ザ・ビートルズの『僕が64歳になっても』、『カリンバ（Kalimba）』、ザ・ウィグルスの『ホットポテト（Hot Potato）』のどれかを聴くように無作為に割り当てられた。その後学生たちは、いつ生まれたのか、自分が何歳だと感じるか、など次々と、まるで無関係な質問を受けた。[*]

　サイモンソンたちは、考えつくあらゆる方法で、繰り返しデータを分析し、何らかの有意な結びつきが見つかるまで被験者を追加し続けた。有意な結びつきが見つかったのは34人の試験を行なった後だった。聴いたレコードが『僕が64歳になっても』か『カリンバ』かを比べただけでは、被験者の年齢との有意な関係性はなかったものの、父親の年齢を調整した回帰においては、どうにか $P < 0.05$ となった。当然ながらサイモンソンたちは有意な分析だけを報告し、それまでに重ねた多数の微調整、いかさま、そして選択的報告をしたことには、当初は言及せず、論文の最後で明らかにした。この論文は、今では「ハーキング（HARKing）」（結果がわかった後に仮説を作りだすこと＝ inventing the Hypotheses After the Results are Known）と呼ばれる行為の意図的な実践例としてよく知られている。

▷ 好ましくない研究行為が行なわれる頻度

----

* こうした問いのなかには、ファミレスでの食事はどれくらい楽しいか、100の2乗根は何か、「コンピュータは複雑な機械だ」という言説に同意するか、父親は何歳か、母親は何歳か、早朝割引を利用するつもりかどうか、政治的態度はどうか、カナダの4人のクォーターバックのなかできっと賞を取ると思うのは誰か、「古き良き日」として過去に言及することがどれほど頻繁にあるか、といったものがあった。

　米国の大学の 2,155 人の心理学者を対象にした 2012 年の調査で[10]、データの偽造を認めたのはわずか 2 ％だった。しかし 10 種の好ましくない研究行為を列挙したものについて尋ねられると、

- 35％が、予期しない発見を初めから予測されたものとして報告したことがあると述べた。
- 58％が、結果が有意か否かを確かめてからさらに多くのデータを集めたことがあると述べた。
- 67％が、研究で得た回答のすべてを報告しなかったことがあると述べた。
- 94％が、列挙された好ましくない研究行為のうち少なくとも 1 つを認めた。

　調査対象者は概して、これらの行為は弁明できるものだと主張した。結局のところ、予測してはいなかったけれど興味深い発見を報告することが、なぜいけないのか？　繰り返すと、この問題は探索的試験と検証的試験の境界の不鮮明さに起因する。ハーキングを含むこうした行為の多くは、試すべき新しい考えかたを発展させることを意図的にもくろんでいる探索的試験においては良い方法かもしれない。しかし、何かを証明すると主張する研究においては厳しく禁じられるべきだ。

▷ 結果の伝達の段階でも機能不全が起こる

　統計の仕事の出来が優れていても、あまり優れていなくても、ある時点で、その結果を読者や聴衆に伝えなくてはならない。それが仲間の専門家であろうと、もっと一般の人たちであろうとだ。科学者だけが統計学的証拠に基づいた主張を報告するわけではない。政

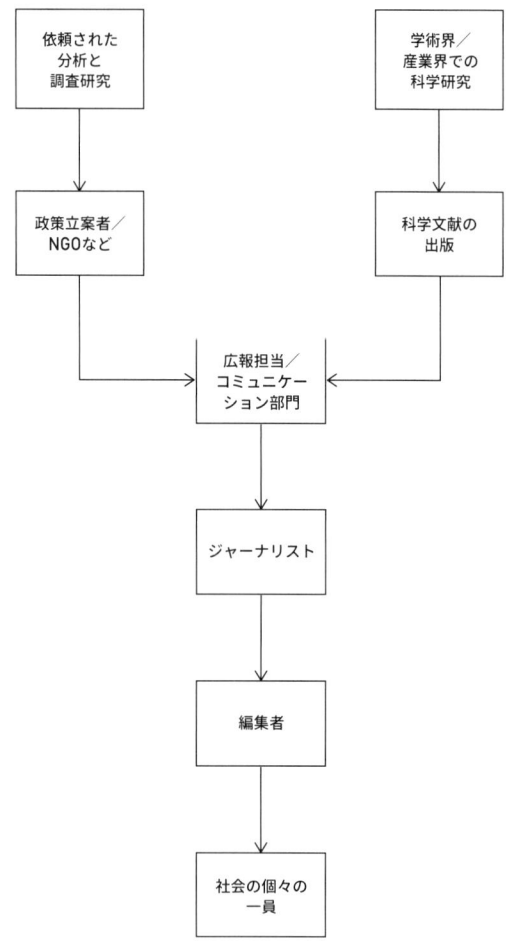

図 12.1
統計の情報源から一般社会への、従来の情報の流れを簡潔に表した図。各段階で、たとえば選択的報告、コンテクストの欠如、重要性の誇張といった、好ましくない研究や解釈やコミュニケーション方法に由来する数々のフィルターがある。

府当局や、政治家や、慈善団体をはじめとする非政府組織はどれも、私たちの注意を惹こうと競い合っており、数字や科学的事実を駆使して、自分たちの言い分を支える一見「客観的な」根拠を示す。技術は変化を遂げ、ますます多様な情報発信元がオンラインやソーシャルメディアを利用してコミュニケーションを取るようになった。信頼できる証拠の使用を保証するための規制はほとんどない。

　図 12.1 で示しているのは、統計学的証拠が私たちの耳に入るまでのプロセスを大いに簡略化して表したものだ。伝達ルートはまず[11]データの発信者から始まり、それから「権限ある機関」を通過して、その後、広報担当やコミュニケーション担当を経て、それについての記事を書くジャーナリストや見出しを加える編集者へ、そして最後に社会の個々の一員としての私たちへと至る。誤りや歪曲は全プロセスを通じて起こり得る。

▷ 文献として表に出る研究はどのようなものか？

　1 つめのフィルターは、研究者が行なった統計の仕事を公表するところにある。まったく公表に付されない研究も少なくない。その理由は、見いだした事柄が十分に「興味深く」見えなかったから、あるいは、研究組織の目的に合致しなかったからのいずれかだ。製薬会社は特に、過去に自分たちに都合の悪い研究結果を隠ぺいしたことで非難を受けてきた。これでは価値のあるデータが「ファイル用引きだし」に入ったままになり、文献に掲載される内容が肯定的なものに偏るバイアスが生じてしまう。私たちは、聞かされることのない事柄については知りようがないのだ。

　この肯定的バイアスは、より著名な専門誌により受理され掲載されやすくなるような「発見」を求めることや、研究を再現して公表しようとしない姿勢、そして言うまでもなく、これまで見てきたよ

うな疑わしい研究実践が統計的有意性の誇張に繋がるため、さらに悪化する。

▷ 広報担当により誇張されるプレスリリース

　問題がさらに生じやすいのは伝達ルートにおける次の段階、マスメディアに報じてもらうために科学的な説明が広報担当に伝えられるときだ。社会経済学的地位と脳腫瘍のリスクに関する研究を取りあげた、過度に熱狂的なプレスリリースがいかにして「大学に進むと脳腫瘍を患うリスクが高まるのはなぜか」という典型的なニュースの見出しを掲げるに至ったかは、すでに見てきた。その広報担当だけが誇張しているわけではない。ある研究によると、2011年に英国の大学が出した462件のプレスリリースにおいて、

- 40%が、誇大な助言を含んでいた
- 30%が、過剰な因果関係の主張を含んでいた
- 36%が、動物研究を元にした人間についての過剰な推論を含んでいた
- 報道される誇張の大半は、元を辿ればプレスリリースに端を発していた

ということが判明した。
　同じ研究チームは、主要な生物医学専門誌が出す534件のプレスリリースに、少しだけ安心できる結果を見いだした。論文に書かれた因果関係の主張、あるいは助言は、当該のプレスリリースのうち21%で誇張されていたが、そうして誇張された事柄は報じられやすくはあるものの、マスメディアによる報道が増えることはなかったのだ。[12]

　第 1 章で、数の「フレーミング」は、数に対する解釈に影響をもたらす可能性があることに触れた。たとえば「90％無脂肪」は「10％脂肪」よりもいくらか聞こえがいい。想像力をいささか働かせすぎた例に、次のようなものがある。価値がありながらもかなり退屈な研究によって、10％の人が高血圧症から身を守ってくれる遺伝子を持っていることが判明した。するとコミュニケーション・チームは研究結果を、「10 人中 9 人が高血圧症のリスクを高める遺伝子を有している」と言い直した。否定的に言い換えたこのメッセージは、期待通り、国境を越えてマスメディアによって報道されるに至った。[13]

▷ 注意を惹くためにマスメディアがすること

　ジャーナリストは科学や統計学に関する報道がお粗末だと非難されがちだが、プレスリリースや科学論文によってジャーナリストに何が提供されるか、さらにはジャーナリストが書いた記事が後で編集者の見出しによってどのような枠にはめられるのかにかなりの程度、翻弄されている。記事を執筆する側はたいがい見出しにはごく限られた関与しかできないこと、また見出しは当然ながら読者を惹きつけるために作られるものであることを、新聞購読者のほとんどは知らない。

　マスメディア報道における主な問題は、紛れもない虚偽ではなく、「事実」の不適切な解釈による操作、および誇張だ。つまり事実は専門的には間違っていないかもしれないが、「好ましくない解釈とコミュニケーション慣行」とでも呼ぶべきもののせいで歪められているのだ。以下に、マスメディアが統計学による説明について報じる際に、面白くしようと一味加える方法を手短に列挙する。こうした疑わしいやりかたの多くは、読者や聞き手を惹きつけ、クリック

させることに自らのキャリアがかかっている人たちにとっては、弁明可能だと思えるのだろう。

1．現在の一般的見解に反するものを選んで記事にする。
2．研究の質に関わらず記事にして売り込む。
3．不確実性は報告しない。
4．長期間の傾向など、コンテクストや比較によって全体像を見せることはしない。
5．関連性が１つ観測されただけでも因果関係として提示する。
6．見いだしたことの関連性と重要性を誇張する。
7．証拠が特定の政策を支持すると主張する。
8．記事の目的が安心させることか、怯えさせることかに応じて肯定的フレーミングと否定的フレーミングを使い分ける。
9．利益相反や意見対立を顧みない。
10．強烈ながら情報に乏しいグラフィックを用いる。
11．相対リスクだけを提示し、絶対リスクは示さない。

　最後の行為はあらゆるところで見られると言って良いくらいだ。第１章で、ベーコンを食べると大腸癌にかかりやすくなるという記事が、絶対リスクではなく相対リスクを持ちだすことで、強い印象を与えるものに仕立てられるプロセスを取りあげた。相対リスクは、その大きさにかかわらずひたすら「リスクが高まる」という趣旨でマスメディアが取りあげる場合が多く、記事をいっそう刺激的なものに仕立てる効果的な手段であることをジャーナリストは知っている。またこのことは、オッズ比、**レート比**、**ハザード比**という形での相対リスクが、多くの生物医学的研究から得られる標準的な結果であるという事実によって正当化されるわけではない。「テレビ番組のシリーズ全作視聴に耽ると命の危険が忍び寄るのはなぜか」と

いう強く興味を惹く見出しは、ある疫学研究が、一晩にテレビを観る時間が 5 時間を超える場合に、2.5 時間を下回る場合と比べると、致命的な肺塞栓症の補正相対リスクは 2.5 であるという推定値を出したことに端を発したものだった。しかし高リスクグループにおける絶対リスクを慎重に精査したところ、15 万 8,000 人年に 13 件で、それが意味するのは、致命的な肺塞栓症を経験するには平均して 1 万 2,000 年にわたり一晩に 5 時間を超えてテレビを観ることになるということであった。これだといくぶん、インパクトが薄い[14]。

　この見出しは注意を惹き、クリックさせるために書かれたもので、期待通りの成功を収めた。これには確かに抗しがたい魅力があると私も思う。みんなが目新しさや差し迫った刺激を求めているとき、研究に由来する記事にマスメディアが一味加え、確固たる統計学的証拠に奇抜な（そしておそらくは誇張した）主張を盛ったとしても驚きはしない[*]。次章では、事態はどのように改善可能であるかを取りあげるが、まずは予知にまつわるダリル・ベムの驚くべき主張に戻ろう。

　前述の社会心理学者ダリル・ベムは、自分がただならぬ主張を公表しようとしていることを承知していた。そしてベムのすばらしいところは、積極的に再現を奨励し、そうするための材料も提供したことだ。ところが他の研究者がベムの挑戦を引き受け、その結果を再現しようとし、そして失敗したとき、当初ベムが行なった研究をすでに掲載していた論文誌は、再現が失敗したという報告の掲載を拒んだ。

　では、ベムはどのようにしてその結果にたどりついたのか？　ベ

----

[*] 私はときどき「グルーチョの信念」とでも呼べるものにしたがう。それは、自分を会員とするようなクラブには決して入りたくないという喜劇俳優グルーチョ・マルクスの逆説的主張にちなんでいる。記事は、歪曲や選択を助長するとても多くのフィルターを通ってきたのだから、私が目下、耳にしている記事が統計に基づいていると主張しているという事実こそ、その記事を信じない理由だ。

ムはデータに応じて、多数の点で実験計画を調整し、いくつかの特定のグループを選択して際立たせることにした。たとえば、官能的な画像を見せたときに予知の可能性を肯定する結果が出たとの報告はしたものの、官能的でない画像の場合に否定的な結果が出ても報告しなかった。ベムは次のように認めた。「1つ［の実験］を始めて、もしもそれで結果が出なければ、それを放棄し、変更を加えてからやり直そうと考えた」。こうした変更には論文で報告したものも、報告しなかったものもあった。アンドリュー・ゲルマンは以下のように述べた。

> （ベムの）結論はP値に基づいていた。P値は、もしもデータが異なっていたら、データが要約する事柄はどのようになっていたかを示すものだ。しかしベムは、データが異なったものであっても、自分は同じように分析したであろうという証拠を示すことはなかった。実際、ベムの論文で取りあげられた9件の研究は、あらゆる種類の異なるデータ分析手法を扱っているのが特徴となっている。

ベムの事例は研究者の自由度を悪用しすぎた典型例だ。しかしベムは一般論としては、心理学と科学に大きな貢献をした。2011年にベムが発表した論文は、科学文献に対する信頼性が欠如している理由として考え得る事柄について、科学者たちが一丸となって考えるきっかけとなった。本章内に登場したほかの研究と同様に、この

* ベムの次のような発言がオンラインの記事で引用されている。「私は厳格な適用に全面的に賛成だ……しかしほかの人にそれをやってほしい。その重要性は理解しているし、それを楽しいと思う人もいるが、私はそれには耐えられない……もしも過去に私が行なったすべての実験を調べてもらえれば、必ずそれらが修辞的な方策であることがわかるだろう。私はデータを集めて私自身の主張がどのように通るのかを示した。データを説得材料として利用したのだ。そして『この実験には再現性があるのか、ないのか？』など、本当に決して気にしなかった」
† ゲルマンがずばり放った一言は「ベムの研究はナンセンスだった」である。

研究そのものが、心理学研究の弱点を明らかにするべく、ベムが意図的に計画したものだったとさえ言われてきた。

> **まとめ**
>
> - 統計学の実践状況の質が低いことが、科学研究における再現性危機の、原因の一部となっている。
> - データの意図的なでっち上げはかなり稀なことのようだが、統計学的手法における誤りはたびたびある。
> - さらに深刻な問題は、統計的有意性を過剰に主張することに繋がりがちな好ましくない研究行為だ。
> - 統計学的証拠が社会に届く際に辿る伝達ルートにおいて、広報担当、ジャーナリスト、編集者たちは、好ましくない解釈を利用したりコミュニケーション方法を用いたりして、不当な統計学的主張が出回ることに手を貸している。

第 13 章

統計学をよりよく
するには？

▷ 統計に関わる３つのグループ

> 卵巣癌のスクリーニングを行なう利点は何か？

　2015 年、英国で大規模な卵巣癌スクリーニング試験の結果が公表された。この試験は遡ること 2001 年に始まり、開始当時、慎重に検定力を計算した後、20 万人を超える女性を、卵巣癌の２種類あるスクリーニングのどちらかを行なう群、もしくは対照群に無作為に割り当てた。研究者はあらかじめ分析の方法・手順を厳密に指定した。その方法・手順は、主要分析項目を卵巣癌による死亡率の低下とし、リスク減少率は追跡期間全体を通じて同じだろうという仮定の下に、統計学的手法を用いて評価するというものである[1]。

　対象は平均して 11 年間追跡された。データを最終的に分析すると、あらかじめ指定してあった主要分析では、統計的に有意な利点が明らかにならなかった。そして執筆者たちは規定通りにこの有意でないという結果を主な結論として報告した。ではなぜ、『インディペンデント』紙は「血液検査による卵巣癌発見に飛躍的進歩　新たな検査手法は大成功を収め、英国を挙げてのスクリーニング実現へ」なる見出しを掲げたのだろうか[2]？

　大規模でかなりの費用を要したこの研究の結果が適切に解釈され

ているのかどうかという点は再び取りあげるつもりだ。

　前章で、統計に関する記事の伝達ルート全体にわたって、どのように間違って実践されるかを見た。その経緯から、もしも統計の利用を改善したければ、3つのグループが行動する必要があるということがわかる。

- **統計を生みだす人**
  科学者、統計学者、調査会社、産業界など。統計自体を改善できる。
- **伝達する人**
  科学論文誌、慈善団体、政府機関、広報担当、ジャーナリスト、編集者など。統計のコミュニケーション方法を改善できる。
- **受け取る人**
  一般の人々、政策立案者、専門家など。統計の点検方法を改善できる。

　これらの各グループには何ができるのかを順に考えてみる。

▷ 研究の現場での統計学の実践を改善する

　どのようにすれば、科学のプロセス全体はいっそう信頼性を高められるだろうか？　著名な研究者たちによるさまざまな共同研究から、「再現性のマニフェスト」が考案された。このマニフェストは研究手法の改善やその手法に関するトレーニング法の改善、研究計画と分析方法を事前に登録することの推奨、実際に行なったことの報告の質向上、再現性を確認する研究の奨励、査読の多角化、公開性と透明性に対する報奨などを提言している。[3] これらの考えかたの

多くは、オープンサイエンスフレームワークという、研究のデータ共有と事前登録を特に奨励するツールに反映されている[4]。

　前章で見た数々の例を考えると、マニフェストに掲げられた提言の多くが統計の実践に関わっているのは驚きではないはずだし、特に研究の事前登録の呼びかけは、前章で鮮明に例示した類いの態度、つまりデータが届いたときに研究計画や仮説や分析方法をデータに合わせてしまうことを防ぐ意図がある。しかし事前に完全に特定しておくのは現実的ではなく、研究者の想像力を否定しており、また、新しいデータに適合する柔軟性を持っていることは肯定的な特性であるという議論も可能だ。繰り返しになるが、答えは探索的試験と検証的試験を明確に区別するところにあり、それには、研究者が行なった一連の選択を明白に報告することが欠かせないようだ。

　分析方法をあらかじめ指定することに問題点がないわけではない。というのも、研究者はデータを入手したときに指定された分析が不適切だとわかっても、それに制限される可能性があるからだ。たとえば、卵巣癌のスクリーニング試験を実施したチームは、無作為に割り当てた患者をすべて分析に含める計画を立てていたのだが、「罹患済みの」事例（試験開始時にはすでに卵巣癌に罹っていたことが判明した人たち）を分析から除外することは、極めて合理的な必要事項であると考えられ、もしもそれをすれば、「多項目スクリーニング」に割り当てられた女性グループは、卵巣癌による死亡率の有意な 20% 低下（P=0.02）を確かに示すことを見いだしたのだ。加えて、試験開始時に卵巣癌に罹っていたかどうかにかかわらず、すべての事例を含めた場合でさえ、多項目スクリーニングを割り当てられたグループが示した死亡率の有意な 23% 低下が、無作為に割り当てを行なった 7 年後から 14 年後までの期間に見られた〔前述のように、対象の平均的な追跡期間は 11 年だった〕。つまり、すでに卵巣癌に罹っている人が無作為に割り当てられること、スクリーニ

ングが効果を示すまでに時間を要すること〔前述のように、実験計画ではスクリーニングによるリスク減少率は追跡期間全体を通じて同じであろうと想定されていた〕などの、前もって想定されていなかった論点が生じ、あらかじめ計画された主要評価項目が有意になれなかったのだ。

　執筆者たちは自分たちの主要分析が有意な結果を示さなかったことを報告するにあたって細部に拘り、「この試験での大きな制約は、統計学的設計に際して、スクリーニングの遅発効果を私たちが予想しそびれたことだ」と悲痛な見解を述べた。それでも、一部のマスメディアが、有意でない結果を帰無仮説の裏づけとして解釈し、この研究によってスクリーニングがまったく役に立たなかったことが明らかになったと誤った報道をするのを止められなかった。スクリーニングによって何千人もの命を救えるだろうと主張する『インディペンデント』紙の見出しは、いくぶん大胆ではあるが、おそらくは研究の結論をよりよく反映できていただろう。

▷ 統計の伝達を改善し誇張をなくす

　本書では、統計に基づいて提示された結果をマスメディアがひどいやりかたで報じた事例をいくつか取りあげてきた。とはいえ、ジャーナリズムやマスメディアの慣例にたやすく影響を及ぼす方法はない。特に、ソーシャルメディアや規制のないオンライン出版物との競合によって業界が試練にさらされ、広告収入が減少している今、それは難しくなっている。その一方で、統計学者たちはマスメディア組織向けの報道ガイドラインや、ジャーナリストや広報担当向けのトレーニングプログラムの共同開発にすでに取りかかっている。ありがたいことに、データジャーナリズムが勢いを得て、またジャーナリストとの協力体制から、データに基づく解説記事が結果的に

豊かになり、適切で魅力的な語り口やデータビジュアライゼーションが前面に押し出されるようになった。

　ところが、数を記事に変えることのリスクもある。従来型の記事作りには感情への刺激、物語の力強い展開、実り多い結論が欠かせない。科学がこれらのすべてを提供することはめったにないため、つい過剰に簡潔化したり主張したりしたくなるのだ。記事は証拠に忠実であるべきだ。その強さ、弱さ、不確実性に偽りがあってはならない。理想を言えば、記事を介して、ある薬やある医療上の介入について、良くも悪くもないと述べてもいいのではないか。すなわち、それらには恩恵も副作用もあり、人によって異なる結論に達するのは極めて妥当であるかもしれないと。ジャーナリストは、そのような微妙な語り口を避けるようだが、伝えることに長けていれば、（たとえばさまざまな視点を持つ人たちからの証言を含めるという方法で）これらの記事を、人を惹きつけて離さないものにできるはずだ。たとえば、ウェブサイト『ファイブ・サーティ・エイト』〔第 1 章参照〕のライターのクリスティー・アシュワンデンは、乳癌のスクリーニングの統計について論じ、自分はスクリーニングを受けないと決めたのだが、賢明な友人はまったく同じ証拠を提示されて逆の判断を下した、と書いている[5]。こうして個人の価値観と関心の重要性を巧みに述べる一方で、統計学的証拠を尊重する姿勢は崩していない。

　私たちは、統計データの伝達手段を向上させる最善の方法について、研究をもっと深められるだろう。たとえば、事実や将来の不確実性について、信頼や信用を損なわずに最もうまく伝える方法や、さまざまに態度や知識の内容が異なる人たちに合わせた方法を採るにはどうすればいいだろうか。これらは重要で研究可能な問題だ。さらに、英国での EU 離脱をめぐる国民投票に向けた運動で統計を元にした討論が繰り広げられたが、そのレベルが惨憺たるものだっ

たことを考慮すれば、政策決定が社会にいかに影響を与えるかを伝えるさまざまな方法を研究する必要性がうかがえる。

▷ 質の低い実践をチェックする人たち

発表のために提出された論文の査読者、発表済みのエビデンスのシステマティック・レビューを行なう人、ジャーナリストやファクトチェックを行なう組織、一般市民など、多くの個人や団体が、統計的手法の不備を発見する役割を担っている。

ウリ・サイモンソンは、論文の執筆者がその論文誌の設定した要件にしたがっているかどうか、その結果はロバストで分析における恣意的な判断に依存していないことを立証できているかどうかを、査読者がもっと厳格に確認し、もしも少しでも疑わしければ再現を行なうように要求すべきである、と殊更に率直に論じてきた。その一方で、査読者は結果における不備にもっと寛容になるべきで、そうすれば正直な報告が促されるはずだと提案している[6]。

とはいえ、私自身、何百もの科学論文を調べた経験を踏まえ、言っておきたい。問題を見いだすのは必ずしも簡単ではない。チェックリストは役に立ち得るが、執筆者が論文を合理的に見せるために悪用する可能性がある。私は、だんだんと「鼻」が効くようになり、疑り深くなったことを認めなくてはならない。その鼻が、ある種の兆候を嗅ぎつけ始めるのだ。たとえば、多数の比較が行なわれていて、なかから「興味深い」ものだけが報告されている兆候などである。

そんな鼻があれば、結果があまりに都合の良いもので本当とは思えない場合には断然、反応しだすだろう。たとえば、小さな標本に大規模な結果が見られた場合などだ。よく知られている例は、2007年に、魅力的な人ほど多く娘がいることが明らかになったと

の主張を展開し、大々的に宣伝された研究だ。米国で、若者を対象として、その「身体的魅力」を 5 ポイントのスケールで評価し、15 年経過後、若い頃に「非常に魅力的」と評価された人を調べたところ、その人たちの第 1 子が男の子である比率は 44％にすぎず、「非常に魅力的」以外の評価を受けたすべての人たちを調べた場合に標準的な 52％となることとは対照的だった（アーバスノットが示した通り、概して女の子よりも男の子のほうがわずかに多く産まれる〔第 10 章参照〕）。この発見は統計的に有意だが、アンドリュー・ゲルマンが明らかにした通り、あまりに大きな影響であるために妥当とは思えず、それに「最も魅力的な」グループでだけ起きていることも妥当性を疑わせる。この論文そのものには、この結果が完全に説得力を持たないと暴き出すような記述はない。この論文以外の別の知見が必要だ。[7]

▷ 発表バイアスを見つける方法

　科学者は、システマティック・レビューを実施しようとするとき、発表済みの膨大な数の論文を調べる。文献を寄せ集めて、最新の既知の知識を統合しようとするのだ。そういった大仕事が不備だらけのものになるのは、発表されているものが実施された研究のなかから偏って選ばれたサブセットである場合だ。たとえば、否定的な結果が発表のために投稿されなかったり、好ましくない研究行為が行なわれたりしたために、有意な結果が不当に多くなったという理由が考えられる。

　そのような発表バイアスを見いだすための統計的な手法が開発されてきた。ある介入に効果がないという同じ帰無仮説の検定を行なうべく設定された一連の研究があるとしよう。実際にいかなる実験を行なっても、その介入には本当に効果がないのであれば、理論的

には、帰無仮説を検定するすべてのP値が0と1の間のどの値を取ることも同様に確からしいことが証明できる。だからその効果を検定する多くの研究のP値は一様に散らばる傾向にあるはずだ。それに対して、実際には効果があるならば、P値は小さな値に偏っていく傾向があるだろう。

「P曲線」と、有意なテスト結果（つまり、P < 0.05の場合）に対して報告されたすべての実際のP値に目を向けるという考えかただ。これによって、2つの特徴から疑わしい点が浮上する。まず、0.05を少し下回るP値のクラスターがある場合、それは一部のP値にこの重要な境界線を越えさせるべく多少の操作が行なわれたことを示唆している。2つめとして、その有意なP値が0へと偏っていかずに、0と0.05の間でかなり一様に散らばっているとする。これは、帰無仮説が正しいときに起きるであろうパターンにすぎず、有意だと報告されているのは、運よくP < 0.05に入った20分の1の結果だけなのだ。サイモンソンたちは、人々に過度の選択肢を与えると否定的結果に結びつくという一般的な考えかたを支持する公表済みの心理学文献を調べた。すると、P曲線の分析から、かなりの発表バイアスがあること、および、この効果を裏づける優れた証拠はないことが示唆された。[8]

▷ 統計学による主張や記事を評価する

ジャーナリストであろうと、ファクトチェックをする人であろうと、学者であろうと、政府やビジネスやNGOにおける専門家であろうと、あるいは単に社会の一員であろうと、誰もがいつも統計学的証拠に基づいた主張を聞かされている。その主張の信憑性を評価することは、現代の世界にとって不可欠なスキルのようだ。

統計データの収集、分析、利用に携わるすべての人々が、信頼を

何より優先する倫理的枠組みに忠実にしたがっているという大胆な仮定をしてみよう。著名なカント主義哲学者で、信頼に関する権威であるオノラ・オニールは、こう主張した。人々は信頼されようと努めるべきではない。なぜならばそれは他人が認めるものだから。だが自らの功績が信頼できるということを示そうとは努めるべきだ、と。オニールは、洞察力に富む簡潔なチェックリストを提示した。たとえば、信憑性には正直さ、有能さ、信頼性が欠かせないことなどだ。一方でオニールは、信憑性の証拠が必要であるとも指摘している。これは透明性を備えているという意味だ。ただしその方法は、情報を受け取る側の人たちに大量のデータを垂れ流すのではなく、「知的な透明性」を備えることなのだ[9]。つまり、データに基づく主張が以下の通りでなくてはならないということだ。

- **アクセス可能**
  受け取る人に、情報が行き渡るべきだ。
- **理解可能**
  受け取る人にとって、わかりやすい情報であるべきだ。
- **評価可能**
  受け取る人が主張の信頼性を確認したいと考えれば、それが可能であるべきだ。
- **利用可能**
  受け取る人は、必要に応じて情報を活用できるべきだ。

しかし、信憑性の評価は単純な作業ではない。統計学者をはじめとする人たちは、何十年もかけて、主張を品定めする方法を体得し、何らかの欠点を見いだす助けになるであろう問いを考えだす。単純なチェックリストの問題ではない。経験といくらかの懐疑的態度が必要だろう。こうした但し書きをした上で、本書に書かれている知

恵を要約する試みとして、10の問いを示そう。それぞれに対して
考え得る用語や論点は、自明であるか、本書で取りあげたものだ。
私はこのリストが有益だと思っている。あなたにとってもそうであ
ると願いたい。

▷ 統計学的証拠に基づく主張への10の問い

数字にはどれほど信憑性があるか？

1. **研究はどのくらい厳格に行なわれたか？**　たとえば、「内的
妥当性」、適切な設計、アンケートの質問の言い回し、方
法・手順の事前登録、代表的な標本の取得、無作為化の利用、
対照群との公平な比較実施を確認する。
2. **研究結果における統計学的不確実性／統計学的信頼性は何
か？**　許容誤差、信頼区間、統計的有意性、標本の大きさ、
多重比較（多重検定）、系統的バイアスを確認する。
3. **用いている要約統計量は適切か？**　代表値（複数種ある）、変
動性、相対リスク、絶対リスクの妥当な使用を確認する。

情報源にはどれほど信憑性があるか？

4. **記事の情報源にはどれほど信頼性があるか？**　利益相反によ
って情報源にバイアスがある可能性を考慮する。そして、研
究の公表が独立した査読を経てなされていることを確認する。
「この情報源が私にこの記事を読ませたがるのはなぜか？」
と自問する。
5. **記事は偏った解釈がされているか？**　フレーミング（枠組み
設定）、極端な事例にまつわる逸話を引き合いにした感情的

アピール、誤解を招くグラフ、誇張した見出し、仰々しい数字を利用しているかどうかを意識する。

6. **語られていないことは何か？**　これはおそらく何よりも重要な問いだろう。チェリー・ピッキング（自らの論証に都合の良いように結果を取捨選択すること）、記事内容と矛盾するであろう情報が抜け落ちていないか、そして独立した立場の専門家からのコメントが欠如していないか、考えてみよう。

解釈にはどれほど信憑性があるか？

7. **主張は、ほかの既知の事柄にどれほど適合するか？**　コンテクスト、過去のデータを含めた妥当な比較対象について考える。さらに、ほかの研究（理想的にはメタ分析）によってすでに明らかになっていることを考慮する。

8. **それまでに明らかになったあらゆる事柄に対して、どのような説明が主張されているか？**　重要な争点は、相関関係対因果関係、平均への回帰、有意でない結果が「効果なし」を意味するという不適切な主張、交絡、属性、検察官の誤謬だ。

9. **記事はそれを受け取る人にどのくらい関わりがあるか？**　一般化可能性を検討し、研究の被験者が特別な事例かどうか、マウスの結果を元に人間の場合を推定しているところがないかを考える。

10. **主張された効果は重要か？**　効果の大きさは実質的に有意かどうかを確認する。特に「リスクが増加した」という主張には注意が必要である。

▷ データ倫理はより重要になるだろう

　個人データの潜在的な悪用、特にソーシャルメディアのアカウントから取得されたデータに対する懸念が高まり、データサイエンスと統計の倫理的側面に注目が集まっている。政府当局の統計専門家には職務上の行動規範が義務づけられている一方で、ごく一般的なデータ倫理の規律はなおも発達段階にある。

　本書では、人々に影響を与えるアルゴリズムが公正で透明化されている必要性、誠実で再現可能な科学を行なうことの重要性、信頼できるコミュニケーションの必要性などを取りあげてきた。これらすべてがデータ倫理の一角をなしており、また本書で紹介した事例から、利益相反、あるいは単なる過度の熱狂にさえ、倫理的実践を歪めさせてしまうゆえの不都合が明らかになった。データのプライバシーと所有権、より広範な利用に関するインフォームド・コンセント、アルゴリズムの説明に関する法的側面など、ほかにも多くの重要なトピックを取りあげることもできただろう。

　統計科学はかなり専門性の高いテーマに思えるかもしれないが、社会において責任を持って説明すべきコンテクストのなかでは常に利用されている。近い将来、データ倫理は統計学教育の不可欠な部分を形成すると予想できる。

▷ 優れた統計科学の例——総選挙の出口調査

> 2017年6月8日に英国で下院総選挙が実施される前、世論調査の結果の多くは保守党がかなり多数を占めるだろうと示唆していた。投票終了時刻である午後10時の何分か後に、ある統計学者チームは保守党が多くの議席、そして絶対多数を失ったであろうこと、つまりは絶対多数の政党が存在しない議会とな

> るだろうと予測した。この主張は懐疑的な態度で迎えられた。
> このチームはどうしてこのような大胆な予測をしたのか？　そし
> てチームは正しかったのか？

　本書は、誤解を招くような研究の話ばかりに終始するのではなく、
データから学ぶ技術と科学における優れた実践を称えようとしてい
るのだから、統計科学のすばらしい例で締めくくるのが適切であろ
う。

　選挙が行なわれた直後に誰が勝利したのかと尋ねるのは、奇妙な
質問のように思えるかもしれない。一晩中起きて待っていれば、ど
ちらにせよ結果はわかるのだ。しかし、投票所が閉鎖されてほんの
何分か後に、その結果がどうなるかを識者たちが予測するのが、選
挙という劇場の一場面になった。結果はすでに決まっているのに、
この時点ではわからないことに注意しよう。だからこれは、「そこ
にある」けれど知られていないだけの失業率などの数量を考えると
きに、不意に出現する認識論的不確実性の類いの典型的な例なのだ。

　PPDACサイクルを考えてみよう。この場合の問題（Problem）は、
英国での選挙の結果を、投票所閉鎖後の何分かのうちに迅速に予測
すること。件のチームは統計学者のデイヴィッド・ファース、ヨウ
ニ・クハ、それに選挙学者のジョン・カーティスがメンバーとなり、
出口調査を実施する計画（Plan）を立てた。調査は、約4万か所の
投票所のうち144か所で各投票所を後にするおおよそ200人の投
票者にインタビューをするというものだった。決定的なのはこの
144か所の投票所は前回の出口調査を実施したのと同じ場所である
ことだ。データ（Data）は、どのような投票をしたかのみならず、
何より肝心なこととして、前回の選挙ではどのように投票したのか
も回答者に問い、得た答えで構成されている。

　分析（Analysis）には何種類かのテクニックを使う。第3章で説

明した通りに、段階を踏んで推論を導くととりわけよくわかる。

- **データから標本へ**
  これは出口調査であり、回答者はやろうとしていることではなく自分がしてきたことを話すので、経験から、答えは回答者が今回および前回の選挙で実際に何に投票したのかについてのかなり正確な測定結果であるはずだと示唆される。
- **標本から研究対象母集団へ**
  代表的な標本が、各投票所で実際に投票した人から得られる。だから標本からわかる結果を使って、その狭い地域での投票における変化、つまり「スイング」をおおむね推定できる。
- **研究対象母集団から目的母集団へ**
  各投票所の人口統計の知識を使って、回帰モデルを作成し、前回と今回の選挙で投票先を変える人の割合が、その投票所の有権者の特徴によってどのように変わるかを説明しようと試みる。この方法では、スイングが国中で同じだと仮定する必要はなく、地域ごとの多様性を許容する。たとえば、田舎の母集団か都市の母集団かによって違いがあっても良いといったことだ。そうすると、推定した回帰モデル、600 ほどの選挙区のそれぞれに関する人口統計の知識、および前回選挙での各得票数を利用して、今回の選挙での得票数の予測を各選挙区に対して立てられる。たとえ圧倒的多数の選挙区で、実際に出口調査を行なって投票者にインタビューをしたわけではなかったとしてもだ。これは本質的に、第 11 章で概要を説明したマルチレベル回帰および事後層化（MRP）の手続きだ。

標本が限られているというのはすなわち、回帰モデルの係数に不確実性があるということだ。投票母集団全体にまで規模を拡大する

年	議席数	保守党	労働党	自由民主党	スコットランド国民党	その他
2010	予測	307	255	59		29
	実際	307	258	57		28
2015	予測	316	239	10	58	27
	実際	331	232	8	56	23
2017	予測	314	266	14	34	21
	実際	318	262	12	35	22

表 13.1
英国における3回の総選挙で各政党が獲得した議席数の出口調査による予測で、投票所閉鎖直後に出されたもの。実際の結果と比較している。予測は推定値であり、許容誤差を伴う。

と、回帰モデルから人々がどのような投票をしたのかに関する確率分布がわかり、ゆえに各候補者がその選挙区で最も多く票を獲得する確率が割りだされる。すべての選挙区にわたってこれらを加えることで、議席の予測数が得られるが、どれにも不確実性が伴う（選挙の夜には許容誤差については報じられなかったが[10]）。

　表 13.1 では 2017 年 6 月の選挙での予測と最終結果を示している。議席の予測数は結果に著しく近く、すべての政党について最終的な議席総数と最大で4議席の差しかない。この表から、英国での直近の3回の選挙において、この洗練された統計学的手法は極めて正確性が高かったことがわかる。2015 年に、自由民主党は大量の議席を失うと予測され、57 議席から 10 議席へ落ち込むとの見積もりが示された。すると、同党の著名な政治家、パディ・アッシュダウンは生放送のテレビインタビューで、それが正しければ「自分の帽子を食べる」つもりだと述べた。実際、自由民主党は8議席しか獲得

できなかった。*

　マスメディアは予想議席数の推定値を報じただけだが、獲得議席総数に対する許容誤差は、この場合におおよそ 20 議席だと言われている。これまでの予測の精度はそれよりもいくらか良かったので、おそらくは統計学者はかなり幸運だったのだろう。とはいえ統計学者は運に恵まれるに値している。いかに統計科学が、一般国民にも専門家にも等しく感銘を与える強力な結論を導き得るのかを見事に示したからだ。その結論に接する人は、基盤となる手法の複雑さをほとんど知らないし、この類いまれな功績は問題解決サイクル全体を通じて細部まで正確に配慮したおかげであるとの認識もほぼ持っていない。

---

* パディ・アッシュダウンが約束を実行した記録はないが、そのことについてはいまだにからかわれている。私は、この出口調査の統計についてラジオのインタビューで論じているときに、チョコレートでできた大きな帽子が運ばれてきて、他の出演者とともにごちそうになるという経験をしたことがある。

まとめ

○ 研究結果を生みだす人も、伝達する人も、受け取る人も、
誰もが、社会における統計科学の活用方法の改善に際して、
役割を担っている。

○ 研究結果を生みだす人は、科学が確実に再現可能であるよ
うにする必要がある。信憑性を明らかにするために、情報
はアクセス可能、理解可能、評価可能、利用可能であるべ
きだ。

○ 伝達する人は、統計学にまつわる記事を型通りの物語には
め込もうとしないように慎重に取り組む必要がある。

○ 受け取る側の人は、数字や情報源や解釈の信憑性について
質問し、実践の質の低さを指摘する必要がある。

○ 統計的証拠に基づく主張に直面したら、まずはそれがもっ
ともらしいかどうかを探ってみること。

第14章
おわりに

▷ 効率的な統計実務のための 10 箇条

率直に言って、統計学は難しくないわけではない。本書では、専門性の高い細かな点にはとらわれずに、根本的な論点に取り組もうとしてきたとはいえ、話の流れとして難解な概念にも頼らざるを得なかった。だからみなさんが最後までたどりついたのは本当に喜ばしい。

これまでの章を要約して賢明なアドバイスのリストを作ろうとするよりも、効果的な統計実務のための以下の 10 のシンプルなルールを利用したほうがいいだろう。これらのルールは、本書と同様に、統計学コースでは一般的に教えられていない非技術的な問題を強調することに熱心な、ある先輩統計家のグループが策定したものである[1]。私なりの見解も加えた。以下の「ルール」はかなり自明であるはずで、本書で取り組んだ重要な論点をとても手際よく要約している。

1. **統計学的手法は、データを元にして科学的疑問への答えを出せるものでなければならない**
   どの手法を使うのかに焦点を当てるのではなく、「なぜこれをするのか」と問いなさい。
2. **シグナルは必ずノイズを伴う**

この2つを分離しようとする試みが、このテーマを興味深いものにしている。ばらつきは避けられないし、確率モデルは抽象化するのに有用だ。

3. とにかく先行して計画を立てる

   たとえば、検証的試験の際に事前に手順を確定させておくという考えかたがそうだ。研究者に自由度を持たせない。

4. データの質を気にかける

   あらゆる事柄はデータに根差している。

5. 統計分析は計算法の集合以上のものである

   なぜそのようなことをするのかを知らずに、ただ数式に突っ込んだり、ソフトウエアの手順を実行したりしてはならない。

6. あくまで簡潔に

   主要な伝達事項はできるだけ必要最小限にすべきだ。本当に必要になるまでは複雑なモデリングのスキルを見せつけない。

7. ばらつきの評価を提示すること

   許容誤差は主張されているよりもたいがい大きいという点にも注意する。

8. 自分が置いている仮定を確認すること

   そして、仮定が確認できなかった場合は、そのことを明確にする。

9. 可能なら、再実験する！

   あるいは再実験をほかの人に促す。

10. 分析を再現可能にする

    自分のデータとコードにほかの人がアクセスできるべきだ。

　統計科学は、私たちみんなの生活において重要な役割を果たしており、利用可能になるデータの量と深みが増すにつれて絶えず変化している。しかし統計学の研究は、一般社会に衝撃をもたらすだけ

ではなく、具体的な個人にも影響する。純粋に個人的視点から言えば、本書を書きあげてみて、統計学に関わったおかげで私自身の人生がどれほど豊かになったのかがよくわかった。あなたにも同じように感じてほしい。すぐにとは言わないまでも、この先のいつか。

謝辞

統計学で長く経歴を重ねて手に入れた洞察はどれも、刺激をくれる仲間の話に耳を傾けたからこそ知り得たものだ。とても多くの仲間に恵まれているため、統計学者でありながら数えきれない。とはいえ多くの洞察を拝借させてもらった人を少し挙げるなら、ニッキー・ベスト、シーラ・バード、デイヴィッド・コックス、フィリップ・ダヴィド、スティーブン・エヴァンス、アンドリュー・ゲルマン、ティム・ハーフォード、ケビン・マッコンウェイ、ウェイン・オールドフォード、シルヴィア・リチャードソン、ヘタン・シャー、エイドリアン・スミス、クリス・ワイルドなどだ。私はこの人たち、そして困難なテーマに向き合う私を励ましてくれたほかの多くの人たちに感謝している。

本書を書き進めるのに長い時間がかかったのは、私がぐずぐず引き延ばしてきたせいにほかならない。だからまずは、ペンギンブックス社のローラ・スティックニーが、本書を任せてくれただけではなく、何か月そして何年経っても、さらには本書ができあがってもなおタイトルについて折り合いがつかなかったときさえも、温和でい続けてくれたことにお礼を言いたい。あらゆることが、細かな契約について私と協議したジョナサン・ペグ、編集作業にとても辛抱強く取り組んだジェーン・バードセル、そして極めて注意深く作業を進めたペンギンブックス社のすべての製作スタッフの手柄だ。

図に手を加える許可をしてくれたことで、特にクリス・ワイルド（図 0.3）、ジェームズ・グライム（図 2.1）、性的行動とライフスタイルに関する国民調査のキャス・マーサー（図 2.4、および 2.10）、国家統計局（図 2.9、8.5、9.4）、英国公衆衛生サービス（図 6.7）、ポ

ール・バーデン（図9.2）、BBC（図9.3）には感謝する。公共部門
保有情報はオープン政府ライセンスv3.0の下で使用許可をいただ
いた。

　私はRプログラムが得意ではなく、マシュー・ピアースとマリ
ア・スカラリドゥが分析やグラフィック作成では大いに手を貸して
くれた。また、執筆にも悪戦苦闘しており、いくつもの章を読んで
意見をくれる多くの人たちもありがたいと思っている。たとえば、
ジョージ・ファーマー、アレックス・フリーマン、キャメロン・ブ
リック、マイケル・ポズナー、サンデル・ファン・デア・リンデン、
シモーヌ・ウォーらだ。殊にジュリアン・ギルビーは誤りや曖昧な
点を鋭く指摘してくれた。

　何よりも、ケイト・ブルが文章について極めて重要な意見をくれ
ただけではなく、良いとき（ゴアの海辺の小屋での執筆）も、そうで
ないとき（あまりに多くの約束を何とかさばいた鬱陶しい2月）も、
いつも私を支えてくれたことに感謝しなければならない。

　私はまた、デイヴィッド＆クラウディア・ハーディングが金銭的
支援をしてくれた上、ずっと励まし続けてくれたことに深く感謝し
ている。そのおかげで私は、ここ10年にわたりこんなに楽しんで
仕事ができたのだ。

　最後に、誰かほかに責任を負わせるべき人がいればと思うのだが、
残念ながらそうはいかない。本書にどうしても不備が残ってしまっ
たことに対する全責任は私が引き受けねばならない。

プログラムとデータについて

　ほとんどの分析や図を再現するためのRのコードとデータは以
下から利用可能。https://github.com/dspiegel29/ArtofStatistics
この材料を準備するにあたり受けた手助けにお礼を申し上げる。

AI | ▶「人工知能」を参照

MRP | ▶「マルチレベル回帰および事後層化」を参照

PPDAC | PPDAC

問題 (Problem)、計画 (Plan)、データ (Data) 収集、分析 (探索的も しくは検証的なもの、Analysis)、結論および伝達 (Conclusion and Communication) から構成される、「データサイクル」の構造として提 案されたもの。

P値 | P-value

データと帰無仮説の食い違いの尺度。帰無仮説H_0に対して、Tを統 計量とし、この値が大きければ、H_0と両立しないことを示すものとする。 観測によってtという値が得られたとしよう。(片側) P値は、H_0が正し い場合に、かなり極端な値を観測する確率、すなわち$P(T \geq t \mid H_0)$ を示す。Tの小さな値も大きな値もH_0と両立しないことを調べるため に用いるのが両側P値で、これはプラス側にもマイナス側にもとても 極端な値を観測する確率を示す。多くの場合に両側P値は片側P値を 2倍したものと単純にとらえられるが、Rソフトウエアでは、起きる確率 が実際の観測値よりも低い事象の全確率を利用する。

RCT | ▶「無作為化比較試験」を参照

ROC曲線 | ▶「受信者操作特性曲線」を参照

t-統計量 | t-statistic

母数がゼロであるという帰無仮説を検定するために用いる検定統計 量。推定値とその標準誤差の比という形を取る。標本が大きい場合 には、2を上回る、あるいは−2を下回る値が0.05という両側P値に対

応する。正確なP値は統計ソフトウエアから得られる。

Z得点 | Z-score

観測結果x_iに対し、標本平均mとの差異を標本標準偏差sに対する比として表現し、標準化を行なう方法。したがって、$z_i = (x_i - m)/s$だ。Z得点が3の観測結果とは、平均を3標準偏差分、上回ることに当たる。これはかなり極端な外れ値だ。Z得点は母集団平均μと標準偏差σによっても定義できる。その場合には$z_i = (x_i - \mu)/\sigma$となる。

アイコン配列 | icon arrays

たとえば人の形のような小さな絵をいくつも使って度数をグラフィックで示したもの。

アベレージ | ▶「代表値」を参照

アルゴリズム | algorithm

入力変数を受け入れ、たとえば予測や分類や確率などの出力結果を生みだすルールや式。

後ろ向きコホート研究 | retrospective cohort study

過去のある時点で特定した個人の集団について、それ以降の経過を現在まで辿ること。このような研究には長期間の追跡調査は必要ないが、過去に適切な説明変数が測定されてきていることが肝要だ。

疫学 | epidemiology

疾病の発生率や発生理由の研究。

横断的研究 | cross-sectional study

個々の現状のみに基づいて分析し、経時的追跡をしないもの。

応答変数 | ▶「従属変数」を参照

オッズ、オッズ比 | odds, odds ratios

ある事象の確率がpであるなら、その事象のオッズは$\frac{p}{(1-p)}$で定義される。曝露群におけるある事象のオッズが$\frac{p}{(1-p)}$で、非曝露群におけるオッズが$\frac{q}{(1-q)}$だとしよう。するとオッズ比は$\frac{p}{(1-p)} \Big/ \frac{q}{(1-q)}$で与えられる。もしも$p$と$q$が小さければ、オッズ比は相対リスク$p/q$に近いだろう。し

かしオッズ比と相対リスクは、絶対リスクが20%を大きく超えると異なってくる。

カイ2乗適合検定 ｜ ▶「関連性のカイ2乗検定」を参照

回帰係数 ｜ regression coefficient

重回帰分析における説明変数と結果変数との関係性の強さを表す統計学的モデルの母数の推定値。この係数は、結果変数が連続変数（多重線形回帰）か、割合（ロジスティック回帰）か、カウント数（ポアソン回帰）か、生存時間（コックス回帰）かによって、異なる解釈を持つ。

階層的モデリング ｜ hierarchical modelling

ベイズ分析を、たとえば地域であれ学校であれ、複数のユニットの基礎母数自体が、それらに共通の事前分布から得られると仮定して行なう。その結果、ユニットに対する母数の推定値は、〔個々のユニットにおいて独立に行なった推定と比較すると〕全体平均へと縮小推定される。

外的妥当性 ｜ external validity

研究の結論が、直接に研究対象となった母集団よりもよりも幅広いグループを目的のグループにした場合に、どれほど一般化できるのかの程度。これは研究の適用可能性に目を向けている。

カウント変数 ｜ count variables

整数値0、1、2、……を取り得る変数。

較正 ｜ ▶「キャリブレーション」を参照

確率 ｜ probability

不確実性の形式的な数学表現。$P(A)$を事象Aの確率とする。このとき確率は以下の法則にしたがう。

1. 値の範囲

$0 \le P(A) \le 1$。ただし、Aが起き得ない場合は$P(A) = 0$、Aが必ず起きる場合は$P(A) = 1$。

2. 余事象

$P(A) = 1 - P(A$でない$)$である。

3. 和の法則

AとBが互いに排反（すなわち、最大でも片方しか起こり得ない）ならば、$P(A$ または $B) = P(A) + P(B)$である。

4. 積の法則

任意の事象A、Bに対して、$P(A$ かつ $B) = P(A \mid B)P(B)$である。ただし、$P(A \mid B)$は、Bが起きたと仮定した場合にAが起きる確率を表す。AとBが独立であることと、$P(A \mid B) = P(A)$（すなわち、Bが起きることはAの確率に影響しない）は同値だ。この場合には、$P(A$ かつ $B) = P(A) P(B)$となり、独立事象の積の法則が得られる。

確率化検定 ▶「並べ替え検定」を参照

確率論的予報 probabilistic forecast

将来の事象について、何が起きるかをカテゴリ的に判断するのではなく、確率分布の形で予測すること。

確率分布 probability distribution

確率変数が特定の値を取る見込みを数学的に表現したものを指す総称。確率変数Xの確率分布関数は、次のように定義される。$-\infty < x < \infty$であるすべてのxに対して、$F(x) = P(X \leq x)$。これは、Xがx以下である確率だ。

確率変数 random variable

確率分布にしたがうと仮定する量。観測前の確率変数はXのような大文字で表すのが一般的だが、観測値はxと記す。

過剰適合 over-fitting

学習用データセットに過剰に適合する統計学的モデルを構築すると発生する状態。こうなると学習用データセット以外のデータに対する予測能力が低下し始める。

仮説検定 hypothesis testing

データから立てた仮説に対する支持を評価するための形式的手続き。

一般に、P値を用いて帰無仮説を調べる従来のフィッシャーの検定と、その後に導入された帰無仮説や対立仮説や第1種の過誤や第2種の過誤を利用するネイマン－ピアソンの仕組みとの複合体である。

片側P値、および両側P値 | one-tailed and two-tailed P-values

片側検定に対応するP値、および両側検定に対応するP値。

片側検定、および両側検定 | one-sided and two-sided tests

片側仮説検定は、帰無仮説がたとえば、治療に負の効果があることを示す場合に用いられる。この仮説を棄却するには、推定される治療効果を示す検定統計量が正の大きな値を取るしかないだろう。両側検定が妥当なのは、治療効果がたとえば、まったくゼロであるという帰無仮説の場合であり、このときは正の推定値と負の推定値のどちらが得られても帰無仮説の棄却に繋がるだろう。

カテゴリ変数 | categorical variable

2つ以上の離散的な値を取り得る変数。順序がある場合も、順序がない場合もある。

感度 | sensitivity

分類や検定によって正しく識別された「陽性」の事例の割合。真陽性率と呼ばれることが多い。1から感度を引いたものは、観測された第2種の過誤率、あるいは偽陰性率とも呼ばれる。

管理限界 | control limits

確率変数に対して事前に指定された限界値で、品質管理において所定の標準からの逸脱を監視するために使用される。たとえばファンネルプロットに表示される。

関連性のカイ2乗検定／カイ2乗適合検定 | chi-squared test of association
/ goodness-of-fit test

関連性がないという帰無仮説、または他の指定された数学的形式からなる仮定された統計学的モデルとデータの不適合の程度を示す統計的検定。具体的に言うと、検定を行なって、観測されたm個のカ

ウント数$o_1, o_2 \ldots o_m$と、帰無仮説の下で計算された期待値$e_1, e_2 \ldots$ e_mを比較する。検定統計量の最も簡潔な版は以下の通りだ。

$$X^2 = \sum_{j=1}^{m} \frac{(o_j - e_j)^2}{e_j}$$

帰無仮説の下で、X^2は近似的にカイ2乗標本分布にしたがい、関連するP値が計算できる。

機械学習 | machine learning

複雑なデータからアルゴリズムを導きだす手続き。たとえば、分類や予測やクラスタリングなどのアルゴリズムが得られる。

期待値（平均値） | expectation (mean)

確率変数の算術平均。離散的な確率変数Xの場合は$\Sigma x p(x)$と定義され、連続的な確率変数の場合は$\int x p(x) dx$と定義される。たとえばXを偏りのないサイコロを振った結果とすると、x = 1, 2, 3, 4, 5, 6に対して$P(X = x) = \frac{1}{6}$なので、平均値は$E(X) = \frac{1}{6}(1 + 2 + 3 + 4 + 5 + 6) = 3.5$となる。

期待度数 | expected frequencies

将来起きることが期待される事象の回数。仮定した確率モデルから得られるもの。

帰納的行動 | inductive behaviour

1930年代にイェジ・ネイマンとエゴン・ピアソンが提示した概念。意思決定の観点から仮説検証を構成するための手順。検定の大きさ、検定力、第1種の過誤、第2種の過誤という考えかたはその名残だ。

帰納法／帰納的推論 | induction / inductive inference

いくつかの具体的な例から一般的原理を得るプロセス。

偽発見率 | false discovery rate

多重仮説検定を行なう場合に、陽性の主張のうち、結果として偽陽性だと判明するものの割合。

帰無仮説 │ null hypothesis

科学的な仮説の初期設定で、一般的に、関心の対象である効果や発見がないことを示す。これを検定するためにP値を用いる。一般的にはH_0と書く。

偽薬 │ ▶「プラセボ」を参照

逆の因果 │ reverse causation

2つの変数間の関連性が、一見、因果関係だと思われても、実際には逆の向きに作用している可能性がある場合。たとえば、アルコールを飲まない人が、ほどほどに飲む人に比べて健康状態が良くないことはよくあるが、その理由の少なくとも一端は、アルコールを飲まない人のなかに、健康状態が悪いから飲まない人も含まれていることにある。

客観事前分布 │ objective priors

ベイズ分析における主観的要因を排除する試みで、その方法として母数について無知であることを表すという意図で事前分布をあらかじめ特定し、データ自身に語らせる。その事前分布を決めるための包括的手続きはまったく確立されていない。

キャリブレーション／較正 │ calibration

事象の観測頻度が、確率論的予測によって期待される頻度に合致するために必要な調整。たとえば、事象に0.7という確率が与えられている状況では、その事象は実際におおむね70%の確率で起きるべきなのだ。

教師あり学習 │ supervised learning

分類先への帰属関係が確立している事例に基づいて分類アルゴリズムを構築すること。

教師なし学習 │ unsupervised learning

帰属関係が特定されていない事例に基づき、何らかの形式のクラスタリング手続きを用いて分類先の識別をすること。

偽陽性 | false- positive

「陰性」の事例であるにもかかわらず「陽性」の事例として誤って分類されたもののこと。

許容誤差 | margin of error

調査後に母集団の真の特徴が収まっていることが妥当と思われる範囲。一般的に95%信頼区間、つまりおおよそ±2標準誤差だが、エラーバーを使って±1標準誤差を表す場合もある。

偶然的不確実性 | aleatory uncertainty

将来についての回避できない予測不可能性。偶然、無作為性、運などとも呼ばれる。

群衆の知恵 | wisdom of crowds

グループの意見をまとめたものは、大多数の個人の意見よりも真実に近いという考えかた。

結果変数 | ▶「従属変数」を参照

検察官の誤謬 | prosecutor's fallacy

無罪を仮定した場合に証拠が成り立つ確率が小さいことを、証拠を仮定した場合に無罪である確率が小さいという意味だと、誤って解釈すること。

検証的試験 | confirmatory studies and analyses

事前に指定したプロトコルにしたがって完璧に実施する厳格な試験。探索的試験によって提示された仮説を支持、あるいは棄却する。

検定の大きさ | size of a test

統計的検定の第1種の過誤率〔偽陽性率〕。一般にαと表記する。

検定力 | power of a test

対立仮説が正しいとして、帰無仮説が正しく棄却される確率。これは1から統計的検定の第2種の過誤率を引いたもの。一般に$1-\beta$と書く。

交互作用 | interactions

多数の説明変数が結びついて、個々の変数に起因して生まれると期待できる効果とは異なる効果を生みだすこと。

交差検証 | cross-validation

予測や分類のアルゴリズムの質を評価する方法。検証用データセットの役割を持たせるために一部の事例を系統的に除外する。

交絡因子 | confounder

応答変数（従属変数）にも予測変数（独立変数）にも関連し、それらの見かけ上の相関関係の一部を説明づけることができる変数。たとえば、子供の身長と体重は強く相関するが、この関連性の多くは子供の年齢で説明がつく。

誤差行列 | error matrix

アルゴリズムによる正しい分類や誤った分類のクロス集計表。

コックス回帰 | cox regression: See hazard ratio

ハザード比参照。

再現性の危機 | reproducibility crisis

発表済みの科学的発見の多くは質が不十分な研究に基づいており、したがってその結果はほかの研究者が再現できない、という主張。

最小2乗法 | least- squares

数の組n個からなる集合$(x_1, y_1), (x_2, y_2) \ldots (x_n, y_n)$を考える。$\bar{x}$および$s_x$を$x$の標本平均および標準偏差、$\bar{y}$および$s_y$を$y$の標本平均および標準偏差とする。このとき、最小2乗回帰直線は以下によって与えられる。

$$\hat{y} = b_0 + b_1 (x - \bar{x})$$

ここで、

・$\hat{y}$ は、独立変数xの特定の値に対して従属変数yが取る値の予測値。

・傾きは $b_1 = \dfrac{\sum_i (y_i - \bar{y})(x_i - \bar{x})}{\sum_i (x_i - \bar{x})^2}$

・切片は$b_0 = \bar{y}$。最小2乗線は重心$\bar{x}$、$\bar{y}$を通る。

・i番めの残差は、i番めの観測値とその予測値の差$y_i - \hat{y}_i$だ。

・i番めの観測値の調整値は、切片に残差を加えたもの、すなわち、$y_i - \hat{y}_i + \bar{y}$ だ。調整値は、「平均的」な場合（つまり、$x = x_i$ではなく$x = \bar{x}$）であれば、観測した値と一致するように意図されている。

・残差2乗和（RSS）とは、残差の2乗の和だ。したがって、$\text{RSS} = \sum_{i=1}^{n} (y_i - \hat{y}_i)^2$ となる。最小2乗線は、残差2乗和を最小にする線として定義される。

・傾きb_1とピアソンの相関係数rは、式$b_1 = rs_y/s_x$によって関係づけられる。したがって、xとyの標準偏差が同じであれば、傾きは相関係数にちょうど等しい。

最頻値（標本の） | mode (of a sample)

データセットのなかで最も多く出てくる値。

最頻値（母集団分布の） | mode (of a population distribution)

発生確率が最大である応答。

残差 | residual

観測された値と統計学的モデルから予想された値との差。

残余誤差 | residual error

統計学的モデルでは説明できず、それゆえに偶然変動によるとされるデータの成分を指す総称。

シグナルとノイズ | signal and the noise

観測データが2つの成分から生じるという考えかた。2つの成分とは、私たちが実際に関心を持っている決定論的シグナルと、残余誤差の構成成分であるランダムノイズだ。統計学的推論の難しい点は、この2つを適切に識別し、誤ってノイズを本当にシグナルだと考えてしまわないようにすることだ。

事後分布 | posterior distribution

ベイズ分析において、ベイズの定理に基づいて観測データを考慮し

た上で得られる未知の母数の確率分布。

事前分布 | prior distribution

ベイズ分析において、未知の母数に対する当初の確率分布。データ観測後、ベイズの定理を利用してこれを修正し、事後分布を導く。

実質的有意性 | practical significance

見いだしたものが持つ真の重要性。大規模研究では統計的には有意であっても実質的に有意ではない結果が生じることがある。

四分位数（母集団の） | quartiles (of a population)

第25百分位数と第50百分位数と第75百分位数。

四分位範囲 | inter-quartile range

標本分布や母集団分布の広がりの尺度。具体的には、第25百分位数から第75百分位数までの範囲。第1四分位数と第3四分位数の差に等しい。

重回帰 | ▶「多重線形回帰」を参照

従属事象 | dependent events

1つの事象の確率がほかの事象の結果に依存する場合。

従属変数／応答変数／結果変数 | dependent, response or outcome variable

予測あるいは説明したいと考える、主たる関心の対象である変数。

縮小推定 | shrinkage

ベイズ分析において事前分布のもたらす影響。このとき推定値は、仮定した事前平均、あるいは推定された事前平均のどちらかに引き寄せられる傾向がある。これは「説得力の借用」とも言われる。というのも、たとえば特定の地理的地域における推定罹患率は、ほかの地域の率に影響されるからだ。

受信者操作特性曲線／ROC曲線 | Receiver Operating Characteristic (ROC) curve

スコアを生成するアルゴリズムに対して、あるユニットを「陽性」に分

類する下限となる閾値を選ぶことができる。x軸上に偽陽性率（1から特異度を引いたもの）をプロットし、y軸上に真陽性率（感度）をプロットすると、選んだ閾値の変化に応じてROC曲線ができる。

症例対照研究 | case-control study

病気や関心対象の結果に該当する人たち（症例群）と、病気に罹っていない、あるいは関心対象の結果に該当しない1人以上の人（対照群）とを比較する遡及的研究設計。2つのグループの経過を比較して2グループ間で系統的に異なる曝露があるかどうかを調べる。この設計によって可能なのは、曝露に関連する相対リスクの評価だけだ。

人工知能（AI） | artificial intelligence (AI)

一般的に人間の能力によってなされると思われているタスクの実行を目的とするコンピュータプログラム。

深層学習 | deep learning

一般的な人工ニューラルネットワークを多層構造へと拡張する機械学習テクニック。そのような多層構造は、さまざまなレベルの抽象化を行なう。たとえば、画像の個々の画素から対象物の認識へといった抽象化である。

診断バイアス | ascertainment bias

ある人が標本抽出されたり、ある特徴が観測されたりする見込みが、ある背景要因に左右されること。たとえば、無作為化試験において治療群の人たちが、対照群に比べて綿密な管理を受ける場合に生じる。

シンプソンのパラドックス | Simpson's paradox

見かけ上の相関が、交絡変数を考慮すると、正反対に表れること。

信頼区間 | confidence interval

未知の母数が含まれていることが妥当であろうと推定される区間。観測データの集合xを根拠として、$L(x)$を下限、$U(x)$を上限とする区間$(L(x), U(x))$に、データ観測前においてμが95％の確率で含まれると

き、この確率区間をμに対する95%信頼区間という。中心極限定理と併せ、正規分布の95%近くが平均±2標準偏差の間に収まっていることもわかっているので、すなわち95%信頼区間に対する一般的な近似は、推定値±2標準誤差だと言える。2つの母数μ_1、μ_2の差$\mu_2 - \mu_1$に対する信頼区間を見つけたいとしよう。T_1がμ_1の推定量でその標準誤差はSE_1、T_2がμ_2の推定量でその標準誤差はSE_2だとするならば、$T_2 - T_1$が$\mu_2 - \mu_1$の推定量だ。2つの推定量の差の分散は、それらの分散の和であり、したがって$T_2 - T_1$の標準誤差は$\sqrt{SE_1^2 + SE_2^2}$だ。ここから、差$\mu_2 - \mu_1$に対する95%信頼区間が構築できる。

スピアマンの順位相関 ｜ Spearman's rank correlation

スピアマンの順位相関では、観測結果の順位を、順序つきの集合における位置とし、ここで「同じ観測結果」ならば同じ順位をつける。たとえば、データ (3, 2, 1, 0, 1) に対して、順位は (5, 4, 2.5, 1, 2.5) だ。スピアマンの順位相関は、わかりやすく言えば、ピアソンの相関においてxとyをそれぞれの順位に置き換えたものだ。

正規分布 ｜ normal distribution

Xは、確率密度関数が

$$f(x) = \frac{1}{\sqrt{2\pi\sigma^2}} e^{\frac{(x-\mu)^2}{2\sigma^2}} \quad (-\infty \leq x \leq \infty)$$

であるならば、平均μ、分散σ^2の正規分布（ガウス分布）にしたがう。このとき、平均$E(X) = \mu$、分散$V(X) = \sigma^2$、標準偏差$SD(X) = \sigma$だ。標準化した変数$Z = \frac{X-\mu}{\sigma}$は、平均が0、分散が1であり、標準正規分布にしたがうと言える。ここで、標準正規分布にしたがう確率変数Zの累積確率をΦと表す。

たとえば、$\Phi(-1) = 0.16$は、標準正規変数が−1よりも小さい確率だ。すなわち、一般的な正規変数が、平均よりも1標準偏差分小さい値を下回る確率だ。標準正規分布の$100p$百分位数は、$P(Z \leq z_p) = p$

となるz_pだ。Φの値は標準的なソフトウエアか表からわかる。パーセント点z_pとして得られるのだ。たとえば、標準正規分布の75百分位数は$z_{0.75} = 0.67$だ。

絶対リスク｜absolute risk

定義されたグループ内で、関心の対象である事象を特定の時間内に経験する人たちの割合。

潜伏因子｜lurking factor

疫学において、測定対象ではなかったが、観測された関連性の一部を招いた交絡因子だと考えられる曝露。たとえば、食事と疾病を関連づける研究で測定されていなかった社会経済的地位など。

相対リスク｜relative risk

関心の対象である事柄にさらされている人たちが示す絶対リスクがpであり、さらされていない人たちが示す絶対リスクがqであるならば、相対リスクはp / qとなる。

層別化｜ ▶「補正」を参照

第1種の過誤｜Type I error

対立仮説が支持され、正しい帰無仮説が誤って棄却されること。したがって偽陽性の主張が生じる。

第2種の過誤｜Type II error

対立仮説が正しいが、仮説検定で帰無仮説を棄却しないこと。したがって結論は偽陰性となる。

対照群｜control group

被験者のうち、無作為化などによって割り当てられることで、関心の対象となる曝露を受けなかった個体の集合。

大数の法則｜Law of Large Numbers

確率変数の集合の標本平均が母集団平均に近づく傾向のこと。

対数目盛｜logarithmic scale

正の数xの10を底とした対数は次のように書く。$y = \log_{10} x$（これは$x =$

10^yと同じ意味)。統計学的分析において、$\log x$は一般的に自然対数$y=\log_e x$を表す（これは$x=e^y$と同じ意味）。ここでeはネイピア数で約2.718だ。

代表値｜average

数の集合に対する1つの代表的な値を指す総称。たとえば、平均値や中央値や最頻値など。

多重検定｜multiple testing

複数一続きの仮説検定を行なうこと〔たとえば地域ごとや年齢層ごとなど、サブカテゴリそれぞれで仮説検定を行なう場合〕。これによって、少なくとも1つは偽陽性の主張（第1種の過誤）が生まれる見込みが増大する。

多重線形回帰／重回帰｜multiple linear regression

すべての応答変数y_iに対して、p個の予測変数からなる集合$(x_{i1}, x_{i2} \ldots x_{ip})$があるとする。このとき最小2乗多重線形回帰は以下で与えられる。

$$\hat{y}_i = b_0 + b_1(x_{i1} - \bar{x}_1) + b_2(x_{i2} - \bar{x}_2) + \ldots + b_p(x_{ip} - \bar{x}_p)$$

ここで、係数$b_0, b_1 \ldots b_p$は残差2乗和RSS、$\sum_{i=1}^{n}(y_i - \hat{y}_i)^2$が最小になるように選ぶ。切片$b_0$は、単に平均$\bar{y}$であり、残りの係数の式は複雑ながら、計算は簡単にできる。$b_0 = \bar{y}$は予測変数がすべて平均値$(\bar{x}_1, \bar{x}_2 \ldots \bar{x}_p)$であったときの観測値$y$の予測値であり、1変数の線形回帰の場合と同様に、$y_i$の調整値は残差と切片の和、すなわち$y_i - \hat{y}_i + \bar{y}$によって与えられることに注意。

探索的試験｜exploratory studies and analyses

有望な手がかりを追求するために、デザインや分析を適応的に変更できる柔軟性を持たせた初期の研究のこと。検証的試験で検証する仮説を生みだすことを目的としている。

逐次検定｜sequential testing

集積途中のデータに対して統計的検定を繰り返し実行すること。これ

を行なうと、ある時点で第1種の過誤が起きる見込みが上昇する。この検定方法を十分に長期間継続すれば、1度は「有意な結果」が出ることが保証される。

中央値（標本の） | median (of a sample)

データ点のなす順序つき集合の真ん中の値。データ点が順序通りに並んでいる場合、最も小さなものを$x_{(1)}$、2番めに小さなものを$x_{(2)}$といった具合に表し、最も大きい値を$x_{(n)}$とする。nが奇数なら、標本の中央値は真ん中の値$x_{\left(\frac{n+1}{2}\right)}$だ。$n$が偶数なら、「真ん中の」2つの点の平均値が中央値となる。

中心極限定理 | Central Limit Theorem

確率変数の集合の標本平均は、その確率変数の元となる標本分布の形状にかかわらず（ただし例外的な場合を除く）、正規分布にしたがう傾向がある。もしもn個の独立した観測結果がそれぞれ平均μ、分散σ^2にしたがうならば、一般的な仮定の下で、標本平均からμを推定することが可能で、標本平均はμ、分散がσ^2/n、標準偏差が$\sigma/\sqrt{n}$の正規分布におおむねしたがう（その標準偏差は、推定量の標準誤差として知られてもいる）。

超幾何分布 | hypergeometric distribution

大きさがNで、特定の特徴に該当する対象物をちょうどK個含む有限母集団から復元なしでn回引いてk回成功する確率を与える分布。その確率は形式的には以下のように表せる。

$$\frac{\dbinom{K}{k}\dbinom{N-K}{n-k}}{\dbinom{N}{n}}$$

治療の意図 | intention to treat

無作為化試験の被験者は、その人がどのような介入を受けると想定されていたかに応じて分析されるのであり、その介入を実際に受けたかどうかには左右されないという原則。

データサイエンス | data science

データから洞察を得るためのテクニックの研究および利用。予測アルゴリズムの構築も含む。従来の統計科学はデータサイエンスの一端をなしており、またデータサイエンスにはコーディングとデータ管理という強力な要素も含まれる。

データリテラシ | data literacy

データからの学習の背後にある原理を理解し、基本的なデータ分析を行ない、データを基盤とする主張の質を論評する力量。

統計科学 | statistical science

データを元に世のなかについて知る学問分野。PPDACのような問題解決サイクルを伴うことが一般的。

統計学的推論 | statistical inference

統計学的モデルの根底にある未知の母数について、標本データを使って学ぶプロセス。

統計学的モデル | statistical model

確率変数の集合の確率分布を未知の母数も含めて数学的に表現したもの。

統計的有意性 | statistical significance

観測結果が統計的に有意だと判断されるのは、帰無仮説に対応するP値が事前に指定されたレベル（たとえば0.05や0.001）よりも小さい場合だ。これはつまり、帰無仮説や他のすべてのモデリングの仮定が成り立つ場合には、そのようなとても極端な結果は起きにくいということを意味する。

統計量 | statistic

データセットから得られる意味のある数値。

特異度 | specificity

分類や検定によって正しく識別された「陰性」の事例の割合。1から特異度を引いたものは観測された第1種の過誤率、あるいは偽陽性

率とも呼ばれる。

特徴量エンジニアリング │ feature engineering

機械学習において、入力変数の次元を削減し、データ全体の情報を集約するための要約尺度を作成するプロセス。

独立事象 │ independent events

Aが起きることがBの確率に影響しない場合に、AとBは独立であると言う。したがって、$p(B|A) = p(B)$、言い換えれば、$p(B$ かつ $A) = p(B)p(A)$だ。

独立変数／予測変数 │ independent variable / predictor

調査計画や観測によって決まる変数。これと結果変数〔従属変数あるいは応答変数とも〕との関連性が関心の対象になり得る。

内的妥当性 │ internal validity

研究の結論が本当に研究対象母集団に当てはまる程度を示すもの。これは研究を行なった際の厳密性に目を向けている。

並べ替え検定／確率化検定 │ permutation / randomization test

仮説検定の1つの形。この検定方法では、帰無仮説の下での検定統計量の分布が、確率変数に対する詳細な統計学的モデルによるのではなく、データのラベルの並べ替えによって得られる。帰無仮説が、たとえば男性か女性かという「ラベル」は結果に関連しないというものであるとしよう。確率化検定では、個々のデータ点に対するラベルの再配列方法として考え得るすべての場合を調べる。これらの場合はどれも帰無仮説の下で同様に確からしい。各並べ替えに対する検定統計量は計算で求められる。すべての並べ替えのうち、検定統計量が、実際の観測値よりも極端な値になる場合はどのくらいの割合になるのかを元にP値が決まる。

二項分布 │ binomial distribution

ある事象が起きる可能性がn通り独立して考えられ、確率がどれも等しい場合、事象の観測数は二項分布にしたがう。専門用語を用いる

と、n個の独立したベルヌーイ試行$X_1, X_2 \ldots X_n$に対し、それぞれの成功確率をpとすると、その和$R = X_1 + X_2 + \ldots + X_n$は、平均が$np$、分散が$np(1-p)$の二項分布にしたがう。ここで$R$が$r$という値を取る確率は$P(R=r) = \binom{n}{r} p^r (1-p)^{n-r}$で与えられる。$R/n$という割合を観測すると、その平均は$p$、分散は$p(1-p)/n$だ。したがって、$p$の推定量は$R/n$、標準誤差は$\sqrt{p(1-p)/n}$と見なすことができる。

2値データ｜binary data

2つの値しか取れない変数。問いに対するイエスかノーかの答えである場合が多い。数学的にはベルヌーイ分布で表せる。

認識論的不確実性｜epistemic uncertainty

事実や数や科学的仮説についての知識不足。

バイアス-バリアンストレードオフ｜bias/variance trade-off

予測をするためのモデルを適合させるとき、複雑性を高めるとその結果、（基盤となるプロセスの詳細に適応する可能性が高まるという意味で）バイアス〔ここでは決まった方向への偏りの意味〕は少ないものの、バリアンス〔ばらつき〕が多いモデルになるだろう。というのも、モデル内の母数について確信を持つのに足るほどのデータがないからだ。この2つの要因の兼ね合い（トレードオフ）を考慮して過剰適合を回避する必要がある。

曝露｜exposure

疾病や死などの医学的結果に与える影響が関心の対象となっている要因〔またはそれにさらされること〕。たとえば、環境や行動における様相などの要因。

ハザード比｜hazard ratio

生存時間を分析する際、曝露に関連して一定時間内である事象に見舞われる相対リスク。コックス回帰は、応答変数が生存時間、係数がハザード比の対数であるような重回帰のこと。

ばらつき／変動 │ variability

測定値間、あるいは観察値間に生じる回避できない差。なかには既知の要因で説明できるものもあり、そうでないものはランダムなノイズに起因する。

パラメータ │ ▶「母数」を参照

反事実的条件文 │ counter-factual

事象がほかに取り得た経緯を考慮する「もしも」のシナリオ。

ピアソンの相関係数 │ Pearson correlation coefficient

数の組n個からなる集合$(x_1, y_1), (x_2, y_2) \ldots (x_n, y_n)$に対し、$\bar{x}$および$s_x$を$x$の標本平均および標準偏差、$\bar{y}$および$s_y$を$y$の標本平均および標準偏差とする。このときピアソンの相関係数は以下で与えられる。

$$r = \frac{\sum_{i=1}^{n} (x_i - \bar{x})(y_i - \bar{y})}{\sum_{i=1}^{n} (x_i - \bar{x})^2 \sum_{i=1}^{n} (y_i - \bar{y})^2}$$

x_iとy_iはともに、それぞれu_iとv_iで与えられるZ得点に標準化されているとする。したがって、$u_i = (x_i - \bar{x})/s_x$、$v_i = (y_i - \bar{y})/s_y$だ。このときピアソンの相関係数は$\sum_{i=1}^{n} u_i v_i$で表される。これはZ得点の「内積」だ。

ビッグデータ │ big data

いよいよ時代遅れになってきた言い回し。ときに、4つのVで特徴づけられる。データが大量（Volume）に存在し、画像やソーシャルメディアアカウントやトランザクションなどのソースに多様性（Variety）が見られ、取得する速度（Velocity）が速く、そして、定型的に収集されるゆえに真実性（Veracity）が欠如している可能性があるのだ。

百分位数（標本の） │ percentile (of a sample)

標本に対して、たとえば第70百分位数とは、順序つきのデータセットの70％のところにある値のこと。したがって中央値は第50百分位数だ。点と点の間の補完が必要となる可能性がある。

百分位数（母集団の） | percentile (of a population)

ランダムな観測結果として、たとえば第70百分位数を下回るものを得る見込みは70％だ。文字通りの母集団にとっては、その値よりも下に母集団の70％が収まる。

標準誤差 | standard error

標本平均を確率変数と考えた場合の標準偏差。$X_1, X_2 \ldots X_n$ を、平均が μ で標準偏差が σ である母集団分布から得られる確率変数で、互いに独立で同様に分布するとする。このときその算術平均 $Y = (X_1 + X_2 + \ldots + X_n)/n$ は、平均が μ、分散が σ^2/n となる。Y の標準偏差は $\sigma/\sqrt{n}$ で、標準誤差と呼ばれ、$s/\sqrt{n}$ によって推定される（ただし s は観測値 X の標本標準偏差）。

標準偏差 | standard deviation

標本や分布の分散の2乗根。行儀が良く、妥当に対称的で、長い裾を引かないデータ分布に対して、観測結果のほとんどは、標本平均から2標本標準偏差内にあることが期待できるだろう。

標本の分布 | sample distribution

数値的観測、あるいはカテゴリ的観測による一連の結果がなすパターン。経験分布、データ分布とも呼ばれている。

標本分布 | sampling distribution

統計量の確率分布。

標本平均 | ▶「平均値（標本の）」を参照

ファンネルプロット | funnel plot

さまざまなユニットによる観測結果を、結果の精度の尺度〔サンプルサイズや分散など。多くの場合、縦軸に〕でプロットしたもの〔横軸は効果の大きさ〕。ここで、ユニットとしては、研究機関や地域や研究論文などがあり得る。多くの場合、2つの「漏斗（ファンネル）」が描かれ、ユニット間に根本的な相違がじつのところまったくないのであれば、それぞれ観測値の95％、99.8％が収まると期待できる範囲を表す。観測値

の分布が近似的に正規分布であるとき、95％の管理限界は本質的には平均±2標準誤差、99.8％の場合は平均±3標準誤差だ。

ブートストラップ法｜bootstrapping

信頼区間と検定統計量の分布を生成する方法。そのために、基盤となる確率変数の確率モデルを仮定するのではなく、観測データの再標本を行なう。データセット$x_1, x_2 \ldots x_n$の基本的なブートストラップ標本は、復元抽出による大きさnの標本だ。したがって、ブートストラップ標本は元の集合の個々の値から作られるものの、含まれるデータの割合は一般的に元のデータセットと同じではない。

ブライアスコア｜Brier score

確率論的予測の正確性の尺度。予測の平均2乗誤差に基づいて求める。$p_1 \ldots p_n$を、値が0か1であるn個の2進数からなる観測値の集合$x_1 \ldots x_n$に与えられた確率とする。このとき、ブライアスコアは$\frac{1}{n}\sum_{i}^{n}(x_i - p_i)^2$だ。本質的には、2値データに平均2乗誤差の規準を適用したものだ。

プラセボ／偽薬｜placebo

無作為化臨床試験の対照群に与えられるダミーの治療。たとえば、試験対象の治療薬に見えるように偽った砂糖の錠剤など。

フレーミング｜framing

数字の表現方法の選択で、情報の受け手に与える印象を左右すること。

分散｜variance

平均が$\bar{x}$である標本$x_1 \ldots x_n$に対して、一般的に$s^2 = \frac{1}{(n-1)}\sum_{i=1}^{n}(x_i - \bar{x})^2$と定義する（ここで分母は$n-1$ではなく$n$でも良い）。平均が$\mu$の確率変数$X$に対して、分散$V(X) = E(X-\mu)^2$だ〔ここで$E$は平均を表す。すなわち$(X-\mu)^2$の平均が分散〕。標準偏差は分散の2乗根なので、標準偏差$SD(X)$は$SD(X) = \sqrt{V(X)}$と表せる。

分類ツリー | classification tree

分類アルゴリズムの1つの形式。特徴を順に調べて値を入力すると、次に調べるべき特徴を指示する結果を返す。これを繰り返していくと、分類が形成される。

平均2乗誤差（MSE） | mean-squared-error (MSE)

予測値$t_1 \ldots t_n$を観察値$x_1 \ldots x_n$から得るとき、その予測の良好さの尺度。$\frac{1}{n} \sum_{i=1}^{n} (x_i - t_i)^2$で与えられる。

平均値（標本の） | mean (of a sample)

n個のデータ点の集合があるとする。これを$x_1, x_2, \ldots, x_n$と表す。するとその標本平均は$m = (x_1 + x_2 + \ldots + x_n)/n$で与えられる。これは$m = \frac{1}{n} \sum_{i=1}^{n} x_i = \bar{x}$と表せる。たとえば、3, 2, 1, 0, 1を標本内の5人が報告した子供の人数だとすると、標本平均は$(3 + 2 + 1 + 0 + 1)/5 = 7/5 = 1.4$だ。

平均値（母集団の） | ▶「期待値」を参照

平均への回帰 | regression to the mean

高い観測値、あるいは低い観測値の後、ごく自然な変動のプロセスを経て、さほど極端ではない結果が出ること。こうなるのは、当初の極端な事例が生じた理由の一端が偶然で、それが同じ程度に繰り返される可能性は低いため。

ベイズ因子 | Bayes factor

2つの対立仮説に対し、一組のデータが与える相対的な支持の比〔支持する程度の比〕。仮説をH_0とH_1、データをxとすると、その比は$p(x|H_0)/p(x|H_1)$だ。

ベイズ統計 | Bayesian

統計学的推論のアプローチで、確率を偶然的不確実性だけではなく、未知の事実についての認識論的不確実性にも用いるもの。ベイズの定理が、新しい証拠に照らしてそれまでの信念を修正するために使用される。

ベイズの定理 | Bayes' theorem

証拠Aが命題Bの事前信念をどのように更新して、事後信念$p(B|A)$を導くのかを説明する確率のルール。式で表すと以下のようになる。$p(B|A) = p(B|A) = \frac{p(A|B)p(B)}{p(A)}$。これは簡単に証明できる。条件付き確率の定義、および$p(B$ かつ $A) = p(A$ かつ $B)$であることを踏まえると、$p(B|A)p(A) = p(A|B)p(B)$となり、両辺を$p(A)$で割ればベイズの定理が得られる

ベルヌーイ分布 | Bernoulli distribution

Xが確率変数で、確率pで値1、確率$1-p$で値0を取るとする。この2種類のみを結果として考える試行をベルヌーイ試行と呼び、これはベルヌーイ分布にしたがう。Xの平均はp、分散は$p(1-p)$だ。

変動 | ▶「ばらつき」を参照

ポアソン分布 | Poisson distribution

カウント確率変数Xの分布。$P(X = x|\mu) = e^{-\mu} \frac{\mu^x}{x!}$ $(x = 0, 1, 2...)$を満たす。このとき、平均$E(X) = \mu$、分散$V(X) = \mu$だ。

法廷における疫学 | forensic epidemiology

個人における疾病の原因について判断を下す際に、母集団における疾病の原因についての知識を利用すること〔疾病に関する訴訟の原告を想定している〕。

母集団 | population

標本データを得る元になると仮定される集団で、1つの観測結果に対する確率分布をもたらす。世論調査を行なう場合には、これは文字通り母集団(=population〔「全住民」の意味もある〕)であり得るが、一方で、測定を行なった結果や、入手可能なすべてのデータが標本になる場合には、その母集団は数学的な観念上のものになる。

母集団分布 | population distribution

母集団が文字通り存在するとき、母集団全体において考え得る観察結果のパターン。一般的な確率変数の確率分布を指すこともある。

母数／パラメータ | parameters

統計学的モデルにおける未知の量。一般的にはギリシャ文字で表す。

補正／層別化 | adjustment/stratification

直接の関心対象ではないものの、グループ間でより偏りがない比較を可能にするために、既知の交絡因子を回帰モデルに含めること。これにより関心対象である説明変数に関連する推定効果が、因果効果にさらに近づくことが期待される。

ボンフェローニ補正 | Bonferroni correction

検定の大きさ（第1種の過誤）、あるいは信頼区間を調整して多数の仮説の同時検定を可能にする手法。具体的に言うと、n個の仮説を検定する場合には、検定全体の大きさ（第1種の過誤）αに対して、各仮説を検定の大きさα/nで検定する。同様に、推定されたそれぞれの量に対して、$100(1-\alpha/n)$%を信頼区間とする。たとえば、全体に対するαが5%で、検定の対象となる仮説が10個である場合には、P値は$0.05/10 = 0.005$との比較になり、99.5%の信頼区間を用いる。

前向きコホート研究 | prospective cohort study

個々の対象からなる集団を決定し、背景要因を測定し、その後の追跡を行なって関連性のある結果を明らかにすること。このような研究は時間も費用もかかる上、稀な事象の多くが識別できない可能性もある。

マルチレベル回帰および事後層化（MRP） | multi-level regression and post-stratification (MRP)

世論調査の標本抽出方法として最近開発されたもの。この方法では、多くの地域からごく少数の回答者を集める。そして階層的モデリングを利用して、さらに地域間の変動を考慮しながら、回答と人口統計的要因を関連づける回帰モデルを構築する。このとき、全地域の人口統計データを把握することで、妥当な不確実性を伴った上で、地域的な予測と全国的な予測の双方が可能になる。

無作為化比較試験／ランダム化比較試験 (RCT) | randomized controlled trial (RCT)

実験の設計方法の1つ。人などの試験対象であるユニットを、異なる介入に無作為に割り当てる。こうして偶然に任せることで、それらのグループが既知の背景要因と未知の背景要因の双方において確実に偏りなく配分されるようになる。その後の結果にグループ間で差があれば、その結果が介入によるものに違いないか、驚くほど低い確率の偶然が発生したかのどちらかだ。後者の場合の確率はP値として表すことができる。

メタ分析 | meta-analysis

多数の研究結果を統合する定石的な統計学的手法。

盲検化 | blinding

臨床試験に参加している人たちが、患者はどの治療法を受けているのかを知らないようにすること。結果の評価におけるバイアスを回避することが目的。一重盲検とは、患者本人に対しどの治療法が施されたのかを知らせない場合を言う。二重盲検とは、患者を観測する人に患者が受けている治療法を知らせない場合だ。三重盲検とは、治療法にたとえばAとBと名前をつけ、データを分析する統計の専門家や結果を調査する委員会にどちらが新しい治療法に該当するのかを知らせない場合のことだ。

尤度 | likelihood

特定の母数の値に対するデータから得られる証拠支持の尺度。確率変数がしたがう確率分布が、たとえばθという母数に依存する場合、データxの観測後、θの尤度は$p(x|\theta)$に比例する。

尤度比 | likelihood ratio

2つの対立する仮説に対してデータから得られ、比で表される支持の尺度。仮説H_0とH_1に対し、データxがもたらす尤度比は、$p(x|H_0)/p(x|H_1)$で与えられる。

歪んだ分布 | skewed distribution

標本分布、あるいは母集団分布が、かなり非対称で、左側か右側に長い裾を引く場合。これが典型的に起きるのは、収入や書籍の売り上げのような変数に対してだろう。そのような事例では極端な不均衡が見られるからだ。歪んだ分布の場合、標準的尺度（平均値など）や標準偏差は非常に誤解を招きやすくなり得る。

予測分析 | predictive analytics

データを活用し、予測を立てるためのアルゴリズムを構築すること。

予測変数 | ▶「独立変数」を参照

ランダム化比較試験 | ▶「無作為化比較試験」を参照

ランダムマッチ確率 | random match probability

科学捜査のDNA検査において、関連する母集団から無作為に選ばれた人が、犯罪と容疑者を結びつける観測されたDNAプロファイルと一致する確率。

両側P値 | ▶「片側P値」を参照

両側検定 | ▶「片側検定」を参照

レート比 | rate ratio

ある曝露に関連して、一定の時間内で起きると期待される事象の数の相対的増加を示す比。ポアソン回帰とは、応答変数が観測レートの場合の重回帰であり、係数はレート比の対数に相当する。

レンジ（標本の） | range (of a sample)

最大値から最小値を引いたもの。$x_{(n)} - x_{(1)}$と表す。

連続変数 | continuous variable

少なくとも原理的には、特定の範囲内で任意の値を取り得る確率変数X。その確率密度関数fは$P(X \leq x) = \int_{-\infty}^{x} f(t)dt$を満たし、期待値は$E(X) = \int_{-\infty}^{\infty} xf(x)dx$で与えられる。$X$が区間$(A, B)$に含まれる確率は$\int_{A}^{B} f(x)dx$によって計算できる。

ロジスティック回帰 │ logistic regression

応答変数が割合の場合の重回帰の形。係数はオッズ比の対数に対応する。ここで、割合$y_i = r_i/n_i$を観測することを考えよう。これは潜在的基礎確率がp_iである二項変数から生じると仮定し、対応する予測変数を$(x_{i1}, x_{i2} \ldots x_{ip})$と置く。推定確率$\hat{p}_i$のオッズの対数は、以下の線形回帰であると仮定する。

$$\log \frac{\hat{p}}{1 - \hat{p}_i} = b_0 + b_1 x_{i1} + b_2 x_{i2} + \cdots + b_p x_{ip}$$

予測変数の1つ、たとえばx_1が2値変数で、$x_1 = 0$はある潜在的危険への曝露を受けないこと、$x_1 = 1$は曝露を受けることに当たると仮定する。するとこのとき、係数b_1はオッズ比の対数だ。

序文 |

1. ネイト・シルバーの*The Signal and the Noise* (Penguin, 2012)［邦訳 『シグナル&ノイズ──天才データアナリストの「予測学」』ネイト・シルバー著、西内啓解説、川添節子訳、日経BP社、2013年］は、スポーツなどの世界で予測を立てるために統計科学をいかに応用できるのかについての優れた入門書だ。

2. シップマンのデータは、D. Spiegelhalter and N. Best, 'Shipman's Statistical Legacy', *Significance* 1:1 (2004), 10–12で詳しく述べられている。公的調査に関するすべての記録は以下より入手可能。http://webarchive.nationalarchives.gov.uk/20090808155110/http://www.the-shipman-inquiry.org.uk/reports.asp.

3. T. W. Crowther *et al*., 'Mapping Tree Density at a Global Scale', *Nature* 525 (2015), 201–5.

4. E. J. Evans, *Thatcher and Thatcherism* (Routledge, 2013), p. 30.

5. *Changes to National Accounts: Inclusion of Illegal Drugs and Prostitution in the UK National Accounts* [Internet] (Office for National Statistics, 2014).

6. 英国統計局は以下でさまざまな幸福の測定結果を報告している。https://www.ons.gov.uk/peoplepopulationandcommunity/wellbeing.

7. N. T. Nikas, D. C. Bordlee and M. Moreira, 'Determination of Death and the Dead Donor Rule: A Survey of the Current Law on Brain Death', *Journal of Medicine and Philosophy* 41:3 (2016), 237–56.

8. J. P. Simmons and U. Simonsohn, 'Power Posing: *P*-Curving the Evidence', *Psychological Science* 28 (2017), 687–93. 反論は以下を参照のこと。A. J. C. Cuddy, S. J. Schultz and N. E. Fosse, 'P-Curving a More Comprehensive Body of Research on Postural Feedback Reveals Clear Evidential Value for Power-Posing Effects: Reply to Simmons and

Simonsohn (2017)', *Psychological Science* 29 (2018), 656–66.

9. 米国統計協会が何より推奨するのは「統計学を問題解決や意思決定を吟味するプロセスとして教える」ことだ。以下を参照のこと。https://www.amstat.org/asa/education/Guidelines-for-Assessment-and-Instruction-in-Statistics-Education-Reports.aspx.　PPDACサイクルについては、R. J. MacKay and R. W. Oldford, 'Scientific Method, Statistical Method and the Speed of Light', *Statistical Science* 15 (2000), 254–78で詳しく説明されている。ニュージーランドの学校制度ではこのサイクルが強く奨励され、その結果、統計学教育が大幅に発展した。C. J. Wild and M. Pfannkuch, 'Statistical Thinking in Empirical Enquiry', *International Statistical Review* 67 (1999), 223–265、およびオンラインコースのData to Insight、https://www.futurelearn.com/courses/data-to-insightを参照のこと。

第1章 │ 割合を比較するとき　カテゴリデータとパーセンテージ

1. 'History of Scandal', *Daily Telegraph*, 18 July 2001、およびD. J. Spiegelhalter *et al.*, 'Commissioned Analysis of Surgical Performance Using Routine Data: Lessons from the Bristol Inquiry', *Journal of the Royal Statistical Society: Series A (Statistics in Society)* 165 (2002), 191–221を参照のこと。

2. 英国における子供の心臓手術の結果に関するデータは、http://childrensheartsurgery.info/より入手可能。

3. A. Cairo, *The Truthful Art: Data, Charts, and Maps for Communication* (New Riders, 2016)、および*The Functional Art: An Introduction to Information Graphics and Visualization* (New Riders, 2012)を参照のこと。

4. 世界保健機関。赤身肉と加工肉の消費の発癌性に関するQ&Aは以下に掲載されている。http://www.who.int/features/qa/cancer-red-meat/en/. 'Bacon, Ham and Sausages Have the Same Cancer Risk as Cigarettes Warn Experts', *Daily Record*, 23 October 2015.

5. これはハンス・ロスリングの特にお気に入りの観測結果だった。次章を参照のこと。

6. E. A. Akl *et al.*, 'Using Alternative Statistical Formats for Presenting Risks and Risk Reductions', *Cochrane Database of Systematic Reviews* 3 (2011).

7. 'Statins Can Weaken Muscles and Joints: Cholesterol Drug Raises Risk of Problems by up to 20 per cent', Mail Online, 3 June 2013. 記事が元にした研究は、I. Mansi *et al.*, 'Statins and Musculoskeletal Conditions, Arthropathies, and Injuries', *JAMA Internal Medicine* 173 (2013), 1318–26である。

第2章｜数値データを要約して伝える　数値がたくさんある場合

1. F. Galton, '*Vox Populi*', Nature (1907)、これは以下で閲覧可能。https://www.nature.com/articles/075450a0.

2. 私たちの実験の動画（https://www.youtube.com/watch?v=n98BhnwWmsc）で、私は9,999以上だと極めて大きく予測した33個の回答をかなり恣意的に除外し、対数を取って十分に対称的な分布とし、この変換済みの分布の算術平均を求めた。さらに、元のスケールで推定値を得るために逆方向に変換した。これで「最善の見当値」として1,680が得られた。これは私たちが推定したすべての値のなかで、1,616という正しい値に最も近いものだと判明した。このプロセス、つまり対数を取り、算術平均を計算し、答えの逆対数を取ることによって、幾何平均と呼ばれるものが得られる。これは、すべての数を掛け合わせて、n個の数が対象であれば、そのn乗根を取ることに等しい。

　幾何平均はいくつかの経済指標、特に割合に基づく指標の算出に用いられる。その理由は、幾何平均には割合をどちら向きに計算しても問題にならないという強みがあるからだ。つまりオレンジのコストは、オレンジ当たりのポンドでも、ポンド当たりのオレンジでも測定できるし、結局、幾何平均は同じになる。一方で算術平均の場合には、どちらを選ぶのかによって大きな違いを招くだろう。

3. C. H. Mercer *et al.*, 'Changes in Sexual Attitudes and Lifestyles in Britain through the Life Course and Over Time: Findings from the National Surveys of Sexual Attitudes and Lifestyles (Natsal)', *The Lancet* 382 (2013), 1781–94. 性行動の統計値の目覚ましい考察は以下を参照のこ

と。D. Spiegelhalter, *Sex by Numbers* (Wellcome Collection, 2015).〔邦訳 『統計学はときにセクシーな学問である』デビッド・シュピーゲルハルター著、石塚直樹訳、ライフサイエンス出版、2018年〕

4. A. Cairo, 'Download the Datasaurus: Never Trust Summary Statistics Alone; Always Visualize Your Data', http://www.thefunctionalart.com/2016/08/download-datasaurus-never-trust-summary.html.

5. https://esa.un.org/unpd/wpp/Download/Standard/Population/.

6. 人気のある名前は、英国統計局が以下に掲載している。https://www.ons.gov.uk/peoplepopulationandcommunity/birthsdeathsandmarriages/livebirths/bulletins/babynamesenglandandwales/2015.

7. I. D. Hill, 'Statistical Society of London – Royal Statistical Society: The First 100 Years: 1834–1934', *Journal of the Royal Statistical Society: Series A (General)* 147:2 (1984), 130–39.

8. http://www.natsal.ac.uk/media/2102/natsal-infographic.pdf.

9. H. Rosling, *Unveiling the Beauty of Statistics for a Fact-Based World View*、www.gapminder.orgで利用可能。

第3章 ｜ データから学ぶためデータについて考える　母集団と測定値

1. この4段階の構造はウェイン・オールドフォードから拝借している。

2. Ipsos MORI, *What the UK Thinks* (2015), https://whatukthinks.org/eu/poll/ipsos-mori-141215.

3. 以下に報告されている。*More or Less*, 5 October 2018; https://www.bbc.co.uk/programmes/p06n2lmp.　プライミングの実演と言えばお馴染みなのが、英国のTVコメディシリーズ「イエス・プライム・ミニスター」だ。このなかで、事務次官役のサー・ハンフリー・アップルビーは、うまく誘導的な問いを投げかけて、何でも望み通りの答えを引きだす方法を示している。この例は現在、研究手法を教えるのに利用されている。https://researchmethodsdataanalysis.blogspot.com/2014/01/leading-questions-yes-prime-minister.html.

4. ベトナム戦争の徴兵の動画はhttps://www.youtube.com/watch?v=-p5X1FjyD_gで見られる。http://www.historynet.com/whats-your-number.htmも参照のこと。

5. イングランドとウェールズの犯罪調査、および警察の記録した犯罪の詳細は、英国統計局のサイトで閲覧可能。https://www.ons.gov.uk/peoplepopulationandcommunity/crimeandjustice.

6. 米国の出生体重は以下に掲載されている。http://www.cdc.gov/nchs/data/nvsr/nvsr64/nvsr64_01.pdf.

第4章│何が何の原因か？

1. 'Why Going to University Increases Risk of Getting a Brain Tumour', *Mirror Online*, 20 June 2016. 記事の元になった論文は、A. R. Khanolkar *et al.*, 'Socioeconomic Position and the Risk of Brain Tumour: A Swedish National Population-Based Cohort Study', *Journal of Epidemiology and Community Health* 70 (2016), 1222–8。

2. T. Vigen, http://www.tylervigen.com/spurious-correlations.

3. 'MRC/BHF Heart Protection Study of Cholesterol Lowering with Simvastatin in 20,536 High-Risk Individuals: A Randomised Placebo-Controlled Trial', *The Lancet* 360 (2002), 7–22.

4. Cholesterol Treatment Trialists' (CTT) Collaborators, 'The Effects of Lowering LDL Cholesterol with Statin Therapy in People at Low Risk of Vascular Disease: Meta-Analysis of Individual Data from 27 Randomised Trials', *The Lancet* 380 (2012), 581–90.

5. 行動インサイトチームの試験は、http://www.behaviouralinsights.co.uk/education-and-skills/helping-everyone-reach-their-potential-new-education-results/、およびhttp://www.behaviouralinsights.co.uk/trial-results/measuring-the-impact-of-body-worn-video-cameras-on-police-behaviour-and-criminal-justice-outcomes/に説明されている。

6. H. Benson *et al.*, 'Study of the Therapeutic Effects of Intercessory Prayer (STEP) in Cardiac Bypass Patients: A Multicenter Randomized Trial of Uncertainty and Certainty of Receiving Intercessory Prayer', *American Heart Journal* 151 (2006), 934–42.

7. J. Heathcote, 'Why Do Old Men Have Big Ears?', *British Medical Journal* 311 (1995), https://www.bmj.com/content/311/7021/1668. また、'Big Ears: They Really Do Grow as We Age', *The Guardian*, 17 July 2013も参

照のこと。

8. 'Waitrose Adds £36,000 to House Price', *Daily Mail*, 29 May 2017.

9. 'Fizzy Drinks Make Teenagers Violent', *Daily Telegraph*, 11 October 2011.

10. S. Coren and D. F. Halpern, 'Left-Handedness: A Marker for Decreased Survival Fitness', *Psychological Bulletin* 109 (1991), 90–106. 批判に関しては、'Left-Handedness and Life Expectancy', *New England Journal of Medicine* 325 (1991), 1041–3を参照のこと。

11. J. A. Hanley, M. P. Carrieri and D. Serraino, 'Statistical Fallibility and the Longevity of Popes: William Farr Meets Wilhelm Lexis', *International Journal of Epidemiology* 35 (2006), 802–5.

12. J. Howick, P. Glasziou and J. K. Aronson, 'The Evolution of Evidence Hierarchies: What Can Bradford Hill's "Guidelines for Causation" Contribute?', *Journal of the Royal Society of Medicine* 102 (2009), 186–94.

13. たとえば、メンデル無作為化を利用して、ほどほどのアルコール摂取で健康上の恩恵を得られるのかどうかという、議論を呼ぶ問題が検証されてきた。まったくアルコールを飲まない人は、少しアルコールを飲む人よりも死亡率が高い傾向にあるが、これがアルコールによるものなのか、絶対禁酒主義者は別の理由であまり健康状態が良くないからなのかをめぐって意見は一致していない。

　遺伝子のある型がアルコール耐性の低下に関連しており、したがってそれを受け継いでいる人はあまり飲めない傾向にある。その遺伝子の型を持っている人と持っていない人はほかのすべての要因においては偏りがないはずなので、健康面での何らかの系統的差異はその遺伝子によるものと考えて良い。無作為化試験の場合とまったく同じだ。研究者は、アルコール耐性を低下させる遺伝子を持つ人のほうが健康状態は良い傾向にあることを突きとめ、それはアルコールがあなたにとって良くないという意味であると結論づけたのだ。ところがこの結論を出すには仮定を追加する必要があるし、議論には決着がついていない。Y. Cho *et al.*, 'Alcohol Intake and Cardiovascular Risk Factors: A Mendelian Randomisation Study', *Scientific Reports*, 21 December 2015を参照のこと。

第5章 ┃ 回帰を使って関係性をモデリング

1. M. Friendly *et al.*, 'HistData: Data Sets from the History of Statistics and Data Visualization' (2018), https://CRAN.R-project.org/package=HistData.

2. J. Pearl and D. Mackenzie, *The Book of Why: The New Science of Cause and Effect* (Basic Books, 2018), p. 471.

3. モデリングのリスクについてのすばらしい議論は、A. Aggarwal *et al.*, 'Model Risk – Daring to Open Up the Black Box', *British Actuarial Journal* 21:2 (2016), 229–96を参照のこと。

4. 本質的にここで述べているのは、たとえ基盤となるプロセスが真に変わることは実際にはないとしても、数々の変化は基準となった測定結果と相関するだろうということだ。これは数学的に表現できる。母集団分布から無作為に観測結果を得て、それをXと呼ぶことにしよう。さらに、同じ分布からもう1つ独立した観測結果を得て、それをYと呼ぶ。そしてそれらの差、つまり$Y-X$に注目する。そうすると驚くべきことに、差$Y-X$と、1つめの測定結果Xの間の相関係数は、元となる母集団分布の形にかかわらず、$-1/\sqrt{2}=-0.71$である。たとえば、ある女性に1人子供がいて、女性の友人にも1人子供がいるとする。2人めの子供の出生体重から1人めの子供のそれを引く(友人の子供の出生体重のほうがどれほど重いのかを調べる)。するとこの差と、1人めの子供の体重との相関係数は、-0.71だ。その理由は、1人めの子供が軽ければ、2人めはただ偶然のみによってそれより重く、その差は正の値であると予測されるからだ。また、1人めの子供が重ければ、体重間の差は負の値であることが予測される。

5. L. Mountain, 'Safety Cameras: Stealth Tax or Life-Savers?', *Significance* 3 (2006), 111–13.

6. 以下の表は、さまざまな種類の従属変数に対して用いられる重回帰の形式を示している。それぞれが、各説明変数に推定された回帰係数になっている。

従属変数の種類	回帰の種類	係数の解釈
連続変数	多重線形	傾き
事象の発生、あるいは割合	ロジスティック	オッズ比の対数
カウント数	ポアソン	レート比の対数
生存期間	コックス	ハザード比の対数

第6章 | アルゴリズム、分析、予測

1. タイタニック号のデータは、http://biostat.mc.vanderbilt.edu/wiki/pub/Main/DataSets/titanic3.xlsよりダウンロード可能。
2. 降水確率の検証。http://www.cawcr.gov.au/projects/verification/POP3/POP3.html.
3. 'Electoral Precedent', xkcd, https://xkcd.com/1122/.
4. http://innovation.uci.edu/2017/08/husky-or-wolf-using-a-black-box-learning-model-to-avoid-adoption-errors/.
5. COMPASとMMRのアルゴリズムの使用に対する論評が以下に掲載されている。C. O'Neil, *Weapons of Math Destruction: How Big Data Increases Inequality and Threatens Democracy* (Penguin, 2016).［邦訳 『あなたを支配し、社会を破壊する、AI・ビッグデータの罠』キャシー・オニール著、久保尚子訳、インターシフト、2018年］
6. 国民保健サービス(NHS)、Predict: Breast Cancer (2.1)。http://www.predict.nhs.uk/predict_v2.1/.

第7章 | 標本調査の結果に、どれほど確信が持てるか？ 推定値と区間

1. 2018年1月英国労働市場統計、https://www.ons.gov.uk/releases/uklabourmarketstatisticsjan2018. 米国労働省労働統計局、'Employment Situation Technical Note 2018', https://www.bls.gov/news.release/empsit.tn.htm.

第8章 | 確率とは何か？　不確実性と変動性を伝える手段

1. ゲーム1を考えよう。勝ちかたは何通りもあるが、負けかたはたった1通り、続けざまに4回、6でない目を出すことだ。したがって、負ける確率を知るほうが簡単だ（これがよくある仕掛けだ）。6でない目を出す見込みは $1-\frac{1}{6}=\frac{5}{6}$（余事象の法則）であり、続けて4回、6でない目を出す見込みは $\frac{5}{6}\times\frac{5}{6}\times\frac{5}{6}\times\frac{5}{6}=\left(\frac{5}{6}\right)^4=\frac{625}{1296}=0.48$（積の法則）だ。だから勝つ確率は $1-0.48=0.52$（再び余事象の法則）だ。ゲーム2に対しても同じ理論から、勝つ確率は $1-\left(\frac{35}{36}\right)^{24}=0.49$ となり、ゲーム1のほうがわずかに有利であることがわかる。これらの法則から、シュヴァリエの推論の誤りもわかる。シュヴァリエは、互いに排反でない事象の確率を加えていたのだ。その推論にならうなら、サイコロを12回投げたときに6が出る見込みは12/6＝2となるであろう。これはまったく理に適っていない。

2. 統計学を教えるためのシミュレーションベースの方法に対する議論やツールについては、M. Pfannkuch et al, 'Bootstrapping Students' Understanding of Statistical Inference', TLRI (2013)、およびK Lock Morgan et al , 'STATKEY: Online Tools for Bootstrap Intervals and Randomization Tests', *ICOTS* 9 (2014)を参照のこと。

3. ポアソン分布を用いた日々の殺人件数の比較。https://www.ons.gov.uk/peoplepopulationandcommunity/crimeandjustice/compendium/focusonviolentcrimeandsexualoffences/yearendingmarch2016/homicide#statistical-interpretation-of-trends-in-homicides.

第9章 | 確率と統計をまとめる

1. ポールの元のブログは、https://pb204.blogspot.com/2011/10/funnel-plot-of-uk-bowel-cancer.htmlにあり、データは、http://pb204.blogspot.co.uk/2011/10/uploads.htmlよりダウンロード可能。

2. 許容誤差は、$\pm 2\sqrt{[p(1-p)/n]}$ であり、最大値 $\pm 1/\sqrt{n}$ を取るのはp＝0.5の場合だ。ゆえに許容誤差は、元となる正しい割合pがどのような値でも、最大で $\pm 1/\sqrt{n}$ だ。

3. BBCによる選挙前の世論調査のプロットは、http://www.bbc.co.uk/news/election-2017-39856354に掲載されている。

4. 殺人件数の統計値の許容誤差。https://www.ons.gov.uk/
peoplepopulationandcommunity/crimeandjustice/compendium/
focusonviolentcrimeandsexualoffences/yearendingmarch2016/
homicide#statistical-interpretation-of-trends-in-homicides.

第10章｜問いに答えるのに必要なこと　発見の意味を知る

1. J. Arbuthnot, 'An Argument for Divine Providence . . .', *Philosophical Transactions* 27 (1710), 186–90.
2. R. A. Fisher, *The Design of Experiments* (Oliver and Boyd, 1935), p. 19.［邦訳 『実験計画法』R. A. フィッシャー著、遠藤健児・鍋谷清治訳、森北出版、2013年］
3. 54 × 53 × 52 . . . × 2 × 1通りの順列がある。この数を「54の階乗」と呼び、54!と書く。これは2に続けてゼロが71個並ぶくらいの値だ。52枚のカードを並べる方法に目を向けてみよう。考えられる順列は52!通りになる。だからたとえ1秒に1兆通りの方法を調べるとしても、考えられるすべての順列に取り組むのにかかる年数は、後ろにゼロが48個並ぶくらいの大きさになる。一方で宇宙の年齢はわずか140億（14,000,000,000）年だ。それゆえに、カード遊びの歴史をすべて辿っても、シャッフルされた2組のカードが正確に同じ順になったことはないとかなり強く確信できるのだ。
4. 死んだ魚の研究は以下の発表用ポスターで説明されている。http://prefrontal.org/files/posters/Bennett-Salmon-2009.jpg.
5. ヒッグスボソンに関するCERNの発表は以下に掲載されている。http://cms.web.cern.ch/news/observation-new-particle-mass-125-gev.
6. D. Spiegelhalter, O. Grigg, R. Kinsman and T. Treasure, 'Risk-Adjusted Sequential Probability Ratio Tests: Applications to Bristol, Shipman and Adult Cardiac Surgery', *International Journal for Quality in Health Care* 15 (2003), 7–13.
7. 検定統計量は、SPRT＝0.69×累積観測死者数−累積期待死者数という単純な形だ。閾値は、$\log((1-\beta)/\alpha)$で与えられる。
8. D. Szucs and J. P. A. Ioannidis, 'Empirical Assessment of Published Effect Sizes and Power in the Recent Cognitive Neuroscience and Psychology Literature', *PLOS Biology* 15:3 (2 March 2017), e2000797.

9. J. P. A. Ioannidis, 'Why Most Published Research Findings Are False', *PLOS Medicine* 2:8 (August 2005), e124.

10. C. S. Knott *et al*., 'All Cause Mortality and the Case for Age Specific Alcohol Consumption Guidelines: Pooled Analyses of up to 10 Population Based Cohorts', *British Medical Journal* 350 (10 February 2015), h384. 以下の見出しで報じられた。'Alcohol Has No Health Benefits After All', *The Times*, 11 February 2015.

11. D. J. Benjamin *et al*., 'Redefine Statistical Significance', *Nature Human Behaviour* 2 (2018), 6–10.

第11章｜ベイズ統計学による推論の方法　経験から学ぶ

1. T. E. King *et al*., 'Identification of the Remains of King Richard III', *Nature Communications* 5 (2014) 5631.

2. 尤度比を報告するためのガイダンスは以下に掲載されている。http://enfsi. eu/wp-content/uploads/2016/09/m1_guideline.pdf.

3. 法廷でのベイズ統計学の利用に関する一般向けの記事は、'A　Formula for Justice', *The Guardian*, 2 October 2011を参照のこと。

4. この分布の式は、$60p^2(1-p)^3$だ。これは専門的にはベータ分布Beta(3, 4) と呼ばれる。一様事前分布に対し、白い球の位置に関する事後分布は、n 個の赤い球を投げてr個が白い球の左側に来たとすると、 $\frac{(n+1)!}{r!(n-r)!}P^r(1-p)^{n-r}$のようになる。これはベータ分布Beta($r + 1$, $n - r + 1$) だ。

5. D. K. Park, A. Gelman and J. Bafumi, 'Bayesian Multilevel Estimation with Poststratification: State-Level Estimates from National Polls', *Political Analysis* 12 (2004), 375–85、YouGovの結果は、https://yougov. co.uk/news/2017/06/14/how-we-correctly-called-hung-parliament/よ り。

6. K. Friston, 'The History of the Future of the Bayesian Brain', *Neuroimage* 62:2 (2012), 1230–33.

7. N. Polson and J. Scott, *AIQ: How Artificial Intelligence Works and How We Can Harness Its Power for a Better World* (Penguin, 2018), p. 92.

8. R. E. Kass and A. E. Raftery, 'Bayes Factors', *Journal of the American*

Statistical Association 90 (1995), 773–95.

9. J. Cornfield, 'Sequential Trials, Sequential Analysis and the Likelihood Principle', *American Statistician* 20 (1966), 18–23.

第12章 │ 統計学の誤用・悪用・誤解釈

1. Open Science Collaboration, 'Estimating the Reproducibility of Psychological Science', *Science* 349:6251 (28 August 2015), aac4716.

2. A. Gelman and H. Stern, 'The Difference Between "Significant" and "Not Significant" Is Not Itself Statistically Significant', *American Statistician* 60:4 (November 2006), 328–31.

3. Ronald Fisher, Presidential Address to the first Indian Statistical Congress, 1938, *Sankhyā* 4(1938), 14–17.

4. 'The Reinhart and Rogoff Controversy: A Summing Up', *New Yorker*, 26 April 2013を参照のこと。

5. 'AXA Rosenberg Finds Coding Error in Risk Program', *Reuters*, 24 April 2010.

6. ハーコネンの話は、'The Press-Release Conviction of a Biotech CEO and its Impact on Scientific Research', *Washington Post*, 13 September 2013 で扱っている。

7. D. Fanelli, 'How Many Scientists Fabricate and Falsify Research? A Systematic Review and Meta-Analysis of Survey Data', *PLOS ONE* 4:5 (29 May 2009), e5738.

8. U. Simonsohn, 'Just Post It: The Lesson from Two Cases of Fabricated Data Detected by Statistics Alone', *Psychological Science* 24:10 (October 2013), 1875–88.

9. J. P. Simmons, L. D. Nelson and U. Simonsohn, 'False-Positive Psychology: Undisclosed Flexibility in Data Collection and Analysis Allows Presenting Anything as Significant', *Psychological Science* 22:11 (November 2011), 1359–66.

10. L. K. John, G. Loewenstein and D. Prelec, 'Measuring the Prevalence of Questionable Research Practices with Incentives for Truth Telling', *Psychological Science* 23:5 (May 2012), 524–32.

11. D. Spiegelhalter, 'Trust in Numbers', *Journal of the Royal Statistical Society: Series A (Statistics in Society)* 180:4 (2017), 948–65.

12. P. Sumner *et al.*, 'The Association Between Exaggeration in Health Related Science News and Academic Press Releases: Retrospective Observational Study', *British Medical Journal* 349 (10 December 2014), g7015.

13. 'Nine in 10 People Carry Gene Which Increases Chance of High Blood Pressure', *Daily Telegraph*, 15 February 2009.

14. 'Why Binge Watching Your TV Box-Sets Could Kill You', *Daily Telegraph*, 25 July 2016.

15. ベムの言葉は以下より引用。'Daryl Bem Proved ESP Is Real: Which Means Science Is Broken', *Slate*, 17 May 2017.

第13章 | 統計学をよりよくするには？

1. I. J. Jacobs *et al.*, 'Ovarian Cancer Screening and Mortality in the UK Collaborative Trial of Ovarian Cancer Screening (UKCTOCS): A Randomised Controlled Trial', *The Lancet* 387:10022 (5 March 2016), 945–56.

2. 'Ovarian Cancer Blood Tests Breakthrough: Huge Success of New Testing Method Could Lead to National Screening in Britain', *Independent*, 5 May 2015.

3. M. R. Munafò *et al.*, 'A Manifesto for Reproducible Science', *Nature Human Behaviour* 1 (2017), a0021.

4. オープンサイエンスフレームワーク。https://osf.io/.

5. アシュワンデンの話は、'Science Won't Settle the Mammogram Debate', *FiveThirtyEight*, 20 October 2015より。

6. J. P. Simmons, L. D. Nelson and U. Simonsohn, 'False-Positive Psychology: Undisclosed Flexibility in Data Collection and Analysis Allows Presenting Anything as Significant', *Psychological Science* 22:11 (November 2011), 1359–66.

7. A. Gelman and D. Weakliem, 'Of Beauty, Sex and Power', *American Scientist* 97:4 (2009), 310–16.

8. U. Simonsohn, L. D. Nelson and J. P. Simmons, 'P-Curve and Effect Size: Correcting for Publication Bias Using Only Significant Results', *Perspectives on Psychological Science* 9:6 (November 2014), 666–81.

9. データの知的開放についてさらに知るには、Royal Society, *Science as an Open Enterprise* (2012)を参照のこと。信憑性に関するオノラ・オニールの見解は、TedX トークの'What We Don't Understand About Trust' (June 2013)にて明確に説明されている。

10. 出口調査の方法論について、デイヴィッド・ファースが以下で説明している。https://warwick.ac.uk/fac/sci/statistics/staff/academic-research/firth/exit-poll-explainer/.

第14章 | おわりに

1. R. E. Kass *et al.*, 'Ten Simple Rules for Effective Statistical Practice', *PLOS Computational Biology* 12:6 (9 June 2016), e1004961.

著者略歴━━━━
デイヴィッド・シュピーゲルハルター(David Spiegelhalter)

ケンブリッジ大学数理科学センターのウィントンリスク・エビデンスコミュニケーションセンター所長 。2014 年に医学統計学への貢献によりナイトの称号を授与。英国統計学会会長(2017-2018)を務め、2020 年に英国統計局の非常勤理事に就任。邦訳されている著書に『もうダメかも:死ぬ確率の統計学』(共著、みすず書房)がある。

訳者略歴━━━━
宮本寿代(みやもと・ひさよ)

お茶の水女子大学大学院理学研究科数学専攻修了。『ニコラ・テスラ 秘密の告白』(ニコラ・テスラ著、成甲書房)、『マスペディア 1000』(リチャード・エルウィス著、ディスカヴァー 21)、『地球温暖化はなぜ起こるのか』(真鍋淑郎/アンソニー・J・ブロッコリー著、講談社)、『EARTH 図鑑 地球科学の世界』(共訳、東京書籍)、『食品会社が絶対に知られたくない添加物の正体』(リンダ・ボンヴィー/ビル・ボンヴィー著、IMK Books)など理系書の翻訳に従事。

統計学の極意

2024©Soshisha

2024 年 2 月 29 日	第 1 刷発行
2024 年 3 月 28 日	第 2 刷発行

著　者	デイヴィッド・シュピーゲルハルター
訳　者	宮本寿代
装幀者	Malpu Design(清水良洋＋佐野佳子)
発行者	碇　高明
発行所	株式会社 草思社
	〒160-0022　東京都新宿区新宿1-10-1
	電話　営業 03(4580)7676　編集 03(4580)7680

本文組版	株式会社キャップス
本文印刷	株式会社三陽社
付物印刷	日経印刷株式会社
製本所	大口製本印刷株式会社
翻訳協力	柴田浩一／株式会社トランネット

ISBN978-4-7942-2692-1　Printed in Japan　検印省略